山西大同大学资助出版

大同黄花菜抗逆生理研究

◎ 韩志平 著

中国农业科学技术出版社

图书在版编目（CIP）数据

大同黄花菜抗逆生理研究 / 韩志平著. --北京：中国农业科学技术出版社，2023.6

ISBN 978-7-5116-6242-2

Ⅰ.①大… Ⅱ.①韩… Ⅲ.①黄花菜—抗性—研究—大同 Ⅳ.①S644.3

中国国家版本馆CIP数据核字（2023）第054051号

责任编辑	张国锋
责任校对	贾若妍　李向荣
责任印制	姜义伟　王思文

出 版 者	中国农业科学技术出版社
	北京市中关村南大街12号　邮编：100081
电　话	（010）82106638（编辑室）　　（010）82109702（发行部）
	（010）82109709（读者服务部）
网　址	https://castp.caas.cn
经 销 者	各地新华书店
印 刷 者	北京建宏印刷有限公司
开　本	170 mm×240 mm　1/16
印　张	14
字　数	240千字
版　次	2023年6月第1版　2023年6月第1次印刷
定　价	60.00元

　　黄花菜（*Daylily*）属百合科萱草属多年生草本植物，具有很高的食用和药用价值，是典型的药食同源植物，在我国南北各地广泛栽培。大同自明代起就被称为"黄花之乡"，大同黄花菜生长在大同火山群下，由于其独特的地理、气候和土壤条件，这里生产的黄花菜品质优良，在国内外有口皆碑。

　　但是，由于品种单一、生产规模较小、产业链短缺、销售渠道有限、宣传力度不够等，大同黄花菜过去在全国的市场占有率、经济效益和知名度远不如湖南祁东、甘肃庆阳、陕西大荔等产区的黄花菜，对当地农业产业发展的贡献也很有限。近10多年来，大同市和云州区政府先后出台了一系列鼓励和扶持黄花菜产业发展的政策和措施，加上山西省科学技术厅将黄花菜的研究和产品开发列为科技计划重大项目，有力地促进了大同黄花菜产业的发展，在一定程度上提高了其在山西省内和周边地区的知名度，使黄花菜真正成为云州区"一区一业"的主导产业。

　　2020年5月11日，习近平总书记在大同市云州区视察时作出重要指示："希望把黄花产业保护好、发展好，做成大产业，做成全国知名品牌，让黄花成为乡亲们的'致富花'"。总书记的殷殷嘱托，激发了人们对黄花菜种植、加工、科研的热情，推动了大同黄花菜全产业链的发展和完善，大同黄花菜的种植面积和产量、高附加值产品种类及其产值迅速攀升，黄花菜在云州区巩固脱贫攻坚成果、乡村振兴战略中发挥着越来越重要的作用。

　　作者于2012年开始研究黄花菜，调查了大同黄花菜的种植、加工、贮藏保鲜及大同盐碱土治理现状，研究了黄花菜的化学保鲜、引种适应性、组织培养、抗盐性等方面内容。2018年总结相关研究成果，出版了《大同黄花菜产业现状及相关研究》一书，为大同黄花菜的种植、繁殖、保鲜及大同盐碱土的改良提供了一定参考。4年来，作者进一步研究了黄花菜栽培生理、组织培养、抗盐和抗旱生理等内容，现将相关研究成果结集出版，以供黄花菜栽培、繁殖育苗、抗盐和抗旱栽培及盐碱地改良等相关领域的科研和管理人员参考。

　　全书共分六章：第一章概论，第二章黄花菜栽培生理研究，第三章大同黄花菜对盐碱土的改良效果研究，第四章大同黄花菜抗盐生理机制研究，第五章盐胁迫下黄花菜转录组测序、基因表达与功能分析，第六章大同黄花菜水分胁迫及铜胁迫生理研究。

衷心感谢我的爱人张海霞对我写作本书的全力支持，以及在新冠肺炎疫情下独自照顾家庭和孩子所付出的辛勤和汗水！感谢李艳清、刘冲、连萌、张美连、张玉林、周桂伶、宋璐婷、尹国庆、陈佳佳、程艳萍、范龄方、桂琳琳、黄净怡、谢楚、余崟、曹美芳、王若晨、许颖、张权、李曙光等同学在相关研究工作中所作的贡献！感谢中国农业科学技术出版社对本书出版的大力支持和配合！

本书是作者承担的山西省重点研发计划项目（201903D221102）、大同市院校合作科研项目（DT-YXHZ-202105）、山西大同大学产学研专项（2020CXZ17）及乡村振兴专项（2021XCZXZ5）等项目研究成果的总结，本书的出版得到了山西大同大学著作出版经费的资助，写作时引用了大量前人的研究文献，在此一并表示感谢！

由于作者学术水平和文字能力有限，书中难免有错漏不当之处，敬请同行专家和读者批评指正。

韩志平

2023 年 1 月于大同

目 录

第一章　概论 ………………………………………………………………… 001

第二章　黄花菜栽培生理研究 ………………………………………… 008
　　第一节　不同品种黄花菜在大同地区的适应性研究 ……………… 008
　　第二节　不同品种黄花菜叶片同工酶活性的变化 ………………… 014
　　第三节　不同品种黄花菜植株体内养分状况的分析 ……………… 020
　　第四节　石墨烯增效肥对大同黄花菜生长的影响 ………………… 025

第三章　大同黄花菜对盐碱土的改良效果研究 …………………… 034
　　第一节　大同盐碱土的理化特性研究 ……………………………… 034
　　第二节　盐碱土对大同黄花菜生长和生理特性的影响 …………… 040
　　第三节　盐碱土对大同黄花菜体内矿质离子含量的影响 ………… 047
　　第四节　种植黄花菜对盐碱土的改良效果研究 …………………… 054

第四章　大同黄花菜抗盐生理机制研究 …………………………… 063
　　第一节　盐胁迫对黄花菜种子萌发特性的影响 …………………… 063
　　第二节　NaCl 胁迫对大同黄花菜生长和生理代谢的影响 ……… 069
　　第三节　Ca(NO$_3$)$_2$ 胁迫对大同黄花菜生长和生理代谢的影响 …… 078
　　第四节　NaCl 胁迫下大同黄花菜植株体内离子含量的变化 …… 087
　　第五节　Ca(NO$_3$)$_2$ 胁迫对大同黄花菜体内矿质离子含量的影响 … 093
　　第六节　混合盐胁迫下大同黄花菜生长和生理特性的变化 ……… 101

第五章　盐胁迫下黄花菜转录组测序、基因表达与功能分析 …… 109
　　第一节　盐胁迫下黄花菜转录组测序、基因表达与功能分析 …… 109
　　第二节　盐胁迫下黄花菜转录因子和基因结构分析 ……………… 127

第三节　盐胁迫下黄花菜 *CYP716A* 基因表达分析 ……………………… 137

第六章　大同黄花菜水分胁迫及铜胁迫生理研究……………………… 151
　　第一节　大同黄花菜对水分胁迫的生长生理响应 ……………… 151
　　第二节　水分胁迫下大同黄花菜光合特性的变化 ……………… 159
　　第三节　铜胁迫对大同黄花菜生长和生理指标的影响 ……………… 168

参考文献 …………………………………………………………… 178

第一章 概 论

一、黄花菜概述

黄花菜（*Hemerocallis citrina* Bar.）学名萱草，又名金针菜，属百合科萱草属多年生草本植物，起源于中国南部、日本及欧洲的温带地区（张振贤，2008）。黄花菜各种营养成分含量丰富，花形优美、花色鲜艳，根系发达，兼有食用、药用、观赏和水土保持等多种价值（Tian 等，2017）。三国时嵇康《养生论》记载"合欢蠲忿，萱草忘忧，愚智所共知也"；李时珍《本草纲目》上论述，黄花菜有利尿、健胃的功效，因此古人又称黄花菜为安神菜、忘忧草。苏轼有诗云："萱草虽微花，孤秀能自拔"，可见古人早已认识到萱草叶丛碧绿繁茂、花葶挺拔修长、花朵艳丽多姿的观赏价值。

黄花菜的根、茎、叶、花在东亚地区作为食品和传统的药品已有几千年的历史（Tai and Chen，2000）。有研究表明，每 100g 干品中含有钙 463mg、磷 173mg、铁 16.5mg、胡萝卜素 3.44mg、核黄素 0.14mg、硫胺素 0.3mg、尼克酸 4.1mg（毛建兰，2008）。黄花菜中还含有丰富的糖类、蛋白质、脂肪、维生素 C、氨基酸、胡萝卜素等人体必需的营养成分（韩志平等，2013）。黄花菜味鲜质嫩、荤素兼优、营养丰富，在我国传统生活中，与香菇、木耳、冬笋一起被称为蔬菜中的四大珍品（潘炘，2006）。

《神农本草经》记载，萱草根有清热凉血的作用，是治疗肝炎、腮腺炎、内出血等疾病的中药材。《本草纲目》记载，黄花菜有利于胸膈、安五脏、轻身明目、治小便赤涩、解烦热，除酒瘟、令人欢好无忧等药效（范学钧，2006）。《滇南本草》记载"其补阴血、止腰痛、治崩漏、乳汁不通"（王伯胜和高翔，2018）。中医学认为，黄花菜性味甘凉，具有平肝养血、消肿利尿、止血、消炎、清热、消食、明目、镇痛、通乳、健胃和安神等功效，能治疗肝炎、大便下血、小便不通、乳汁不下、感冒、头晕、耳鸣、心悸、失眠、腰痛、关节肿痛等多种病症，可作为病后或产后的调补品（王树元，1990）。因此，早在 3 000 多年前，黄花菜就被列为常用食疗用品之一。黄花菜含有丰富的卵磷脂，是机体中许多细胞，特别是大脑细胞的组成成分，有较好的健脑、抗衰老功效，被称为"健脑菜"。研究还发现，黄花菜具有抗结核病和治疗血吸虫病的作用，还可以降低血清胆固醇含量，有利于高血压患者的康复，对防止脑出血、心脏病、动脉粥样硬化、神经衰弱等病症十分有益（许国宁等，2011）。

二、中国黄花菜产区分布

欧美各国主要以观赏萱草为主，中国则以食用黄花菜为主。中国是最主要的商品黄花菜生产国，生产食用历史源远流长，有文字记载的生产、食用历史已长达 2000 多年。最早记载见《诗经·卫风·伯兮》篇"焉得谖草，言树之背"，谖草即萱草（王伯胜和高翔，2018）。许多国家都分布有野生黄花菜，但目前商品化生产黄花菜的国家仅有中国、马来西亚、日本和马达加斯加 4 个国家。黄花菜对环境条件的适应性特别强，对土壤、水分、光照的要求都不高，而且耐寒、耐旱、耐贫瘠，加上栽培技术相对简单、营养价值较高、经济效益较好，在我国各地都有栽培（段金省等，2008；张振贤，2008）。

黄花菜在东北、华北以及长江流域、珠江流域地区均有栽培，东起台湾，西至新疆，北自黑龙江，南到海南岛，遍及大江南北。目前我国黄花菜产地有湖南邵东、祁东，甘肃庆阳，河南淮阳，陕西大荔，山西大同，宁夏盐池、红寺堡，江苏宿迁，浙江缙云，福建德化，云南下关，广东海丰、大浦等地，江西、广西、海南等地也有零星种植（邢宝龙，2022）。其中湖南祁东、邵东，甘肃庆阳，河南淮阳，陕西大荔是我国黄花菜五大原产地（赵晓玲，2005）。目前全国黄花菜主要种植区域面积总计达 100 万亩（1 亩 ≈667m²）以上，其中山西大同 26 万亩、甘肃庆阳 21 万亩、湖南祁东 16.5 万亩、宁夏吴忠 16 万亩、陕西大荔 8 万亩、四川渠县 3 万亩（邢宝龙等，2022），这 6 个市（县）也是目前我国黄花菜的六大主产区。

大同市位于山西省最北部，介于东经 112°34′~114°33′，北纬 39°03′~40°44′（贺洁颖等，2017），处于北纬 37°~42° 最适宜作物生长的黄金纬度带内。大同市属温带大陆性季风气候区，年日照时数 3 000h 左右，年太阳总辐射 5 600~6 100MJ/m²，是全国光能最充沛的地区之一，而且气候冷凉干燥、昼夜温差大，有利于植物的光合作用和碳水化合物的积累，是高品质农产品的优势产区（李黎霞，2010；王学军，2015）。加上黄花菜主产区云州区，是大同火山群所在地，境内地势平坦、土层深厚，火山喷发形成的土壤富锌富硒、肥沃疏松，特别适宜黄花菜肉质根的生长发育。独特的地理、气候和土壤条件造就了大同黄花菜颜色鲜黄、角长肉厚、脆嫩爽口、营养丰富、味道清香的特点，是国内品质最好的黄花菜品种之一，也是当地重要的经济作物和山西省名优农特产品（高洁，2013）。

三、大同黄花菜产业发展历程

早在北魏建都平城时期，大同就有黄花菜栽培，但仅作为宫廷园林观赏。明朝嘉靖年间，大同开始广泛种植食用黄花菜，距今已有 600 余年栽培历史，因此大同县自明朝开始就享有"黄花之乡"的盛名（韩志平，2018）。明末清初，大同黄花菜的种植、贸易、流通得到空前发展。清康熙年间，大同作为北方重要的商贸中心，设有专门销售包括干制黄花菜在内的干菜行。清末至民国时期，连年战乱导致大同黄花菜种植很少。直到新中国成立后，大同黄花菜种植才得到恢复和发展（韩志平等，2020）。

1975 年，原大同县被确定为山西省黄花生产基地县，全县种植黄花菜 1 万亩，年产干制黄花菜 1 500t。1995 年，大同县黄花菜种植面积达到 1.2 万亩。2000 年前后，大同县开始出现黄花菜种植专业户、专业村、基地乡镇、龙头企业。2010 年，大同县黄花菜种植面积达到 3 万亩，2012 年达到 5 万亩，2013 年达到 8 万亩，2014 年达到 8.5 万亩，2015 年达到 10 万亩。2017 年，大同市黄花菜种植总面积已达到 17 万亩，其中大同县黄花菜种植面积达到 12 万亩，总产值达 5.7 亿元，覆盖全县 10 个乡镇，有效改善了当地农民的生活状况，黄花菜成为该县的特色支柱产业（段九菊等，2021）。2018 年之后，黄花菜产业逐步由一县一域向大同市各县区拓展。到 2019 年，大同市黄花菜种植面积达到 23 万亩，仅云州区黄花菜种植面积就达到 17 万亩，广灵、天镇、阳高、灵丘、浑源等县也形成了规模发展趋势。

1983 年，大同黄花菜被外贸部授予"最受欢迎产品"，并成为"山西省知名产品"。1992 年，大同黄花菜在首届中国农业博览会上荣获金质奖。2003 年，大同黄花菜通过国家绿色食品 A 级产品认证（郭淑宏，2017）。2005 年"大同黄花"通过国家工商总局原产地保护认证，2006 年成为山西省第一个中国地理标志证明商标保护产品（高洁，2013；朱旭等，2016）。2007 年，大同黄花菜被中国名优产品协会评为"国家优质名牌产品"，2008 年在香港国际农产品博览会上荣获金奖，2009 年在首届中国（山西）特色农产品交易博览会上荣获金奖，2010 年在第八届中国国际农产品交易会和中国特色农产品博览会上荣获金奖，2014 年在第十二届中国国际农产品交易会上获得金奖。2017年，云州区通过全国绿色食品原料（黄花菜）标准化生产基地审核，在第十五届中国国际农交会上，"大同黄花"荣获"中国百强农产品区域公用品牌"称号并通过农业部"大同黄花"绿色有机地理认证，成为国家级出口食品农产品质量安全示范区。2018年，云州区被列入国家黄花种植与加工标准化示范区，大同黄花在第十九届中国绿色食品博览会上荣获金奖。2019年，"大同黄花"入选"中国农业品牌目录中国农产品区域公用品牌"，入选全国第二批产业扶贫典型范例，被列为国家级特色农产品优势区（韩志平等，2020）。这些荣誉提高了大同黄花菜的品牌价值、行业声誉和市场竞争力，进一步推动其快速发展。

多年来，大同市、大同县两级政府对黄花菜产业持续用力，出台了一系列鼓励和扶持黄花菜种植和加工的政策和措施，推动大同黄花菜产业迅速发展壮大。2011年，大同县委、县政府把黄花菜确立为"一县一业"的主导产业和脱贫攻坚的支柱产业，针对种植、采摘、加工、销售等生产环节，制定了土地流转、资金扶持、技术服务、招商引资等一整套政策（焦东，2013；魏军等，2015）。2013年、2014年，大同县委连续出台一号文件，部署黄花菜产业发展工作，县政府成立了黄花产业化发展领导小组和"黄花产业办公室"，全面负责黄花菜产业发展的组织协调、技术指导、宣传促销、督查考核等工作（朱旭等，2016）。同时，县政府积极引进和培育黄花菜种植、加工、销售及科研龙头企业，在政策、资金、项目上给予倾斜（王学军，2016）。鼓励企业上马烘干设备或流水线，研发冰鲜黄花、黄花饼、黄花酱、黄花茶、黄花面膜等新产品，为黄花合作社订制旋耕机、植保机械等农机设备，为种植户、加工或销售企业争取贷款等（余蕾，2019；田泽全，2019）。每年7月中旬到8月初举办"黄花文化节"，宣传助推大同黄花菜产业发展。这些政策和措施推动大同黄花菜产业逐步走上规模化种植、标准化生产、集约化加工、品牌化经营的现代农业发展之路，提高了其在山西省内和周边地区的知名度。

2018年，大同市委、市政府出台了《大同市黄花产业发展实施意见》《关于做优做强黄花产业加快乡村产业振兴助推脱贫攻坚的实施意见》《扶持黄花产业发展十条政策》，设立黄花产业发展投资基金，安排专项资金支持建设以黄花菜为主导的现代农业产业园，对黄花菜种植户和合作社、种植基地、加工企业、批发零售和电商平台主体给予奖励和补贴等（郝献民，2019）。以上政策措施紧扣黄花菜种植、加工、销售等关键环节，极大地调动了农民、合作社、企业投身黄花菜产业的积极性，有力地促进了黄花菜产业的快速高效健康发展。到2019年，云州区黄花菜种植覆盖全区10个乡镇，形成了1个2万亩片区乡镇，9个1

万亩片区乡镇，109 个种植专业村，95 个专业合作社，15 家加工、销售龙头企业，形成了龙头企业＋合作社＋基地＋农户的发展模式（杨旭峰，2020；霍宇恒，2020），"一区一业"发展格局基本成型，为全面打赢脱贫攻坚战、调整产业结构、建设美丽乡村、全面实现小康奠定了坚实的产业基础。

四、大同黄花菜产业进入高质量发展阶段

2020 年 5 月 11 日，习近平总书记视察山西，首站来到大同，考察云州区有机黄花标准化种植基地时指出："希望把黄花产业保护好、发展好，做成大产业，做成全国知名品牌，让黄花成为乡亲们的'致富花'"。总书记的重要指示，为进一步发展黄花菜产业提供了根本遵循、注入了强劲动力。总书记的殷殷嘱托，激发了全市广大干部群众对发展壮大黄花菜产业的极大信心和决心，激发了农民、合作社、企业家、科研人员对黄花菜种植、加工、开发、研究的巨大热情和行动。

为深入贯彻落实习近平总书记关于黄花产业的重要指示，大同市全面实施标准引领、提质增效、延链补链、品牌营销、促进增收"五项行动"，推动黄花菜产业持续做大做强。大同市委市政府先后制定出台了《关于把黄花产业保护好发展好做成大产业的实施意见》《大同市 2021 年黄花产业高质量发展专项行动》等政策，市财政每年出资 1 亿元扶持黄花产业发展。大同市政府聘请湖南农业大学和湖南农业环境生态研究所编制了《大同市黄花菜产业发展规划》《大同市黄花菜科技与文化发展规划》；聘请山西农业大学在全国率先制订《黄花菜种苗生产技术规程》《大同黄花生产技术规程》等山西省地方标准；组织制订了《大同黄花干制品质量分级标准》《大同干黄花地方质量标准》《大同冻干黄花粉企业标准》等行业标准。

大同市政府与中国农业大学、山西农业大学签署了"产学研合作协议"，成立了大同黄花产业发展研究院，建立了黄花菜全基因组数据库，开展了标准化种植技术和病虫害有机绿色防控技术攻关，研发了黄花菜专用肥配方和微生物菌剂。成立了大同黄花协会和黄花产业联盟，组织企业、合作社抱团发展，积极联系首都农贸市场，对接黄花销售；优化线上布局，支持企业通过对接第三方电商平台开展网络销售，开通大同原产地农产品旗舰店，黄花系列产品实现了线上销售；强化线下营销，组织黄花系列产品参加全国、全省各类农交会、农展会，在北京、上海、广州、成都、太原等城市建立黄花直营店，在市内建立 9 家黄花直营店、黄花专柜。组建总规模 3 000 万元的黄花特色农业产业基金，支持企业投

资黄花项目；开展黄花种植灾害、价格等特色保险等，为黄花菜产业发展保驾护航。每年举办大同黄花丰收节和大同黄花产业发展论坛，推动黄花菜产业高质量发展、产学研结合、农文旅融合、带农益农富农。

上述政策和措施推动了大同黄花菜全产业链的发展和完善，黄花菜的种植面积和产量、高附加值产品种类及其产值迅速攀升，助推大同黄花菜产业步入标准化生产、集群化发展、市场化运营、品牌化推广的高质量发展轨道，黄花菜产业在云州区巩固脱贫攻坚成果、乡村振兴战略中发挥着越来越重要的作用。2020年，大同市黄花菜种植面积达到26.1万亩，覆盖除平城区、云冈区外的其他8个县（区）（表1-1），其中云州区17.8万亩，年产干制黄花菜2.6万t，开发菜品、食品、饮品、功能产品四大系列几十种产品，全市黄花菜产业呈现出一、二、三产融合、全产业链高质量发展的强劲态势。2021年，大同市黄花菜种植面积达到26.5万亩，占全国1/4左右，是全国黄花菜种植面积最大的区域，其中云州区17万亩，是全国黄花菜种植面积最大的县域。建成了云州区黄花国家级现代农业产业园，"大同黄花"入选国家知识产权地理标志运用促进工程项目和农业农村部全国百强农产品区域公用品牌，大同黄花产业成为全国乡村产业高质量发展"十大典型"之一。

表1-1　2020年大同市各县（区）黄花菜种植面积

县（区）	面积（万亩）	县（区）	面积（万亩）
云州区	17.8	灵丘县	1.4
广灵县	2.5	浑源县	1.0
天镇县	1.6	左云县	0.1
阳高县	1.5	新荣区	0.1

2022年，大同市黄花菜生产经营主体达到175家，共开发出菜品、食品、饮品、药品、化妆品五大系列100余种黄花产品，形成大同黄花精深加工产业集群。基本形成了15个龙头企业带动，种植、加工和销售一体化，以干制黄花菜为主，以黄花茶、黄花醋、黄花啤酒、黄花饮料等几十个品种为辅的产业发展格局。

五、黄花菜相关研究方兴未艾

20世纪80年代以来，以黄花菜为对象的研究逐渐热了起来，但是黄花菜属于小众蔬菜，研究内容多集中于繁殖方法、组织培养、传统育种、干制工艺等与黄花菜种植、干制相关的领域。近 10 多年来，黄花菜相关的研究逐渐延伸到抗盐生理、新优种质选育、病虫害防控、转录组和基因组测序与功能分析、鲜黄花菜保鲜贮藏、功能食品研发、药用成分鉴定与利用等方面。习近平总书记视察大同对黄花产业作出重要指示以后，有关黄花菜的研究更多地集中于花期调控、采摘机器人研发、活性物质功能评价和提取、功能食品研发、黄花药品和化妆品研发等方面。研究内容已经拓展到黄花菜全产业链的所有关键环节的各个方面，并以解决黄花菜产业发展中面临的共性和瓶颈问题为主攻方向，以黄花菜产业提质增效为主要目标，科研人员对黄花菜的研究热情方兴未艾。

作者从 2012 年开始研究黄花菜，当时针对市场上只有干制黄花菜，新鲜黄花菜保鲜时间短、难以贮藏，运输过程中容易开花腐烂的问题，采用化学保鲜方法研究了 1– 甲基环丙烯（1–MCP）对大同黄花菜的保鲜效果（韩志平等，2012）。之后调查了大同黄花菜种植业和加工业发展状况，发现大同黄花菜品种单一、多年来没有更新，采摘期较为集中，故从国内黄花菜主产区引入数个品种进行适应性栽培。调查同时发现，生产上黄花菜繁殖以分株繁殖为主，繁殖周期长、系数低、见效慢，且人工成本高，故开展了黄花菜组织培养体系的研究（韩志平等，2018，2021）。大同市属于黄土高原半干旱气候区，域内丘陵和山地较多，干旱少雨、水资源缺乏，盐碱地面积大、分布广、类型多样、治理难度大（张克强等，2005），而黄花菜对土壤、水分条件的要求低，是一种优良的水土保持植物（闫晓玲，2017），在盐碱地种植具有明显的脱盐改土效果（任天应等，1991），因此，又对黄花菜的抗盐抗旱性及其生理机制进行了研究（韩志平等，2018，2020）。

2018 年，作者总结之前对于黄花菜引种栽培、组织培养、抗盐生理等方面的研究成果，出版了《大同黄花菜产业现状及相关研究》一书。4 年过去，作者在黄花菜栽培生理、抗盐和抗旱生理等方面取得了一些新的进展，这些成果对于大同黄花菜标准化栽培、抗盐和抗旱栽培及盐碱地改良具有一定的指导意义。将相关研究成果公开发表，是一名普通科研工作者的责任和义务，有利于促进大同黄花菜产业的规模化、效益化，加快大同黄花菜产业可持续高质量发展的步伐，也有助于黄花菜产业振兴在大同乡村振兴战略中发挥更大的作用。

第二章 黄花菜栽培生理研究

第一节 不同品种黄花菜在大同地区的适应性研究

黄花菜（*Hemerocallis citrina* Bar.）营养价值丰富，既可食用，也可药用（Tian 等，2017）。其食用部分为花蕾，药用部分为根，花蕾一般加工成干品食用，是我国传统的出口创汇商品（赵晓玲，2005）。山西大同黄花菜种植历史悠久，从明朝开始就享有"黄花之乡"的盛名。大同黄花菜颜色鲜黄、角长肉厚、脆嫩清口，品质优良，营养价值远高于其他产区，是当地重要的经济作物之一（高洁，2013；贺洁颖等，2017）。尽管大同地区有种植和加工黄花菜的传统，且近年来黄花菜产业发展迅速，全产业链条基本形成，但黄花菜品种单一、繁殖方法落后，采摘加工时间集中且容易受雨季影响，使黄花菜品质受到影响，相关加工产品的生产成本增加，影响产品的上市。

"十二五"期间，大同市和原大同县政府将黄花菜定为"一县一业"的主导产业，出台了一系列鼓励和扶持黄花菜种植和加工的政策和措施；"十三五"规划又提出要继续大力发展黄花菜产业，将其确定为云州区脱贫攻坚的支柱产业，全市黄花菜种植面积在 2020 年达到 26 万亩，开发菜品、食品、饮品、功能产品四大系列几十种产品（韩志平，2018；邢宝龙，2022）。"十四五"编制的《大同市黄花菜产业发展规划》提出，全市黄花菜产业要实现一、二、三产融合，全产业链高质量发展，到 2025 年全市黄花菜种植面积稳中有增，精深加工产业集群全面建成，全产业链年总产值达到 100 亿元，成为乡村振兴战略的支柱产业。因此，大同黄花菜生产中，亟须引进优良品种，丰富黄花菜遗传多样性，选育黄花菜新品种，加上推广标准化栽培管理技术，从而改良黄花菜品质，延长采摘期，以利于黄花菜采收和加工，保证加工产品的品质和上市。其中，引种和研究不同品种在大同地区的栽培适应性是首要工作（施冰，2003；金立敏，2011）。

本试验对不同产区的 5 个黄花菜品种在大同地区进行适应性栽培，调查其物候期、生长状况和产量性状，旨在筛选适合大同地区栽培的优良品种，为下一步改良大同黄花菜品种，丰富其多样性提供参考。

一、材料与方法

1. 供试材料

课题组从湖南省祁东县黄花菜种植基地引入冲里花、猛子花 2 个品种，从陕西省大荔县黄花菜种植基地引入大荔花，从山西省盂县黄花菜种植户引入盂县花，加上云州区紫峰黄花专业合作社提供的大同花共 5 个品种，种植在山西大同大学生命科学实验基地。大同花、盂县花、大荔花、冲里花和猛子花分别用 DT、YX、DL、CL 和 MZ 表示。4—10 月调查各品种物候期、生长状况、花蕾性状和产量等指标。

2. 试验方法

黄花菜双株定植，株距 30cm，行距 45cm。定植前施用农家肥约 1 200kg/hm^2 作为底肥，抽薹期和现蕾期各追施两次尿素，共约 24kg/hm^2。春苗萌动后，隔 10~15d 浇水一次，确保抽薹期、现蕾期土壤水分充足。

春苗萌动后开始调查物候期，在展叶期、抽薹期、现蕾期隔 7d 测量 1 次植株生长指标。现蕾期每天 7:00—10:00 采摘一次花蕾，调查花蕾性状，并统计小区产量。试验随机区组设计，小区面积 2m×4m，重复 3 次。

3. 调查项目及方法

以萌动、抽薹、现蕾 30% 为萌动期、抽薹期、始蕾期的标志，开花、花蕾凋落、植株衰败 50% 为盛蕾期、花蕾凋落期、植株衰败期的标志（黎海利，2008）。

形态指标每小区调查 15 株，以茎基部到植株最高点的距离为株高，以叶长超过 10cm 且叶片展开超过 60° 为标准调查叶片数，用 Yaxin-1241 叶面积仪测量植株最大叶叶面积。花蕾性状每小区调查 30 个，花蕾直径用游标卡尺测量，花蕾质量和小区产量用电子天平称量，同时调查花蕾长度、颜色、斑纹等性状。

二、结果与分析

1. 物候期

调查发现，3 月 30 日起植株开始萌动，到 4 月 7 日各品种萌动率均达到

30% 以上（表 2-1）；6 月 14 日开始抽薹，到 6 月 29 日各品种抽薹率均达到 30% 以上；7 月 5 日起有品种开始采收花蕾，7 月 13 日开始进入盛蕾期，到 8 月 9 日各品种均进入盛蕾期；8 月 15 日花蕾开始凋落，到 9 月 18 日各品种均进入花蕾凋落期，花蕾凋落呈现零星状；9 月 27 日开始有部分品种植株衰败，到 10 月 9 日所有品种均进入植株衰败期，植株衰败率均达到 50% 以上。

表 2-1　物候期

品种	萌动期	抽薹期	始蕾期	盛蕾期	花蕾凋落期	植株衰败期
DT	4 月 2 日	6 月 21 日	7 月 10 日	7 月 13 日	8 月 15 日	9 月 29 日
YX	4 月 3 日	6 月 25 日	7 月 15 日	7 月 18 日	8 月 29 日	10 月 06 日
DL	4 月 6 日	6 月 22 日	7 月 16 日	7 月 18 日	8 月 19 日	9 月 27 日
CL	4 月 7 日	7 月 15 日	8 月 02 日	8 月 09 日	9 月 18 日	10 月 09 日
MZ	4 月 4 日	6 月 29 日	7 月 20 日	7 月 26 日	9 月 14 日	10 月 08 日

大同花萌动期、抽薹期、始蕾期和盛蕾期均最早，但花蕾凋落期也最早；冲里花萌动期、抽薹期、始蕾期和盛蕾期均最迟，花蕾凋落期和植株衰败期也最迟；盂县花萌动期、始蕾期和盛蕾期均较早，植株衰败期则较迟；大荔花抽薹期和盛蕾期较早，但花蕾凋落期较早，植株衰败期最早；猛子花抽薹期、始蕾期和盛蕾期均较迟，但花蕾凋落期和植株衰败期也较迟。5 个品种中，猛子花的采收期（57d）和生长周期（188d）最长，大荔花采收期（35d）和生长周期（175d）最短，大同花的采收期和生长周期均较短，盂县花和冲里花的采收期和生长周期均较长。

2. 植株形态生长

（1）展叶期生长状况。研究表明，株高和叶片数对黄花菜花蕾质量、产量均有重要影响（越芹珍等，1998；罗志勇等，2017）。表 2-2 表明，5 月 23 日至 6 月 21 日，5 个品种的株高依次为 CL>MZ>DT>YX>DL，叶片数则依次为 YX>DL>MZ>DT>CL。展叶期大同花植株较低，叶片数较少；盂县花叶片数最多，株高较低；大荔花植株最低，叶片数较多；冲里花植株最高，叶片数最少；猛子花植株较高，叶片数中等。猛子花株高增长最多（20.83cm），大荔花叶片数增长最多（2.47 枚）；盂县花株高增长最少，只有 13.58cm，大同花叶片数增加最少，只有 0.93 枚。

表 2-2　展叶期植株形态生长

品种	株高（cm）					叶片数（枚）				
	5月23日	5月30日	6月7日	6月14日	6月21日	5月23日	5月30日	6月7日	6月14日	6月21日
DT	23.97	32.26	35.72	39.53	42.63	9.07	9.13	9.47	9.87	10.00
YX	26.37	32.31	35.85	39.17	39.95	10.67	12.07	12.07	12.53	13.07
DL	23.79	28.52	34.77	39.63	39.74	9.93	11.47	11.53	11.80	12.40
CL	27.41	34.20	39.03	41.87	45.46	8.07	8.47	8.53	9.40	9.53
MZ	23.97	34.19	38.33	43.69	44.80	8.47	9.87	9.87	10.07	10.67

（2）抽薹期生长状况。表 2-3 显示，从 6 月 28 日至 7 月 26 日，5 个品种的株高依次为 CL>MZ>DL>DT>YX，叶片数依次为 YX>DT>DL>MZ>CL。抽薹期大同花植株较低，叶片数较多；盂县花植株最低，但叶片数最多；大荔花株高中等，叶片数也中等；冲里花植株最高，但叶片数最少；猛子花植株较高，叶片数中等。大荔花株高增长最多（12.08cm），冲里花株高增长最少，仅 7.06cm；大同花叶片数增加最多（6.13 枚），大荔花叶片数增加最少，只有 1.07 枚。展叶期和抽薹期 5 个品种的植株快速生长，都有新叶不断长出，为以后的生殖生长打下了坚实的基础。

表 2-3　抽薹期植株形态生长

品种	株高（cm）					叶片数（枚）				
	6月28日	7月5日	7月12日	7月19日	7月26日	6月28日	7月5日	7月12日	7月19日	7月26日
DT	47.39	52.00	53.33	53.91	54.59	10.80	13.60	14.53	14.80	16.93
YX	42.89	50.03	52.77	52.89	53.90	13.13	14.13	14.27	16.07	16.20
DL	45.52	50.16	52.26	54.96	57.60	12.40	12.73	13.13	13.47	13.47
CL	51.88	55.40	57.44	58.52	58.94	10.33	10.47	10.87	11.07	11.53
MZ	50.57	54.09	55.37	57.88	59.29	10.93	11.00	12.13	12.87	13.27

（3）现蕾期生长状况。表 2-4 表明，从 8 月 2 日至 8 月 14 日，5 个品种的株高依次为 MZ>DL>CL>DT>YX，叶片数和最大叶面积依次为 DT>YX>DL>MZ>CL。现蕾期大同花植株较低，但叶片数最多，叶面积也最大；盂县花植株最低，但叶片数较多，叶面积也较大；大荔花植株较高，叶片数和叶面积

中等；冲里花株高中等，但叶片数最少，叶面积也最小；猛子花植株最高，叶片数较少，叶面积也较小。现蕾期各品种株高几乎停止生长，大同花株高增长最多，也仅 3.56cm，盂县花和冲里花株高基本没有变化；冲里花叶片数增加最多（1.86 枚），盂县花叶片数增加最少（0.93 枚）；大同花叶面积扩展最多（17.95cm²），冲里花扩展最少（5.24cm²）。说明现蕾期各品种植株生长已经基本稳定，生长很缓慢，叶片数和叶面积仍在继续增加，这是黄花菜不断结蕾的物质基础。

表 2-4　现蕾期植株形态生长

品种	株高（cm）			叶片数（枚）			最大叶面积（cm²）		
	8月2日	8月8日	8月14日	8月2日	8月8日	8月14日	8月2日	8月8日	8月14日
DT	53.16	56.39	56.72	17.67	18.53	19.33	84.25	90.73	102.20
YX	53.74	54.82	53.37	17.40	17.47	18.33	86.45	92.66	99.29
DL	58.98	59.73	59.39	15.27	15.53	16.40	87.36	86.82	99.59
CL	58.83	58.77	58.63	11.67	13.40	13.53	75.44	74.65	80.68
MZ	59.17	59.77	60.05	13.67	14.53	15.67	79.56	86.66	89.91

3. 花蕾性状和产量

表 2-5 显示，大同花、盂县花、冲里花的花蕾颜色开始为绿色慢慢变为黄绿色，再变为黄色；大荔花、猛子花的花蕾颜色开始为绿色慢慢变为淡黄色，再变为黄色。盂县花和冲里花的花蕾斑纹较多，大同花、大荔花、猛子花的花蕾基本无斑纹。5 个品种的花蕾长度依次为 DL>DT>CL>MZ>YX，花蕾直径依次为 DT>CL>DL>MZ>YX。说明大同花花蕾较长，直径最大；盂县花花蕾最短，直径也最小；大荔花花蕾最长，直径居中；冲里花花蕾长度居中，直径较大；猛子花花蕾较短，直径也较小。

单蕾质量依次为 DL>DT>CL>MZ>YX，单薹结蕾数依次为 YX>MZ>DT>CL>DL，小区抽薹数依次为 DL>YX>DT>MZ>CL，小区产量依次为 DT>DL>YX>MZ>CL。表明大同花单蕾质量较大，小区抽薹数中等，但单薹结蕾数较多，小区产量最高；盂县花单蕾质量最小，但单薹结蕾数最多，小区抽薹数较多，小区产量中等；大荔花单蕾质量最大，小区抽薹数最多，但单薹结蕾数最少，小区产量较高；冲里花单蕾质量中等，但小区抽薹数最少，单薹结蕾数较少，小区产量最低；猛子花单蕾质量也较小，小区抽薹数较少，虽然单薹结蕾数较多，小区产量仍较低。

表 2-5　花蕾性状及产量

品种	花蕾颜色	花蕾斑纹	花蕾长度（cm）	花蕾直径（cm）	单蕾质量（g）	单薹结蕾数（个）	小区抽薹数（个）	小区产量（kg）	折合亩产量（kg）
DT	黄绿、黄	无	8.17	0.88	2.94	33.13	76.00	7.40	616.91
YX	黄绿、黄	较多	7.52	0.80	2.43	33.87	82.22	6.77	563.95
DL	淡黄、黄	无	8.33	0.86	2.97	26.60	90.91	7.18	598.54
CL	黄绿、黄	较多	7.96	0.87	2.72	27.67	52.29	3.94	327.97
MZ	淡黄、黄	无	7.84	0.85	2.68	33.67	66.15	5.97	497.45

三、讨论与结论

品种是现代农业生产的首要考虑因素，只有使用品质优良、高产稳产的作物品种，才能保证良好的经济效益（周锦连和朱静坚，2002）。黄花菜的经济效益既与花蕾的品质和产量有关，也与采收期有直接关系，这些性状又与植株的生长势有关。大同黄花菜品质优良，但是几十年来品种单一，没有更新，退化问题已经显现，亟须引进国内外优良品种进行适应性栽培，筛选适宜本地区栽培的优良品种，为今后选育优良品种，延长花蕾采收期，保证加工产品质量、提升市场竞争力奠定基础。

同一作物的不同品种对某种栽培环境的适应性不同，表现为生长和生理状态存在明显差异，适应性强的品种植株生长势强、生理代谢旺盛、产量较高（周玲玲等，2020）。黑龙江牡丹江地区引种甘肃线黄花和湖南荆州花，发现甘肃线黄花比当地野生黄花菜植株生长迅速，而且花大产量高，适合黑龙江省栽培，加上根系发达，固土能力强，具有显著的经济效益和水土保持价值（贾纪洪等，2007）。福建南平市引种 2 个台湾黄花菜品种，发现均能在闽北地区种植，以高山一号更优，花期较短，便于集中采收，花序着生花蕾数较多，可以大面积推广种植（谢善松等，2014）。石颜通等（2019）从湖南引进 5 个黄花菜品种在北京顺义区栽培，发现不同品种植株生长差异较大，猛子花植株生长较快，当年成花率较高，单蕾质量最大，且花期较为集中，可作为主推品种。周玲玲等（2020）引进 25 个国内黄花菜品种在江苏宿迁栽培，发现三月花、大同花、G1 在早熟性、花蕾重、品质和抗性方面表现较好，茄子花、长嘴子花在产量、品质、抗性方面表现突出，认为前者适合设施提早生产，后者更适合干制和速冻生产。本试验发现，不同产区的黄花菜品种物候期和生长势均存在明显差异，其中大同花、大荔花、盂县花植株均较矮，但叶片数和叶面积均较大，综合长势较好，特别是大同花的叶片数和叶面积明显高于其他品种，抽薹期和始蕾期也较早，虽然采收期和生长周期明显比冲里花和猛子花短，但大同花和大荔花的单蕾质量和小区产量表现更优。

随着研究的不断深入，黄花菜的特殊功效日显优势。黄花菜食用器官是花蕾，其经济价值也主要体现在花蕾的产量和品质。其中花蕾产量与植株抽薹数、单薹结蕾数和单蕾质量有关，商品品质则不仅与花蕾的营养成分有关，花蕾的大小、形态、色泽、蕾身的斑纹和蕾嘴颜色的深浅等外观性状也是评价其商品性优劣的重要依据（岳青和申晋山，1991；陈金寿和叶爱贵，2012）。本试验中，5个品种的花蕾形态、质量和小区产量差异较大，其中大同花和大荔花花蕾较长、直径适中，颜色鲜黄且无斑纹，单蕾质量较大，商品性和小区产量均优于其他3个品种，特别是大同花虽然小区抽薹数中等，但由于单蕾质量较大、单薹结蕾数较多，小区产量最高；冲里花和猛子花虽然单蕾质量并不低，单薹结蕾数也不是最低的，特别是猛子花单薹结蕾数仅次于盂县花，但由于小区抽薹数很少，导致其产量很低。

综上所述，大同花和大荔花在物候期、生长势、花蕾性状和小区产量等各方面性状均表现优良，其中大同花的萌动期和抽薹期最早，采收期集中，花蕾直径和产量最大；大荔花植株最高，花蕾长度和单蕾质量最大，小区产量略低于大同花，适宜在大同地区推广栽培。此外，种植地区的地理、气候、土壤、水肥等环境条件不同，栽培技术差异等均会影响到黄花菜的品质和产量；随着种植年限的增加，其物候期、生长势、产量等也会发生变化。因此，对引种黄花菜的生长发育、植株长势、花蕾性状和产量等，需要进行长期研究，以掌握其在引种地区的生长发育规律，为选育优良品种、改进栽培管理技术奠定基础，促进大同黄花菜产业的高质量发展。研究还发现，叶片数和叶面积大小与单蕾质量呈正相关，可能与植株的光合能力有密切关系，可作为黄花菜产量育种的重要参考指标，有必要深入研究其中的原因。

第二节　不同品种黄花菜叶片同工酶活性的变化

黄花菜植株高大，叶丛茂盛，根多肉，花蕾可食用，根和花蕾可入药，有止血、消炎、安神等功效（Liu等，2020）。对土壤、水分、光照等环境条件要求不严格，适应范围较广，栽培技术较简单，在我国很多地区都有栽培（张振贤等，

2008）。大同黄花菜已有 600 多年栽培历史，其主产区大同市云州区太阳辐射强、昼夜温差大，且生长在大同火山群下，土壤肥沃、养分充足，故大同黄花菜品质优良，是"山西省知名产品""绿色食品 A 级产品"，也是大同市第一个国家地理标志证明商标保护产品（高洁，2013；韩志平和张海霞，2019）。

近 10 几年来，在大同市和云州区政府鼓励和支持黄花菜产业发展的政策激励下，大同黄花菜产业发展迅速，种植面积扩大近 10 倍，加工从干制拓展到菜品、食品、饮品、药品、化妆品等 5 大领域，全产业链基本形成，为各相关县区脱贫攻坚作出了巨大贡献（韩志平，2020；邢宝龙等，2022）。但是大同黄花菜品种单一，繁殖育苗技术落后，遗传多样性较差，其独特品质逐渐削弱。为了保持大同黄花菜的优良品质，利于其采收和加工产品的品质，需要引种其他优良品种，丰富其多样性，延长其采收期和加工产品的上市期。

我国黄花菜品种非常丰富，仅湖南祁东就有 20 多个品种，陕西大荔、甘肃庆阳、湖南邵东、四川渠县、江苏宿迁等产区也各有多个品种（赵晓玲，2005；韩志平，2018）。但各地黄花菜品种的形态、颜色、营养成分等性状均有与其原产地条件相适应的特征，存在一定的差异。引进外地品种，筛选适应本地栽培环境的优良品种，并进行传统选择育种或分子育种，是改良和提高黄花菜品质的重要途径（吴比等，2018）。在进行品种改良之前，首先要探明各地黄花菜品种的亲缘关系，了解其对当地地理、气候、土壤等环境条件的适应性。

在品种亲缘关系研究中，同工酶差异分析是常用的生物技术手段。同工酶（Isozyme）是指分子立体结构不同、理化性质也有所差异，但催化效果相近的一类酶（张妙娟，2019）。同工酶在不同植物种类、同一个体的不同组织或不同发育阶段都有差异，可作为衡量动植物生长发育状况的标准（牛红军和李杨，2014；张丽珍等，2011；Lee 和 Wells，2018）。随着科学技术的发展和研究的不断深入，同工酶技术已广泛应用于多个学科（祝朋芳和陈长青，2004）。国内一些学者利用同工酶技术对部分黄花菜品种的亲缘关系进行了一些研究（田丽娟，2006），但不同品种间同工酶活性的差异分析尚未见报道。本节研究了不同产地的 5 个黄花菜品种，在大同地区种植后几种同工酶活性的差异，分析各品种在大同地区的适应性，对于大同黄花菜的品种改良和产业发展具有重要意义。

一、材料与方法

1. 供试材料

试验地点、供试黄花菜及田间管理同本章第一节。

2. 试验方法

春苗萌发 1 个月开始试验。5 个品种随机区组排列，小区面积 2m×4m，3 次重复。于早上 9:00 每重复随机选 5 个植株，取由内向外第 3 片充分展开的叶片测定相关同工酶活性。

3. 测定项目及方法

叶片用蒸馏水洗净、滤纸擦干，均匀剪碎后用于酶的提取和测定，各种同工酶活性采用同工酶试剂盒按说明进行。

抗氧化酶活性：取 0.1g 样品，加入 1mL PBS 冰浴匀浆，4℃ 下 8 000×g 离心 10min，取上清液置冰上待测。超氧化物歧化酶（SOD）活性采用马骥等（2015）方法，取 10μL 上清液加入检测试剂后充分混匀，室温下静置 30min 后测定 A450，以黄嘌呤氧化酶耦联反应体系中抑制率 50% 为一个酶活单位（U）。过氧化物酶（POD）活性采用吕蓓等（1997）方法，以每克组织在每毫升反应体系中 A470 每分钟变化 0.005 为 1 个酶活单位。

淀粉酶活性：采用张连祥等（2020）方法，取 0.1g 样品，加入 0.8mL 蒸馏水研磨，室温下放置提取 15min，每 5min 振荡 1 次，再在常温下 6 000×g 离心 10min，取上清液加蒸馏水定容至 10mL，摇匀即淀粉酶原液。取 1mL 淀粉酶原液，加入 4mL 双蒸水摇匀稀释，再加入检测试剂充分混匀，90℃ 下水浴 10min，取 200μL 至微量玻璃比色皿中测定 A540，以每克组织在反应体系中每分钟催化产生 1mg 还原糖为 1 个酶活单位。

酯酶活性：羧酸酯酶（CarE）活性采用中科院大连化学物理研究所方法（杨凌等，2017），取 0.1g 样品，加入 1mL 提取液冰浴匀浆，4℃ 下 12 000×g 离心 30min，取 5μL 上清液加入 200μL 检测试剂混匀，测定 A450 在 3min 内的变化，以每克组织在 37℃ 反应体系中每分钟催化 A450 增加 1 为 1 个酶活单位。乙酰胆碱酯酶（AchE）活性采用王小瑜等（2007）方法，取 0.1g 样品，加入 1mL 提取液冰浴匀浆，4℃ 下 8 000×g 离心 10min，取 20μL 上清液加入检测试剂迅速混匀，测定 A412 在 3min 内的变化，以每克组织每分钟催化产生 1nmol 5-巯基-硝基苯甲酸（TNB）的酶量为 1 个酶活单位。

4. 数据分析

数据用 Excel 2010 软件整理和作图，用 SPSS 22.0 软件进行单因素方差分析。

二、结果与分析

1. 抗氧化酶活性

图 2-1 显示，5 个品种的 SOD、POD 酶活性变化规律基本相同，均以冲里花活性最高，猛子花次之，大同花居中，盂县花和大荔花最低。其中冲里花与猛子花间的 SOD 和 POD 活性均无显著差异，但均显著高于大同花、盂县花和大荔花；大同花 SOD 活性显著高于盂县花，与大荔花无差异，POD 活性显著高于盂县花和大荔花；盂县花和大荔花间的 SOD、POD 活性均无显著差异。说明原产湖南祁东的冲里花和猛子花，需要提高其抗氧化酶活性来适应新的栽培环境；盂县花和大荔花原产地地理气候条件与大同差别不大，不需要提高其抗氧化能力，就能够适应大同地区的栽培环境。

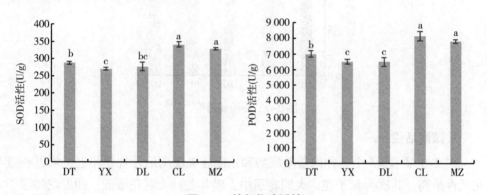

图 2-1　抗氧化酶活性

2. 淀粉酶活性

图 2-2 表明，5 个品种的 α - 淀粉酶、β - 淀粉酶和总淀粉酶活性规律相似，均以冲里花活性最高，猛子花次之，大同花居中，盂县花和大荔花最低。其中冲里花 α - 淀粉酶、β - 淀粉酶和总淀粉酶活性均显著高于其他品种；猛子花 α - 淀粉酶和总淀粉酶活性显著高于大同花、盂县花和大荔花，β - 淀粉酶活性与大同花、盂县花和大荔花无差异；大同花、盂县花、大荔花三者间的 α - 淀粉酶、β - 淀粉酶和总淀粉酶活性均无显著差异。说明冲里花和猛子花需要较高的淀粉酶活性才能维持在大同地区的正常生长发育；盂县花和大荔花能够很好地适应大同地区的寒冷干旱环境，不需要提高淀粉酶活性就能正常生长发育。

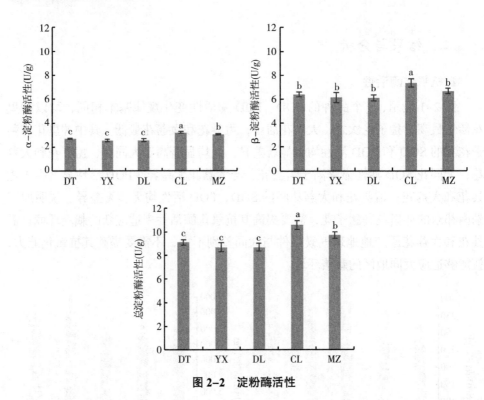

图 2-2　淀粉酶活性

3. 酯酶活性

图 2-3 显示，5 个品种的羧酸酯酶和乙酰胆碱酯酶活性规律相近，均以冲里花活性最高，其次为猛子花，大同花居中，盂县花和大荔花最低；冲里花和猛子花间的两种酯酶活性均无差异，但均显著高于其他 3 个品种；大同花、盂县花和大荔花间的两种酯酶活性均无显著差异。说明冲里花和猛子花为了适应与原产地迥异的栽培环境，需要提高体内酯酶的活性，增强对环境的去毒功能；盂县花和大荔花在大同地区栽培时体内酯类化合物代谢正常，不需要提高其酯酶活性。

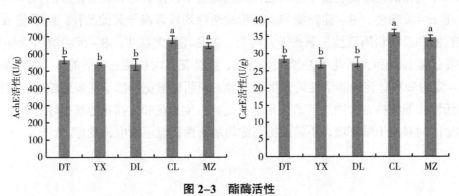

图 2-3　酯酶活性

三、讨论与结论

SOD 和 POD 是广泛存在于植物体内的酶促抗氧化剂，可以清除细胞内产生的活性氧自由基，消除其对细胞质膜、核酸和蛋白质等的过氧化伤害，有效减轻逆境胁迫对细胞的伤害（谢晓红，2015），在病虫、杂草等生物胁迫和极端温度、旱涝、盐碱、强光弱光等非生物胁迫下均能发挥作用（夏民旋等，2015；白英俊等，2017）。研究表明，同种植物不同品种体内抗氧化酶活性存在差异，在抵抗胁迫和适应环境方面表现出遗传多样性（王伟玲等，2010）。本研究中，在正常栽培条件下，冲里花和猛子花的 SOD 和 POD 活性显著高于其他品种，盂县花和大荔花的两种抗氧化酶活性均最低，说明在新的地理气候土壤条件下，冲里花和猛子花细胞内产生了大量的活性氧自由基，为了消除产地环境条件改变带来的这种不利影响，需要大幅度提高抗氧化酶活性增强抗氧化能力，才能适应大同地区的栽培环境，盂县花和大荔花的产地栽培环境与大同地区接近，适应能力较强，所以两个品种的抗氧化酶活性较低。

淀粉酶普遍存在于植物细胞中，主要包括 α–淀粉酶和 β–淀粉酶，可以催化淀粉和某些糖类的水解（王伟玲等，2010）。白天植物叶片光合作用在叶绿体内生成临时贮存的淀粉，夜间淀粉在该酶的催化下转化为磷酸己糖，便于进一步运输或转化。研究表明，淀粉酶在植物适应低温环境时可发挥一定作用（韩萍和魏云林，2006）。本研究中，不同品种在大同地区栽培过程中，其叶片中淀粉酶活性不同，冲里花和猛子花的淀粉酶特别是 α–淀粉酶活性显著高于其他品种，盂县花和大荔花的淀粉酶活性最低。可能是由于大同地区气温较低、空气干燥，昼夜温差较大，而冲里花和猛子花的原产地湖南气候温暖湿润，为了适应栽培地的低温干旱环境保持正常生长发育，需要提高淀粉酶活性，降解淀粉为植物生长提供碳源；盂县花和大荔花的原产地距大同较近，不需要大幅度提高淀粉酶活性就可以适应当地的低温环境，保证植物的正常生长。

酯酶是广泛存在于动植物和微生物中的一种酶类，存在于植物的不同组织或不同生育阶段（雷明，2008），由于能水解植物产生的对自身无益的酯类化合物，对植物可能有去毒功能（周鹏等，2019）。本试验中，不同品种的酯酶活性各不相同，其中冲里花和猛子花的酯酶活性高于其他品种，盂县花和大荔花的酯酶活性较低。可能是原产地距大同遥远的冲里花和猛子花在地理气候环境迥异的大同地区，细胞内会形成有毒害作用的酯类化合物，为了消除这些物质的毒害作用，需要提高细胞内酯酶的活性，盂县花和大荔花的原产地生长环境与大同地区相近，在大同地区栽培体内不会产生大量酯类化合物，因此二者酯酶活性偏低。

总之，产地因素在黄花菜的引种栽培适应性中发挥着重要作用，原产地地理气候等环境条件存在显著差异的品种进行引种栽培，需要其生理活性进行调节，才能适应新的栽培环境。冲里花和猛子花的抗氧化酶、淀粉酶、酯酶活性均较高，对大同本地地理气候环境的适应性较差；盂县花和大荔花的各同工酶活性均较低，其对大同地区的适应性相对较好。

第三节　不同品种黄花菜植株体内养分状况的分析

黄花菜又名忘忧草、金针菜，其观为名花、用为良药、食为佳肴，观赏价值、食用价值和药用价值都很高（Tian 等，2017），为典型的药食同源植物，自古就有"莫道农家无宝玉，遍地黄花是金针"的赞美诗句（范学钧，2006）。大同市云州区是中国黄花菜的重要生产基地，由于当地地理环境、气候条件和土壤状况非常适宜黄花菜的生长，植株苗大根繁，花蕾含糖量高、富含硒锌，是营养价值极高的特色农产品，品质全国最优（韩志平，2018）。市场上常见的主要是干制黄花菜，炒菜或火锅中加入，味道鲜美可口，广受人们喜爱。

从 2011 年开始，大同县将黄花菜确立为"一县一业"的主导产业和脱贫攻坚的支柱产业（高洁，2013；郭淑宏，2017），政府出台了一系列扶持政策，大力推动黄花菜产业向规模化种植、集约化加工、品牌化经营的现代农业发展（韩志平，2020）。到 2012 年，大同县黄花菜种植面积达到 5 万亩，2015 年达到 10 万亩，2017 年达到 12 万亩。2019 年 11 月 15 日，大同黄花入选中国农业品牌目录；2020 年 2 月 26 日，云州区被认定为第三批中国特色农产品优势区，大同黄花菜进入高质量发展阶段（邢宝龙等，2022）。到 2021 年，大同市黄花菜种植面积达到 26.5 万亩，呈现出一、二、三产融合，全产业链高质量发展的强劲态势。

尽管大同地区黄花菜种植历史悠久，品质优良，产业发展良好，但是该地黄花菜品种单一，花蕾采收期集中，容易受雨季影响，对干制黄花菜和其他深加工产品质量造成影响。为实现大同黄花菜产业的可持续高质量发展，更好带动当地农业生产，改善大同地区黄花菜品种现状、丰富其遗传多样性刻不容缓。山东淄博黄花菜品质较差、品种较少，不能满足市场需求，当地于 20 世纪 80 年代从湖南引进早熟品种四月花和中熟高产品种长嘴子花，种植后生长良好，取得了较好的经济效益（韩承伟等，1999；王占臣，2001）。本节研究了 5 个黄花菜品种在大同地区栽培后的生长和体内养分状况，为筛选适宜在大同地区推广种植的品种提供依据，为改善大同黄花菜品种多样性奠定基础。

一、材料与方法

1. 供试材料

试验地点、供试黄花菜及田间管理同本章第一节。

2. 试验方法

春苗萌发后 1 个月开始试验。5 个品种随机区组排列，小区面积 2m×4m，3 次重复。分别于 5 月 7 日、5 月 14 日、5 月 21 日每小区随机选 10 个植株，测量生长指标；5 月 8 日、5 月 15 日叶片测量养分指标。

3. 测定项目及方法

（1）生长指标。株高、叶片数、最大叶面积的测量方法同本章第一节。

（2）养分指标。叶绿素含量用 SPAD–502Plus 便携式叶绿素仪测定，以 SPAD 值表示。

N 素含量（水杨酸–硫酸反应法）：用 KNO_3 配制系列 NO_3^- 标准溶液，各取 0.1mL，加入 5% $C_7H_6O_3$–H_2SO_4 溶液 0.4mL，在室温下放置 20min 后加入 8% NaOH 溶液 9.5mL，冷却至室温后测定 OD410 值，绘制标准曲线。新鲜叶片洗净擦干，剪碎后取 0.5g，加入 10mL 去离子水，沸水浴提取 30min，冷却后过滤并定容到 25mL，即为样品提取液。取提取液 0.1mL 按前述步骤测定吸光度值，并计算 NO_3^- 含量（高俊凤，2006）。

P 素含量（钼蓝法）：用 KH_2PO_4 配制系列标准 P 溶液，各取 1mL 加入钼酸铵硫酸试剂 3mL，再加入 $SnCl_2$ 0.1mL，混匀后静置 10~15min，测定 OD660 值，绘制标准曲线。新鲜叶片洗净擦干，剪碎后取 0.5g 加 1mL 蒸馏水研磨，定容到 5mL，在 3 000×g 下离心 15min，取上清液 1mL 按前述步骤测定吸光度值，计算 P 含量（李小方和张志良，2016）。

可溶性蛋白含量用考马斯亮蓝 G–250 染色法测定（蔡庆生，2013），可溶性糖含量用蒽酮比色法测定（宗学凤和王三根，2011），脯氨酸含量用水浴浸提法测定（王三根，2017），抗坏血酸（VC）含量用红菲啰啉法测定（赵会杰，1999）。

数据整理和方差分析方法同本章第二节。

二、结果与分析

1. 植株生长状况

株高、叶片数、最大叶面积等形态生长指标可以反映植株的健康状况及对生长环境的适应性。表 2-6 显示，5 月 7 日 5 个品种株高和叶片数均依次为 MZ>DL>YX>CL>DT，最大叶面积依次为 DL>MZ>YX>DT>CL；5 月 14 日和 5 月 21 日，株高和最大叶面积依次为 DL>MZ>DT>CL>YX，叶片数依次为 DL>MZ>DT>YX>CL。综合比较，5 个品种中，大荔花和猛子花的形态生长优于大同花，盂县花和冲里花的形态生长比大同花较差，且大荔花和猛子花的形态生长较快，说明大荔花和猛子花的生长状况较好，比较适应大同地区的土壤和气候等环境条件，盂县花和冲里花对当地环境条件的适应性较差。

表 2-6　植株生长状况

时间	品种	株高（cm）	叶片数（枚）	最大叶面积（cm²）
	DT	18.35 ± 1.62^c	7.4 ± 0.8^a	26.16 ± 2.44^b
	YX	23.10 ± 1.58^{ab}	7.7 ± 1.1^a	30.13 ± 3.68^b
5 月 7 日	DL	24.70 ± 2.21^{ab}	8.6 ± 1.2^a	41.50 ± 2.72^a
	MZ	26.30 ± 2.00^a	8.6 ± 1.0^a	38.31 ± 2.77^a
	CL	22.60 ± 1.22^b	7.5 ± 1.0^a	24.67 ± 2.03^b
	DT	27.95 ± 1.17^b	8.2 ± 1.0^b	39.45 ± 2.67^b
	YX	27.76 ± 1.85^b	8.2 ± 1.0^b	37.58 ± 2.82^b
5 月 14 日	DL	37.91 ± 2.47^a	11.1 ± 1.2^a	51.86 ± 3.64^a
	MZ	35.50 ± 2.16^a	9.6 ± 1.4^{ab}	42.55 ± 2.72^b
	CL	27.81 ± 1.67^b	7.7 ± 0.7^b	38.55 ± 2.47^b
	DT	35.50 ± 1.58^b	8.7 ± 2.3^b	40.54 ± 1.80^c
	YX	29.19 ± 1.42^c	8.4 ± 0.9^b	38.04 ± 1.40^c
5 月 21 日	DL	44.15 ± 2.75^a	12.6 ± 0.7^a	56.21 ± 2.31^a
	MZ	42.38 ± 1.90^a	9.9 ± 1.5^{ab}	44.68 ± 1.15^b
	CL	32.08 ± 2.60^{bc}	7.8 ± 1.2^b	38.86 ± 0.69^c

注：数据后不同小写字母表示品种间在 0.05 水平上差异显著，下表同。

2. 叶绿素、N 素和 P 素含量

表 2-7 表明，各品种叶绿素、N 素和 P 素含量规律各不相同，展叶期叶绿素含量两次测量均表现为 DT>YX>DL>MZ>CL；N 素含量 5 月 8 日表现为 CL>DT>MZ>DL>YX，5 月 15 日表现为 MZ>YX>CL>DL>DT；P 素含量两次测量均表现为 DL>YX>CL>MZ>DT。与第 1 次相比，5 月 15 日各品种叶片的叶绿素、P 素、N 素含量都有所增加，尤其 P 素含量增加明显；与大同花比较，其他 4 个品种的叶绿素含量均低于大同花；5 月 8 日大同花的 N 素含量仅次于冲里花，5 月 15 日时低于其他 4 个品种，但两次测量各品种间差异均较小；大同花的 P 素含量在两次测定时均显著低于其他 4 个品种，大荔花、盂县花的 P 素含量高达大同花的 2~4 倍。说明引进 4 个品种对土壤中 N、P 等肥料的吸收和利用能力较强，大同花则更能充分进行光合色素的合成。

表 2-7 叶绿素、N 素和 P 素含量

时间	品种	叶绿素含量（SPAD）	N 素含量（mg/g）	P 素含量（μg/g）
	DT	31.52 ± 1.89^a	1.184 ± 0.023^{ab}	41.81 ± 1.46^c
	YX	31.37 ± 2.18^a	1.055 ± 0.019^e	75.69 ± 1.27^a
5 月 8 日	DL	31.22 ± 2.00^a	1.075 ± 0.005^e	76.81 ± 2.41^a
	MZ	30.53 ± 2.80^a	1.164 ± 0.030^b	66.53 ± 1.68^b
	CL	29.53 ± 2.83^a	1.207 ± 0.006^a	69.17 ± 2.08^b
	DT	36.69 ± 2.72^a	1.351 ± 0.005^d	47.64 ± 3.49^c
	YX	36.13 ± 1.99^a	1.415 ± 0.015^b	143.47 ± 17.68^a
5 月 15 日	DL	35.94 ± 1.28^a	1.378 ± 0.006^c	153.33 ± 15.72^a
	MZ	33.98 ± 1.78^{ab}	1.458 ± 0.024^a	74.86 ± 8.22^b
	CL	31.25 ± 2.86^b	1.380 ± 0.008^c	127.64 ± 13.08^a

3. 营养成分含量

表 2-8 显示，5 月 8 日可溶性蛋白含量表现为 YX>DL>CL>MZ>DT，5 月 15 日表现为 DT>DL>YX>CL>MZ；可溶性糖含量 5 月 8 日表现为 DL>MZ>DT>CL>YX，5 月 15 日表现为 CL>MZ>DL>DT>YX；脯氨酸含量 5 月 8 日表现为 MZ>DL>YX>CL>DT，5 月 15 日表现为 MZ>DT>CL>DL>YX；VC 含量 5 月 8 日表现为 CL>MZ>DL>YX>DT，5 月 15 日表现为 CL>DL>YX>MZ>DT。5 月 8 日大同花可溶性蛋白含量低于其他 4 个品种，5 月 15 日大同花显著增加，超过其他 4 个品种，大荔花没有变化，其他品种显著降

低；5月8日大同花的可溶性糖含量仅多于盂县花和冲里花，5月15日可溶性糖含量除冲里花显著增加外，其他品种都显著降低；5月8日大同花脯氨酸含量最低，5月15日各品种脯氨酸含量都显著增加3~4倍，大同花含量仅次于猛子花；两次测定大同花的VC含量显著低于其他4个品种，冲里花的脯氨酸含量则显著高于其他品种。

表 2-8　可溶性蛋白、可溶性糖、脯氨酸和 VC 含量

时间	品种	可溶性蛋白（mg/g）	可溶性糖（mg/g）	脯氨酸（μg/g）	VC（μg/g）
5月8日	DT	17.66±0.09[d]	190.03±7.69[c]	23.84±1.24[c]	291.41±4.91[d]
	YX	19.96±0.03[a]	181.92±2.75[c]	28.38±1.43[b]	330.47±3.13[c]
	DL	18.80±0.08[b]	268.25±10.00[a]	28.79±3.27[b]	335.01±3.13[bc]
	MZ	18.11±0.10[c]	232.97±7.57[b]	35.39±1.93[a]	344.26±6.29[b]
	CL	18.14±0.07[c]	189.69±0.54[c]	27.55±2.47[bc]	366.81±1.61[a]
5月15日	DT	24.21±0.66[a]	127.81±15.12[b]	105.60±1.49[a]	295.44±3.44[d]
	YX	16.05±0.99[c]	123.36±13.16[b]	97.49±2.81[a]	333.35±7.36[c]
	DL	18.90±1.49[b]	131.25±9.09[b]	99.07±2.47[a]	361.98±1.76[b]
	MZ	10.08±0.30[d]	198.97±20.10[a]	106.19±9.19[a]	325.55±5.26[c]
	CL	15.90±1.13[c]	218.64±13.88[a]	105.40±11.54[a]	385.77±3.23[a]

三、讨论与结论

目前，大同黄花菜种植业主要存在栽培品种较单一、采收期正逢雨季、采摘费工费时、病虫害逐年增加等问题。引进并筛选适合在大同地区推广栽培的外地优良品种，是丰富大同黄花菜遗传多样性，改良品质，避免品种退化，增强植物抗逆性，提高加工产品品质和附加值，获得较高经济效益的重要途径，有利于推动大同黄花产业的可持续高质量发展。

黄花菜为多年生宿根作物，分析引进品种在当地栽培的适应性需要考虑各品种的生长发育和生理状况，研究其生长规律、养分状况和生理特性。北京市黄花菜多用于园林绿化，仅有少数用于食用，且品种单一、产量较低，研究者从湖南引进了5个品种，根据其在北京市顺义地区的生长和生理指标，筛选出长势较好、适宜在该地区种植的品种，特别是猛子花植株生长较快，当年成花率较高，单花蕾鲜重最大，且花期较为集中，为下一步推广奠定了基础（石颜通等，2019）。黑龙江省牡丹江市引种栽培甘肃线黄花和湖南荆州花，与当地黄花菜比较，发现甘肃线黄花比较适合黑龙江省种植，为本地黄花菜品种改良提供了依据（贾洪纪等，2007）。本研究中，大荔花和猛子花的形态生长优于大同花，盂县花和冲里花的形态生长较差，说明大荔花和猛子花能够适应大同地区的土壤和气候等环境条件，盂县花和冲里花对当地环境条件的适应性较差。

在光合作用过程中，叶绿素主要负责吸收和传递光能，另外一小部分叶绿素分子在极少数状态下，能够将光能转化为化学能（Takahio 等，2016）。N 被称为植物的生命元素，是体内多种大分子物质的组成元素，含量充足时叶大鲜绿，植株健硕，花多且产量高（张鹏等，2015）。P 素对光合作用和根系发育特别重要，对幼苗早期生长发育有利（潘瑞炽等，2012）。可溶性蛋白、可溶性糖、脯氨酸和 VC 等指标既可反映植物的养分状况，也是反映植物在不良环境下抗性的生理指标（韩志平等，2010）。本试验中，大同花和盂县花的叶绿素含量优于其他 3个品种，合成叶绿素的能力较强，猛子花和冲里花的 N 素含量明显高于其他品种，大荔花和盂县花的 P 素含量则显著高于其他品种，大荔花、猛子花和冲里花的可溶性蛋白、可溶性糖、脯氨酸和 VC 含量综合表现优于大同花和盂县花，其中大荔花的 P 素、可溶性糖和 VC 含量均高于大同花，猛子花的 P 素、可溶性糖、脯氨酸和 VC 含量均高于大同花。7 个生理指标的综合表现以大荔花最优，猛子花和冲里花次之。

总之，大荔花和猛子花的生长和养分状况总体优于大同花，比较适应大同地区的土壤和气候条件，适宜在大同地区推广种植，盂县花和冲里花的各项指标较大同花稍差，对大同当地的土壤和气候条件适应性较差，不宜在大同地区大面积推广。本试验仅引进了其他产区的 4 个黄花菜品种，各品种的生长和养分指标存在一定差异，规律并不一致，且试验时间较短，得出的结论尚需进一步验证。全国各产区黄花菜品种繁多，还需要引进筛选更适合大同地区栽培的黄花菜品种。

第四节　石墨烯增效肥对大同黄花菜生长的影响

石墨烯（Graphene）是由碳原子 sp^2 杂化形成的具有二维结构的新型纳米材料。2004 年，英国曼彻斯特大学物理和天文系的 Novoselov 等（2004）发现并成功分离出石墨烯，证明石墨烯可以单独存在，引起了科学家的关注（徐秀娟等，2009）。此后，石墨烯的应用和制备研究取得了重大进展（张鹏，2015）。由于石墨烯具有很高的机械强度、优异的导电性能、独特的光学特征和良好的电化学特性，可以广泛应用于电子、光学、热力学、传感器、航天技术、化妆品、食品包装、水处理等行业（Zhang 和 Elliott，2006；Klaine 等，2008；Ji 等，2013）。最近石墨烯的应用研究已经扩展到建筑业、医疗器械、农业等许多领域。今后，有关石墨烯的应用研究仍然是科研热点问题之一（刘尚杰，2013）。

研究发现，石墨烯具有很好的生物相容性，具有特殊的共轭结构。科学家针对这些特性，将石墨烯装载一些难溶性的抗癌药物，给癌症的治愈提供了突破口，在石墨烯的医学应用上取得了飞速发展，但是石墨烯的生物安全性存在很大的问题（刘尚杰，2013）。近几年来，石墨烯在农业上的应用引起了学者的关注，已有报道石墨烯可以促进植物的萌发和生长，提高产量。但也有研究表明，石墨烯对植物生长有害，还会产生胶体加重土壤的重金属污染（常海伟等，2015）。

黄花菜俗称金针菜，既有食用价值，又有观赏价值，作为一种食材在古代曾是贡品，只有达官贵人才能享用（韩志平，2018）。春天出苗时间早，开花时花形优美、花色艳丽，而且叶丛茂盛、叶片坚韧，春夏秋三季都能保持翠绿，用于布置庭院、绿化带和风景区很有优势。黄花菜分布范围很广，在全国各地都有种植，山西大同是我国的黄花菜主产地之一（李艳清等，2016）。大同黄花菜已有600多年栽培历史，据《副食品商品知识》介绍，大同黄花菜品质优良，在国内外农博会上多次被评为金奖（焦东，2013）。

近几年来，大同黄花菜产业发展迅速，种植规模基本稳定在 27 万亩，全产业链正在形成，精深加工集群逐步建成，一、二、三产业融合逐渐加深，创造了较好的经济效益和社会效益。但是，大同黄花菜产业存在繁育技术落后、加工产品较少、产品附加值不高等问题，对产业的可持续发展不利，急需研究人员从栽培技术、繁育方法、品质改良、加工工艺等方面进行研究，推动黄花菜产业的高质量发展（韩志平，2018）。石墨烯在其他作物上的研究引起了课题组的兴趣。本节研究了石墨烯处理对黄花菜植株生长和生理代谢的影响，为下一步研究其对黄花菜产量品质的影响和作用机制奠定基础。

一、材料与方法

1. 供试材料

试验在山西大同大学生命科学实验基地的镀锌钢管塑料大棚内进行，大同黄花菜植株取自基地，种苗由云州区紫峰黄花专业合作社提供，石墨烯原液由山西大同大学炭材料研究所提供。

2. 试验方法

春苗萌发 1 个月后，选长势一致、整齐健壮的植株移栽到装有沙子：蛭石体积为 5∶1 混合基质的塑料盆中培养，栽培盆上口直径和深度均为 25cm，每盆4~5 株。每 2d 浇一次 1/2 倍 Hoagland 配方营养液促进缓苗，每盆浇 500mL。保持昼温 20~30℃，夜温 15~22℃，自然光照。缓苗 1 周后开始处理，每 4d 浇一次石墨烯处理液，中间浇一次 1/2 倍 Hoagland 配方营养液。石墨烯处理液用 1/2 倍 Hoagland 营养液稀释配制。试验设 6 个处理：正常营养液（CK），石墨烯原液稀释 1 000 倍、500 倍、200 倍、100 倍、20 倍，分别表示为 G1、G2、G3、G4、G5。处理后第 0d、第 7d、第 14d、第 21d、第 28d 取叶片测量生理指标，试验结束时取植株测量生长指标。

3. 测定项目及方法

（1）生长指标。植株用蒸馏水洗净，用纱布吸干表面水分后，测量根茎结合处到最高叶片叶尖处为株高，到最长根系的根尖为根长；叶片数和最大叶面积的测量方法同本章第一节。用剪刀从短缩茎部位剪断，分为根系和叶片，分别称得鲜质量，在数显鼓风干燥箱中 105℃下杀青 20min，降温到 70℃下烘干至恒重，称得干质量，然后计算鲜质量含水量。

（2）生理指标。光合色素采用混合液浸提法（王三根，2017），取样品液在752 型分光光度计上测定 OD440、OD645、OD663 值，而后用公式计算叶绿素 a、叶绿素 b 和类胡萝卜素含量（王素平等，2006）。质膜透性用电导仪法测定相对电导率表示（高俊凤，2006），丙二醛（MDA）含量用硫代巴比妥酸法测定（张蜀秋，2011）；抗坏血酸、脯氨酸、可溶性糖、可溶性蛋白含量的测定方法同本章第三节。

数据整理、方差分析和作图方法同本章第二节。

二、结果与分析

1. 植株生长

（1）形态指标。表 2-9 表明，随石墨烯稀释液浓度提高，株高和根长表现"增加－降低"的规律，分别在 1 000 倍和 500 倍稀释液下达到最大值，其他形态指标均表现逐渐降低趋势；株高、叶片数、最大叶面积、根长、一级新生根数在 100 倍以下浓度下均与 CK 无差异，20 倍下则显著低于 CK。说明低浓度石墨烯（≤ 500 倍）对黄花菜形态生长略有促进，较高浓度石墨烯（≥ 2 000 倍）则明显抑制形态生长，但试验设置的多数处理对形态生长影响不大，与 CK 相比，仅最高浓度石墨烯可显著抑制黄花菜植株的形态建成。

表 2-9　形态指标

处理	株高（cm）	叶片数（枚）	最大叶面积（cm²）	根长（cm）	一级新生根数
CK	50.96±1.30[ab]	12.17±0.42[a]	33.36±1.50[a]	20.50±0.76[ab]	8.42±0.38[a]
G1	53.56±1.70[a]	12.36±0.31[a]	31.69±1.45[a]	20.37±0.85[ab]	8.00±0.36[a]
G2	51.58±1.64[ab]	12.08±0.38[a]	31.43±1.46[a]	22.35±0.45[a]	7.77±0.38[a]
G3	49.12±1.67[b]	11.40±0.43[ab]	29.57±1.37[a]	19.51±0.91[ab]	7.60±0.48[a]
G4	49.30±1.03[ab]	11.92±0.34[a]	29.75±1.20[a]	20.58±0.61[ab]	7.75±0.39[a]
G5	42.91±0.92[c]	10.46±0.27[b]	22.04±0.86[b]	19.26±0.73[b]	6.46±0.37[b]

（2）生物量和含水量。表 2-10 显示，随石墨烯稀释液浓度提高，叶片鲜质量、干质量和含水量逐渐显著降低；根系鲜质量、干质量和含水量则表现先增加后降低的规律，鲜质量和干质量在 500 倍下达到最高值，鲜质量除在 200 倍下低于 CK 外其他处理均明显高于 CK，干质量除 1 000 倍、500 倍和 20 倍下低于 CK 外其他处理明显高于 CK，含水量则各处理均显著高于 CK。叶片鲜质量、干质量和含水量在 1 000 倍、500 倍、200 倍、100 倍、20 倍下，分别比 CK 降 低 40.49%、45.40%、53.36%、49.40%、66.05%，8.29%、13.65%、26.41%、18.97%、42.84% 和 6.48%、6.91%、6.95%、7.24%、8.26%；根系鲜质量和含水量在 1 000 倍、500 倍、200 倍、100 倍下，分别比 CK 增加 24.94%、31.47%、18.63%、20.40% 和 14.27%、11.36%、14.06%、10.52%，鲜质量和干质量在 20 倍下分别比 CK 降低 4.11%、19.28%。说明石墨烯处理对生物量积累有明显影响，叶片鲜质量、干质量和含水量均显著降低，但根系鲜质量和干质量在较低浓度（≤100 倍）下增加，而高浓度（≥20 倍）下降低。结合形态指标变化说明，低浓度石墨烯对黄花菜形态建成有一定促进作用，较高浓度则使其生长明显抑制，且石墨烯处理对根系和叶片的作用存在明显差异，在一定浓度范围内可明显促进根系吸收水分，积累生物量，但叶片水分减少，生物量积累也减少。

表 2-10　生物量和含水量

处理	叶片			根系		
	鲜质量（g）	干质量（g）	含水量（%）	鲜质量（g）	干质量（g）	含水量（%）
CK	53.17±2.50[a]	5.71±0.27[a]	89.26±0.15[a]	37.93±2.06[bc]	14.59±0.68[a]	61.35±0.61[c]
G1	31.64±1.08[b]	5.24±0.22[ab]	83.48±0.24[b]	47.39±2.68[a]	14.02±0.60[ab]	70.11±0.75[a]
G2	29.04±1.14[bc]	4.93±0.24[b]	83.09±0.20[bc]	49.87±2.92[a]	15.78±0.98[a]	68.32±0.66[ab]
G3	24.81±0.92[d]	4.20±0.16[c]	83.06±0.14[bc]	45.00±3.47[abc]	13.52±1.16[ab]	69.97±0.80[a]
G4	26.90±1.10[cd]	4.63±0.19[bc]	82.80±0.19[c]	45.67±3.43[ab]	14.74±1.22[a]	67.80±0.95[ab]
G5	18.06±0.91[e]	3.26±0.16[d]	81.89±0.27[d]	36.37±2.69[c]	11.78±0.82[b]	67.47±0.39[b]

2. 光合色素含量

图 2-4 显示，随石墨烯稀释液浓度提高，各光合色素含量在处理后 7~21d 表现"增加－降低"的规律，7d 时在 200 倍下达到最高值，14d 和 21d 在 500 倍下达到最高值；21d 和 28d 时在 500 倍浓度以下与 CK 无差异，在 100 倍浓度以上逐渐显著降低。数据还表明，石墨烯处理后 7d 时在 100 倍浓度以下光合色素含量显著增加；处理后 14d 时仅在 500 倍浓度以下使光合色素含量显著增加，其他处理基本无影响；处理后 21d 时在 100 倍浓度以下基本无影响，20 倍处理使光合色素含量明显降低；处理后 28d 时在 200 倍浓度以下基本无影响，100 倍浓度以上使光合色素显著降低。结果说明，较低浓度石墨烯能在短期内促进叶片光合色素的合成，长期处理则没有影响，较高浓度石墨烯在短期内对光合色素代谢没有影响，长期处理则加速了光合色素的降解，使光合色素含量降低。

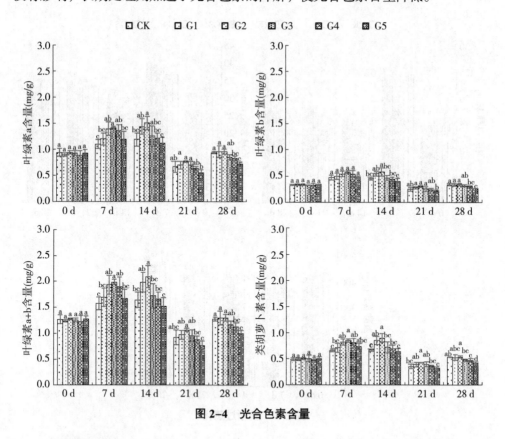

图 2-4　光合色素含量

3. 膜脂过氧化

图 2-5 显示，随石墨烯稀释液浓度增加，质膜透性表现"降低－增加"的

规律，处理后 7d 时仅在 200 倍下显著低于 CK，处理后 14d 时在 1 000 倍和 500 倍下显著低于 CK；处理后 21d 和 28d 时，质膜透性在 1 000 和 500 倍下与 CK 无差异，在 200 倍、100 倍、20 倍下显著增加，分别增加 21.00%、31.21%、36.28% 和 16.31%、26.24%、73.19%。MDA 含量在处理后 21d 时不同处理间无差异，其他时间表现"降低－增加"规律，在 500 倍下达到最低值，但相邻处理间变化幅度较小。随石墨烯处理液浓度增加，抗坏血酸含量在处理后 7d 时逐渐增加，处理后 14d 时逐渐降低，处理 21d 后不同处理间无差异。结果说明，短期内较低浓度石墨烯有利于保持细胞膜结构的完整性，降低细胞电解质的渗漏，较高浓度对细胞膜结构无影响；随着处理时间延长，较低浓度处理对细胞膜的保护作用减弱，较高浓度则会造成细胞膜结构的破坏，但膜脂过氧化产物并未显著增加，抗坏血酸含量也未发生明显变化。

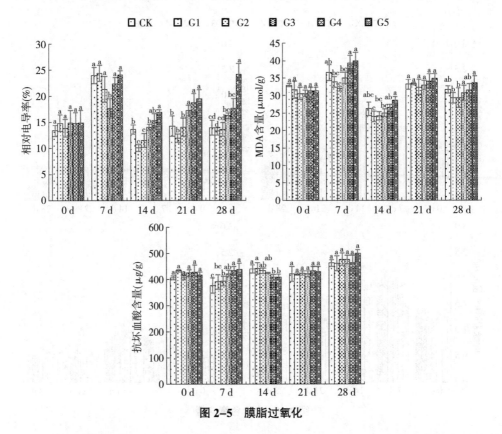

图 2-5　膜脂过氧化

4. 有机溶质含量

图 2-6 表明，脯氨酸含量在石墨烯处理后 7d 时不同浓度下均显著高于 CK，

在 20 倍下达到最高值，其他浓度处理间无显著差异；处理后 14d 时表现逐渐增加，在 200 倍浓度以上显著高于 CK；处理后 21d 时不同处理间无差异，28d 时表现"增加 – 降低"的规律，在 200 倍浓度以下显著高于 CK。可溶性糖含量随处理时间延长表现为"增加 – 降低"的规律，处理后 7d 时在 500 倍浓度以下显著高于 CK，处理后 14d 和 21d 时在 1 000 倍下显著高于 CK，处理后 21d 时在 20 倍浓度以上低于 CK；处理后 28d 时各浓度处理下显著高于 CK，在 1 000 倍、500 倍、200 倍、100 倍、20 倍下分别增加 42.18%、39.15%、23.64%、28.75%、40.36%。可溶性蛋白质含量在石墨烯处理后 7d 和 21d 时不同浓度处理间无差异；处理后 14d 和 28d 时呈逐渐增加规律，处理后 14d 时在 500 倍浓度以上显著高于 CK，但在 200 倍以上趋于稳定，处理后 28d 时在 200 倍以上显著高于 CK。结果说明，低浓度石墨烯能促进可溶性糖的合成，对脯氨酸和可溶性蛋白的合成基本无影响；高浓度处理在短期内能促进脯氨酸和可溶性蛋白的合成，较长期处理可促进可溶性蛋白的合成，对脯氨酸和可溶性糖的合成基本无影响。

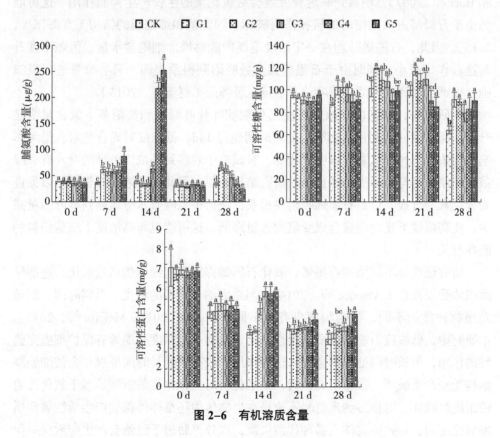

图 2-6　有机溶质含量

三、讨论与结论

研究表明，绝大部分纳米材料对植物生长具有毒害作用。有报道指出，石墨烯由于具有强吸附能力和高化学活性，容易与有机体相互作用并引起组织损伤甚至细胞凋亡（Begum 和 Fugetsu，2013）。但本试验中低浓度石墨烯对黄花菜根系生长却有一定的促进作用，高浓度则对黄花菜生长有抑制作用，这与刘尚杰（2013）、常海伟等（2015）、王子英（2017）的研究结果一致。研究中还发现，在根系表面附着一层石墨烯，随浓度升高附着的石墨烯越发密集。可能是由于植物根系内皮层木栓化的凯氏带对石墨烯进入细胞有阻碍作用，使石墨烯大部分吸附到根系表面，有利于打开根系细胞的水孔蛋白，提高根系细胞含水量从而促进根系细胞的生理代谢（Horie 等，2011；Hove 和 Bhave，2011）。因石墨烯吸附性特别强，总会有少量石墨烯进入内皮层细胞并经导管转移到茎叶（Nowack 和 Buchel，2007），积累到一定程度就会对黄花菜的生长产生抑制作用。这可能是由于石墨烯进入细胞时的机械作用破坏了细胞壁和细胞膜的结构（常海伟等，2015）。因此，石墨烯处理在一定浓度范围内能够增加细胞含水量，但随浓度升高这种作用减小，同时由于石墨烯大多数吸附到根系表面，只有少量进入根细胞，很难运输到地上部，使叶片含水量显著降低（赵圣青，2015）。

本研究中，短期内低浓度石墨烯处理使叶片叶绿素和类胡萝卜素含量明显升高，高浓度处理则没有影响；处理时间超过 14d，低浓度对光合色素含量无影响，高浓度下光合色素含量明显降低，且试验中观察到高浓度处理的叶片有失绿黄化现象，这与刘尚杰（2013）的研究结果相似。因此，低浓度石墨烯可以促进光合色素的合成，但是石墨烯吸附在根系，使得根系吸收水分运输到茎叶的量减少，使高浓度下光合色素合成受阻而含量降低，这可能也与高浓度下细胞结构的破坏有关。

研究证明，不同浓度石墨烯、氧化石墨烯都能引起细胞脂质过氧化，进而导致机体受损死亡（Amedea 等，2014）。但是因纳米材料的种类、暴露时间、剂量及植物种类的不同，影响程度也有所不同（Begum，2011；Melissa 等，2013）。本研究中，低浓度石墨烯使质膜透性降低，说明一定浓度石墨烯有保护细胞完整性的作用，但长时间处理则会丧失这种作用；较高浓度长时间处理还会使细胞膜结构受到严重破坏。很多研究认为，纳米材料对植物毒性的机制是基于氧化胁迫使细胞膜破坏，有很多纳米材料不论是在生物体内还是体外都能产生活性氧而诱发氧化压力，导致生物体内各种代谢失衡，在外界胁迫下细胞会产生应激反应保护机体不受损伤（Gill 和 Tuteja，2010；Anjum 等，2012）。低浓度石墨烯对黄花菜不仅没有产生氧化胁迫，而且形成了一种更适宜的生长条件，可能是由于石墨烯具有一定抗氧化活性，能在一定程度上消除活性氧自由基（Cyren 等，2013）。刘尚杰（2013）研究认为，较高浓度石墨烯导致水稻根系过氧化伤害，使细胞结构破坏，但是本研究中高浓度石墨烯下黄花菜叶片 MDA 含量无显著增加，且抗坏血酸也没有明显变化，这与赵圣青（2015）对拟南芥的研究结果一致，同时说明叶片细胞结构的破坏并不是由于膜脂过氧化造成的。高浓度石墨烯下膜透性增加可能是由于石墨烯进入细胞的机械作用使细胞膜破裂造成的。

本研究中，低浓度石墨烯能促进可溶性糖的合成，对脯氨酸和可溶性蛋白含量基本无影响。可能是由于低浓度石墨烯促进了光合色素的合成，使黄花菜的光合能力提高，从而使光合产物增加的结果。同时低浓度石墨烯有助于保护细胞的完整性，这也有利于光合作用的进行。高浓度处理在短期内有利于脯氨酸和蛋白质的合成，长时间处理仅仅促进蛋白质的合成，对脯氨酸和可溶性糖含量基本无影响。可能是高浓度下叶片光合色素合成减少分解增加，光合能力降低，使光合产物分解中间产物转变为氨基酸和蛋白质，同时植物为了维持自身的生长，也需要消耗作为能量来源的糖类，从而造成可溶性糖含量降低，而可溶性蛋白含量增加。

总之，低浓度石墨烯短期处理对黄花菜根系生长有一定的促进作用，但随石墨烯浓度的提高和处理时间的延长，对植株生长表现出明显的抑制作用，这可能与植株在不同浓度处理下的光合能力、细胞膜结构及有机溶质含量的变化有一定关系。不论是低浓度的保护作用，还是高浓度的破坏作用，具体原因需要进一步深入研究。

第三章　大同黄花菜对盐碱土的改良效果研究

第一节　大同盐碱土的理化特性研究

全世界盐碱地面积约 9.54 亿 hm^2，约占陆地总面积的 10%，广泛分布在地球陆地上（Malcolm 和 Summer，1998；蔡庆生，2014）。目前世界上约 20% 的农业用地盐碱化程度仍在不断加重（赵可夫等，1999；教忠意等，2008），预计到 2050 年，将会有 50% 以上的耕地盐碱化（Vinocour 和 Altman，2005）。我国现有盐碱土地总面积 9 913 万 hm^2，分为盐土和碱土两种类型，主要分布于西北、华北、东北和沿海地区（赵可夫，1999；李彬等，2005）。我国盐碱土主要有 3 种类型：一是位于华东和华北的山东、天津、河北的滨海湿润、半湿润地区形成海浸盐渍区；二是位于西北和华北的内蒙古、山西干旱、半干旱区的内陆盐渍区；三是位于东北半湿润、半干旱区的苏打 – 碱化盐渍区（王遵亲等，1993；张建锋等，2005）。盐碱土的形成过程就是可溶性盐在土壤表层积累的过程，气候、地形、地下水的变化及耕作管理和植被破坏都会影响盐碱土的形成（Malcolm 和 Sumner，1998；张士功等，2000；魏博娴，2012）。

根据第二次土壤普查，山西省有 51 个县市存在盐碱地，总面积达到 30.02 万 hm^2，约占全省平原区土地面积的 10%，主要分布在桑干河、南洋河、滹沱河、汾河、涑水河河谷平原的低洼地带（山西省土壤普查办公室，1991；米文精等，2011）。大同盆地是山西省盐碱地的主要分布区域，包括洋河盆地和桑干河盆地，气候高寒干旱，风沙肆虐，水土流失严重，自然环境相当恶劣（朱楚馨，2015）。大同市位于山西省最北端，属于大陆性季风气候，冬季漫长且寒冷干燥，夏季短暂且温热多雨，年均降雨量仅 400mm 左右，无霜期 100~156d（闫凯华，2013）。这种干旱少雨气候造成地面植被稀疏，覆盖率较低，使得土壤的淋溶作用微弱，石灰反应强烈，因而土壤盐碱化程度严重（陈鹏等，1992）。

大同市内现有盐碱地 5.7 万 hm^2，主要分布于云州、天镇、阳高、云冈、浑源、新荣 6 县（区），严重限制了本地区的农业生产，这些盐碱地的治理改造和合理利用，有利于当地农业的可持续发展（王遵亲，1993；车文峰等，2012；杨新莲，2014）。大同盐碱土以苏打型盐化潮土为主，治理难度很大，相关部门进行了多年的治理改造，但效果并不明显，且过去的治理只注重改土，不注重利用，再加上治理后管理不善，导致已经改造的土壤又大面积返盐（张克强等，2005）。因此，探明大同盐碱土的盐碱化程度，了解其治理改造和植物修复的难易程度和效果，具有重要的现实意义。本节研究了盐碱土、黄花菜改良盐碱土、抛荒地复垦土理化性质的差异，为今后利用黄花菜改良盐碱土以及在盐碱土上推广种植黄花菜提供试验依据。

一、材料与方法

1. 供试材料

试验在山西大同大学生命科学实验中心进行。试验材料为取自大同市云州区瓜园乡李汪涧村西未经过治理的盐碱土（简称盐碱土，YJ）、云州区瓜园乡东紫峰村西盐碱地种植黄花菜 10 年以上的改良土（沙质壤土，简称改良土，GL）、山西大同大学生命科学实验基地抛荒多年重新种植黄花菜 3 年的复垦土（沙质壤土，简称复垦土，FK）。采用 X 形取样法用环刀取样，每种土壤取 5 个土样。

2. 土壤基本理化性状的测定

容重、含水量、孔隙度：用电子天平称得已知体积 V 的环刀质量 m，将环刀竖起向下压入土中，取满土后擦净外面，两端加盖，随即称重 $m1$。将环刀及其内土壤置于恒温干燥箱中 105℃下烘 6~8h 至恒重 $m2$，用公式计算土壤含水量、容重和孔隙度（林大仪，2004；王宏燕等，2017）。含水量 w（%）= $(m1-m2)/(m1-m) \times 100$，容重 $d = (m1-m) \times (1-w)/V \times 100$，孔隙度（%）= $(1-d/2.56) \times 100$。

取烘干的土样研磨后过筛测定以下指标。

pH 值（电位法）：取过 2mm 筛的土样 25g，加入去 CO_2 水定容至 25mL，充分搅拌 2min 后静置 30min，用 pH 值 S-3C 型 pH 计测定 pH 值（邹良栋，2015；杨海儒和宫伟光，2008）。

可溶性盐总量（电导法）：取过 1mm 筛的风干土样 4g，加去离子水 20mL，封口后充分震荡 3min，静置澄清后，用 DDS-11A 型电导仪测定电导率值（鲍士旦，1999；Zisa 等，2009）。

3. 土壤盐分离子含量的测定

取过 1mm 筛的烘干土样 50g，加入无 CO_2 水 250mL，充分震荡 3min，对布氏漏斗抽气后过滤土液，多次过滤直至滤液清亮，即为待测液。

HCO_3^- 和 CO_3^{2-} 含量（双指示剂法）：取 20mL 土壤待测液加 4.5g/L 酚酞指示剂 2 滴，有紫红色出现证明有碳酸盐存在。用 0.01mol/L H_2SO_4 标准液滴定至浅红色刚消失，记录 H_2SO_4 消耗体积；再加入 5.1g/L 溴酚蓝指示剂 2 滴，用 H_2SO_4 标准液滴定至蓝紫色刚刚褪去，记录 H_2SO_4 标准液的消耗量（姜佰文和戴建军，2013；Xiao 和 Li，2016）。

Cl^- 含量（硝酸银滴定法）：用滴定碳酸盐的溶液继续滴定 Cl^-，加入 $NaHCO_3$ 至酚酞指示剂红色褪去；再滴加 6 滴 50g/L K_2CrO_4 指示剂，滴加 0.025mol/L $AgNO_3$ 溶液至出现砖红色沉淀，记录 $AgNO_3$ 体积（林大仪，2004；俞凌云等，2009）。

Ca^{2+} 和 Mg^{2+} 含量（原子吸收分光光度法）：取 20mL 土壤待测液加 50g/L $LaCl_3$ 溶液 5mL，定容至 50mL。用 TAS−990 原子吸收分光光度计分别在 422.7nm、285.2nm 下测定 Ca 和 Mg 的吸收值（孙洪烈和刘光崧，1996）。

Na^+ 和 K^+ 含量（火焰光度法）：用火焰光度计测量 Na、K 系列混合标准溶液的发射光强度，绘制标准曲线。取 20mL 土壤待测液制成 2 ： 5 的混合液 50mL，用火焰光度计测定 Na 和 K 的发射光强度（鲍士旦，1999）。

4. 土壤养分指标的测定

有机质含量（重铬酸钾容量法－外加热法）：取过 0.25mm 筛的烘干土样 1g 置于消化管中，加入 0.8mol/L $K_2Cr_2O_7$ 标准液 5mL，再加 5mL 浓硫酸摇匀。消化管管口盖上弯颈小漏斗后放入铁丝笼，置于预热到 185~190℃的石蜡油锅，温度保持在 170~180℃，待管中液体沸腾 5min 后取出消化管。冷却后加邻菲罗啉指示剂，用 0.2mol/L $FeSO_4$ 标准液滴定（鲍士旦，1999；钱宝等，2011）。

速效 P 含量（0.5mol/L $NaHCO_3$ 法）：取过 1mm 筛风干土样 1g，加入 0.5mol/L $NaHCO_3$ 浸提液 7mL，振荡 15min 后过滤。取 2mL 滤液，加入 6mL 蒸馏水和 2mL 钼锑抗试剂混匀，再加入 1 滴氯化亚锡甘油溶液混匀，测定 OD700 值（邹良栋，2015；张雪梅等，2015）。

速效 K 含量（NH_4OAc－火焰光度法）：取过 1mm 筛风干土样 5g，加入 1mol/L 中性 NH_4OAc 溶液 50mL，振荡 30min 后过滤，用火焰光度计测定（林大仪，2004；张海亮等，2014）。

数据整理和方差分析方法同第二章第二节。

二、结果与分析

1. 土壤基本理化性质

农业用地土壤的容重一般为 1.1~1.4，沙质土壤的容重为 1.4~1.7（鲁如坤，1996）。表 3-1 表明，盐碱土的容重、含水量、pH 值和可溶性盐总量显著高于种植黄花菜 10 余年的改良土和只种植黄花菜 3 年的复垦土，改良土与复垦土间的容重、含水量、pH 值和可溶性盐总量均不存在显著差异；盐碱土孔隙度则显著低于复垦土和改良土，改良土和复垦土间的孔隙度无显著差异。3 种土壤的容重、含水量和 pH 值均依次为 YJ>FK>GL，可溶性盐总量依次为 YJ>GL>FK，孔隙度则依次为 GL>FK>YJ。盐碱土的 pH 值和可溶性盐总量分别高达 8.41 和 331.62mg/kg，其含水量和可溶性盐总量分别是改良土的 4.11 倍和 2.52 倍，是复垦土的 3.50 倍和 2.94 倍。说明李汪涧村西盐碱土形成的部分原因是水盐汇集，与盐碱土成因的研究结果相符，也说明盐碱土的土壤结构较为致密，通气性较差，不利于作物生长，而种植黄花菜后的东紫峰村西改良土和基地复垦土的容重、含水量显著降低，孔隙度则显著增加，土壤结构更加疏松，通气性改善，酸碱度和含盐量也显著降低，更适宜作物生长。

表 3-1　基本理化性质

土样	容重（g/cm³）	含水量（%）	孔隙度（%）	pH 值	可溶性盐总量（mg/kg）
YJ	1.78±0.23ᵃ	12.69±0.49ᵃ	33.01±3.84ᵇ	8.41±0.19ᵃ	331.62±38.51ᵃ
GL	1.31±0.15ᵇ	3.09±0.56ᵇ	50.80±5.76ᵃ	6.28±0.06ᵇ	131.84±8.64ᵇ
FK	1.45±0.09ᵇ	3.63±0.67ᵇ	45.20±3.35ᵃ	7.06±0.32ᵇ	112.65±9.85ᵇ

2. 土壤盐分离子含量

表 3-2 显示，3 种土壤的 K^+ 含量之间不存在显著差异外，但李汪涧村西盐碱土的 Na^+、Ca^{2+}、Mg^{2+}、Cl^-、CO_3^{2-} 含量均显著高于东紫峰村西改良土和基地复垦土，而改良土仅 Ca^{2+} 含量显著高于复垦土，二者在 Na^+、Mg^{2+}、Cl^-、CO_3^{2-} 含量上均无显著差异；HCO_3^- 含量则盐碱土显著高于改良土，但盐碱土与复垦土、复垦土与改良土之间均无显著差异。3 种土壤的 Na^+、Mg^{2+}、CO_3^{2-} 和 HCO_3^- 含量均表现为 YJ>FK>GL，K^+ 含量依次为 FK>GL>YJ，Ca^{2+} 和 Cl^- 含量依次为 YJ>GL>FK。盐碱土的 Na^+、Ca^{2+}、Mg^{2+}、Cl^-、CO_3^{2-}、HCO_3^- 含量分别是改良土的 7.77 倍、3.20 倍、6.83 倍、1.81 倍、7.04 倍、2.02 倍，是复垦土的 5.71 倍、4.09 倍、5.01 倍、2.21 倍、6.38 倍、1.37 倍。说明种植黄花菜可显著降低盐碱土的 Na^+、

Ca^{2+}、Mg^{2+} 等阳离子含量，以及 Cl^-、CO_3^{2-}、HCO_3^- 等阴离子含量，并能提高 K^+ 含量，使盐碱土的离子组成接近或达到农业土壤的标准，改良土壤盐碱成分的效果较好。

表3-2　盐分离子含量

土样	阳离子含量（mg/kg）				阴离子含量（mg/kg）		
	Na^+	K^+	Ca^{2+}	Mg^{2+}	Cl^-	CO_3^{2-}	HCO_3^-
YJ	262.80±31.80[a]	23.01±5.09[a]	112.21±10.28[a]	18.72±2.08[a]	21.71±3.89[a]	24.30±2.71[a]	87.01±15.40[a]
GL	33.83±4.34[b]	25.60±4.87[a]	35.04±1.58[b]	2.74±1.02[b]	11.98±1.97[b]	3.45±0.66[b]	43.05±7.94[b]
FK	46.02±7.19[b]	28.21±4.93[a]	27.42±1.67[c]	3.74±1.25[b]	9.82±1.17[b]	3.81±0.54[b]	63.61±12.76[ab]

3. 土壤有机质、速效磷和速效钾含量

速效 P 是指土壤中可被植物吸收利用的磷的总称，包括全部水溶性磷、部分吸附态磷及有机态磷（张雪梅等，2015）。速效 K 是指土壤中易被作物吸收利用的钾素，包括土壤溶液钾和交换性钾（张海亮等，2014）。表3-3 显示，李汪涧村西盐碱土与东紫峰村西改良土的有机质含量间无显著差异，但均显著低于基地复垦土；3 种土壤的速效 P 含量之间没有显著差异，盐碱土速效 K 含量显著高于改良土和复垦土，复垦土速效 K 含量显著高于改良土。3 种土壤的有机质含量依次为 FK>YJ>GL，速效 K 含量依次为 YJ>FK>GL，速效 P 含量则表现为 YJ ≥ GL>FK。说明种植黄花菜可显著降低盐碱土的速效 K 含量，也可提高土壤有机质含量，但对盐碱土的速效 P 含量没有影响。

表3-3　有机质、速效 P 和速效 K 含量

土样	有机质含量（g/kg）	速效 P 含量（mg/kg）	速效 K 含量（mg/kg）
YJ	8.42±1.35[b]	47.92±0.43[a]	87.29±4.37[a]
GL	6.71±0.77[b]	47.40±0.17[a]	39.06±4.68[c]
FK	11.75±2.06[a]	46.08±3.49[a]	51.54±6.39[b]

三、讨论与结论

大同地区盐碱地面积大、分布广、类型复杂、危害严重，是制约当地农业生产的重要因素之一（王海景等，2014；赵建明等，2016；刘宝和刘振明，2017）。几十年来，政府相关部门组织技术人员采用水利、耕作、培肥、化学、生物等各种措施对盐碱地进行治理改良，取得了一定成效（苟文莉，2008；张慧齐，

2013；杨新莲，2014；焦东，2014；孙杨，2016）。但仍有大量盐碱地没有得到治理，甚至部分已经治理改造的盐碱地由于各种原因重新返盐或再次荒芜（尚国佐，2009）。在各种治理盐碱地的措施中，生物措施因直接利用盐碱地，具有明显的生态、经济和社会效益，越来越受到科研工作者的青睐（胡万银，2007；张秀玲，2007；张璐等，2010；Ould Ahmed 等，2010）。生物措施治理改造盐碱地也称为生物修复，是指在盐碱地种植各种耐盐碱的树木、青草、作物等植物，或施用吸收盐碱成分的微生物等，使盐碱地土壤理化性状得到改良，适宜于植物生长和微生物繁衍，进而实现立地环境生态平衡的过程和技术（刘柱平等，1995；刘小京和刘孟雨，2002；杨彦军，2005；Reisinger 等，2008）。

黄花菜是我国特有的一种食药两用型蔬菜作物，还具有较高的观赏价值，是大同市重要的特色经济作物（韩志平等，2020）。而且黄花菜对环境条件的适应性强，具有优良的水土保持功能，较耐盐碱（韩志平等，2018）。已有报道称，黄花菜具有良好的脱盐改土效果（任天应等，1991）。之前已有研究者对一些盐碱地的理化特性进行了研究，但是目前为止有关大同盐碱土的各种理化性状，以及黄花菜种植对盐碱地理化性状改良的研究尚未见有报道。

盐碱土一般具有土壤容重大、孔隙度低、通气透水性差（张建锋等，2002），pH 值和含盐量高，Na^+、Ca^{2+}、Mg^{2+} 等阳离子和 Cl^-、CO_3^{2-}、HCO_3^-、SO_4^{2-} 等阴离子含量高，有机质含量低等特性（赵可夫等，2002；杨书华等，2011）。本研究中，李汪涧西村盐碱土的容重、含水量、pH 值和含盐量均显著高于种植 10 余年黄花菜的东紫峰村西改良土和种植 3 年黄花菜的基地复垦土，孔隙度则显著低于改良土和复垦土，Na^+、Ca^{2+}、Mg^{2+}、Cl^-、CO_3^{2-}、HCO_3^- 等盐分离子的含量和速效 K 含量也显著高于改良土和复垦土。说明盐碱土的各种理化性状很差，结构致密、通气透水性差、盐碱度高，对作物生长有害，非常不适合种植盐敏感作物。种植黄花菜后的盐碱土理化性状显著改善，通气透水性提高，酸碱度、含盐量和盐分离子显著降低，黄花菜可在其上正常生长发育，说明种植黄花菜对盐碱土的改良效果明显，可在中度以下盐碱地大量推广种植黄花菜。

尽管改良土的容重、含水量、pH 值、Na^+、Mg^{2+}、CO_3^{2-}、HCO_3^- 等均低于复垦土，且孔隙度高于复垦土，但是改良土的含盐量、Ca^{2+}、Cl^- 含量高于复垦土，且有机质含量显著低于复垦土，而且二者间在大多数指标上均不存在显著差异。说明种植黄花菜 3 年以上就可使盐碱地的理化性状得到明显改善，基本成为正常耕种土壤，适宜作物的生长，这可能与黄花菜根系较为发达、不断分蘖、吸收功能强大有关，也可能与黄花菜地上部叶片年年收割，逐年减少了土壤中的有害盐分有关。此外，改良土的有机质含量显著低于复垦土，可能是改良土在种植黄花菜时施用有机肥较少的原因。

总之，种植黄花菜可明显改善土壤的理化性状，使其从对作物生长有害的盐碱土改造成为适于作物生长的宜耕农田。因此，通过种植黄花菜改良大同盐碱地，一方面有利于扩大大同黄花菜的种植面积，促进黄花菜种植业的发展，增加农民收入；另一方面有利于治理盐碱地，在不影响基本农田的前提下发展大同特色农业，并达到合理利用国土资源的目的。

第二节　盐碱土对大同黄花菜生长和生理特性的影响

盐碱土在地球陆地上广泛分布，既是对生物生存不利的生态环境问题，也是制约农业可持续生产的一种限制因子（Allakhverdiev 等，2000；张建锋等，2005）。现存世界的盐碱土既有由于自然气候等因素导致的原生盐渍土，也有人为破坏环境造成的次生盐渍土（魏博娴，2012）。由于其对环境和农业的危害，国内外学者高度关注，采用各种方法进行治理，取得了一定的成效。但是由于全球气候异常变化，工业化和城市化的快速发展，以及耕作措施的不当，世界盐渍土面积仍在不断扩大（杨书华等，2011；王宏燕等，2017）。中国盐碱地面积大，类型多样，盐碱地面积约 9 913 万 hm^2，其中盐碱耕地约 760 万 hm^2，原生盐碱化、次生盐碱化和各种盐化类型分别占盐碱地总面积的 52%、40% 和 8%（韩霁昌，2009；曾玲玲等，2009）。我国是发展中国家，人口多、耕地少、粮食压力大的状况将长期存在。除了通过育种手段和栽培技术提高粮食单产外，不断挖掘土地潜力也是减轻粮食压力的一个重要策略。盐碱土就是一种重要的国土资源，经过治理改造后，既可以发展农业，也可以发展林业和畜牧业（张士功等，2000；杨劲松，2008；聂江力等，2016），对于生态环境保护、农业可持续发展均具有重要的现实战略意义。

大同盆地地处山西省北部，属温带大陆性季风气候，四季分明，年均降水量 390~410mm，年均气温 6~7℃。受内陆半干旱气候的影响，大同盆地内干旱、内涝、风沙、霜冻、盐碱等自然灾害交替出现，尤以干旱、内涝、盐碱等危害严重（韩志平，2018）。特别是大同盆地内降雨量少而蒸发量高，特殊的水文地质条件使盆地内形成了类型多、分布广、表层含盐量高的内陆盐碱地（陈鹏等，1992；朱楚馨，2015；孙杨，2016）。大同盆地为半干旱风沙盐碱区，属于黄淮海半湿润半干旱耕作 - 草甸盐渍区的一部分，是山西省盐碱地面积最大的盆地，现有盐碱地 17.7 万 hm^2，约占全省盐碱地面积的 60%（王遵亲，1993；米文精等，

2011）。政府部门对盐碱地的治理非常重视，近几十年来采用各种措施，特别是水利工程措施进行了改造治理，但投资巨大而收效甚微。在实施工程措施的基础上，种植耐盐碱植物为主要内容的生物措施是目前普遍认可的一种盐碱地治理途径（赵可夫等，2002；李红丽等，2010；韩立朴等，2012）。

黄花菜（*daylily*）是大同地区的一种特色经济作物，也是云州区乡村振兴战略的农业支柱产业（韩志平等，2020）。黄花菜对环境条件的适应性特别强，耐寒、耐旱、耐贫瘠，还具有很强的抗盐性（张振贤等，2008；Li 等，2016）。但目前的研究主要集中于品种资源利用、栽培技术、组织培养、保鲜贮藏、食品加工和功能成分提取等方面（丁新天等，2004；许国宁，2011；金立敏，2011；颉敏昌，2012；韩志平等，2013；陈志峰，2014）。有关黄花菜抗盐性的研究很少，黄花菜对盐碱土适应性的研究更少。本节研究了盐碱土对大同黄花菜生长和生理特性的影响，为探明黄花菜在盐碱地种植的可行性提供试验依据，为在盐碱地推广种植黄花菜奠定基础。

一、材料与方法

1. 供试材料

试验地点、供试黄花菜同第二章第四节，试验用 3 种土壤及其来源同本章第一节。

2. 试验方法

将供试土壤剔除其中杂物，加入一定量三元复合肥混匀，而后装入上口直径和深度均为 25cm 的塑料栽培盆中。从田间选长势一致的黄花菜植株移栽到装有不同土壤的塑料盆中，每盆栽 5 株。移栽后每 3d 左右浇一次水，每盆浇500mL，浇水次日及时翻松土壤表面，以防板结。移栽后 1 周每盆再追施少量尿素。保持昼温 20~30℃，夜温 15~20℃，自然光照，其他管理同大田栽培。3种土壤完全随机排列，重复 3 次。移栽后即为处理开始，移栽前（0d）、移栽后10d、20d 取叶片测定生理指标，移栽后 25d 取所有植株测定生长指标。

3. 测定项目及方法

（1）生长指标。株高、叶片数、最大叶面积的测定方法同第二章第一节，根长、新生根数、根系和叶片的鲜质量、干质量和含水量的测量方法同第二章第四节。

（2）生理指标。光合色素、MDA 含量和质膜透性的测定方法同第二章第四节，抗坏血酸、脯氨酸、可溶性糖和可溶性蛋白含量的测定方法同第二章第三节。SOD 活性采用氮蓝四唑（NBT）光化还原法测定，以抑制 NBT 光化还原 50% 的酶量为 1 个酶活性单位（U）（高俊凤，2006）；POD 活性采用愈创木酚法测定，以每分钟内 OD470 变化 0.01 为 1 个酶活性单位。

数据整理和方差分析方法同第二章第二节。

二、结果与分析

1. 植株生长

（1）形态指标。表 3-4 表明，不同土壤种植的黄花菜形态指标均表现为 FK>GL>YJ。株高在复垦土与改良土间差异不显著，但二者均显著高于盐碱土；叶片数在 3 种土壤之间没有显著差异，最大叶面积在 3 种土壤之间均存在显著差异；根长在复垦土与改良土、改良土与盐碱土间差异均不显著，但复垦土显著大于盐碱土；新根数复垦土显著多于改良土和盐碱土，但改良土与盐碱土间差异不显著。盐碱土的株高、叶片数、最大叶面积、根长和新生根数分别比复垦土降低 23.07%、4.61%、43.85%、20.17% 和 59.21%。说明复垦土种植的黄花菜形态生长优于改良土和盐碱土，盐碱土对植株的形态建成有显著的抑制作用。

表 3-4　形态指标

处理	株高（cm）	叶片数（枚）	最大叶面积（cm^2）	根长（cm）	新根数（根）
YJ	16.41±1.33^c	5.80±0.52^a	710.87±77.64^c	18.56±2.63^b	4.01±1.08^c
GL	18.64±1.59^{ab}	6.01±0.61^a	1 052.32±106.59^b	19.75±2.79^{ab}	5.67±1.3^{bc}
FK	21.33±2.42^a	6.08±0.68^a	1 265.93±103.18^a	23.25±3.02^a	9.83±2.37^a

（2）生物量和含水量。表 3-5 显示，不同土壤种植的叶片鲜质量、干质量和含水量均表现为 FK>GL>YJ，叶片鲜质量和干质量在复垦土与改良土、改良土与盐碱土间均无显著差异，复垦土显著高于盐碱土。根系鲜质量依次为 FK>YJ>GL，干质量依次为 YJ>FK>GL，含水量依次为 FK>GL>YJ，且根系鲜质量和干质量在 3 种土壤之间均没有显著差异。叶片和根系含水量则复垦土与改良土很接近，均显著高于盐碱土。盐碱土的叶片鲜质量、干质量、含水量和根系鲜质量、含水量分别比复垦土降低 29.06%、18.02%、3.83% 和 12.29%、6.47%。结合形态指标结果说明，复垦土种植的黄花菜生长最好，优于改良土和盐碱土，盐碱土显著抑制了植株的生长和水分吸收。

表 3-5 生物量和含水量

处理	叶片			根系		
	鲜质量（g）	干质量（g）	含水量（%）	鲜质量（g）	干质量（g）	含水量（%）
YJ	3.98±0.53[b]	0.91±0.12[b]	77.14±0.37[b]	36.74±3.13[a]	12.30±1.49[a]	66.52±0.35[b]
GL	4.49±0.72[ab]	0.90±0.16[ab]	79.96±0.42[a]	35.76±5.82[a]	10.56±1.79[a]	70.47±0.33[a]
FK	5.61±0.54[a]	1.11±0.09[a]	80.21±0.38[a]	41.89±4.54[a]	12.10±1.26[a]	71.11±0.41[a]

2. 光合色素含量

光合色素含量和光合速率的下降是植物在盐碱胁迫下普遍存在的一种反应（王雁等，2004；王文杰等，2010；蔡庆生，2014）。表 3-6 表明，不同土壤的各光合色素含量规律一致，均为 FK>GL>YJ。处理后 10d 和 20d 的叶绿素 a 含量及处理后 20d 的类胡萝卜素含量，在不同土壤间均存在显著差异；处理后 10d 叶绿素 b 和类胡萝卜素含量，复垦土显著高于改良土和盐碱土，改良土与盐碱土间无差异；处理后 20d 叶绿素 b 含量，复垦土与改良土间没有显著差异，但均显著高于盐碱土。处理后 10d 和 20d 时，盐碱土的叶绿素 a、叶绿素 b、类胡萝卜素含量分别比复垦土降低 60.44%、42.04%、46.15% 和 53.39%、42.11%、52.89%；处理后 20d 时，盐碱土的叶绿素 a、叶绿素 b、类胡萝卜素含量分别比改良土降低 35.32%、34.00%、22.39%。说明在 3 种土壤中，复垦土有利于黄花菜叶片光合色素的合成，改良土和盐碱土则严重抑制了光合色素的合成，特别是盐碱土显著促进了光合色素的降解。

表 3-6 光合色素含量 （μg/cm²）

处理时间	处理	叶绿素 a	叶绿素 b	类胡萝卜素
0d	YJ	126.54±9.64[a]	113.59±10.26[a]	49.42±4.35[a]
	GL	116.57±10.13[a]	119.36±7.38[a]	43.79±5.62[a]
	FK	130.03±6.58[a]	109.06±5.13[a]	50.61±3.41[a]
10d	YJ	50.14±7.43[c]	64.59±11.76[b]	26.60±4.37[b]
	GL	100.04±3.12[b]	63.41±11.32[b]	29.93±2.57[b]
	FK	126.74±6.32[a]	110.40±7.16[a]	49.40±5.21[a]
20d	YJ	74.43±5.04[c]	41.85±6.09[c]	25.83±4.03[c]
	GL	115.07±10.21[b]	63.41±5.21[ab]	33.28±2.54[b]
	FK	159.67±12.13[a]	72.29±9.13[a]	54.83±6.71[a]

3. 膜脂过氧化

表 3-7 表明，不同土壤种植的质膜透性和 MDA 含量均表现为 YJ>GL>FK，复垦土与改良土、改良土与盐碱土间均无显著差异，但显著盐碱土高于复垦土。处理后 10d 时，盐碱土的质膜透性、MDA 含量分别比复垦土和改良土增加 37.93%、22.77 和 14.98%、11.13%；处理后 20d 时，分别增加 49.61%、24.45% 和 30.33%、19.15%。抗坏血酸含量在 3 种土壤之间没有显著差异；SOD 活性表现为 YJ>FK>GL，但仅在处理后 20d 时盐碱土显著高于改良土，复垦土与改良土、复垦土与盐碱土间均无显著差异。POD 活性在处理后 10d 时，盐碱土显著高于复垦土和改良土，复垦土与改良土间没有显著差异；处理后 20d 时复垦土和盐碱土显著高于改良土，复垦土与盐碱土间没有显著差异。说明盐碱土种植的黄花菜细胞内产生了大量的活性氧自由基，对植株造成了严重的过氧化伤害，同时 SOD 和 POD 活性提高在一定程度上可以减轻盐碱土对植株的伤害，抗坏血酸则对过氧化伤害基本不起作用。

表 3-7　膜脂过氧化

处理时间	处理	质膜透性（%）	MDA 含量（μmol/g）	AsA 含量（μg/g）	SOD 活性（U/g）	POD 活性（U/g）
	YJ	15.45 ± 1.68^a	23.09 ± 3.06^a	1012.13 ± 53.18^a	154.74 ± 10.18^a	166.67 ± 15.97^a
0d	GL	18.17 ± 2.31^a	24.70 ± 2.28^a	984.31 ± 35.36^a	149.77 ± 6.42^a	150.69 ± 16.34^a
	FK	17.39 ± 1.96^a	26.91 ± 2.53^a	944.39 ± 30.31^a	159.22 ± 4.73^a	173.36 ± 11.23^a
	YJ	20.11 ± 1.82^a	31.65 ± 0.93^a	973.83 ± 13.53^a	207.43 ± 23.21^a	206.67 ± 24.31^a
10d	GL	17.49 ± 1.37^{ab}	28.48 ± 2.64^{ab}	1056.89 ± 58.23^a	182.99 ± 27.15^a	146.67 ± 19.32^b
	FK	14.58 ± 1.81^b	25.78 ± 1.56^b	975.85 ± 19.21^a	194.81 ± 6.13^a	160.34 ± 9.64^b
	YJ	28.53 ± 3.84^a	48.15 ± 1.19^a	799.23 ± 48.57^a	213.65 ± 12.31^a	373.33 ± 15.67^a
20d	GL	21.89 ± 3.51^{ab}	40.41 ± 3.77^b	880.28 ± 73.61^a	154.91 ± 12.84^b	293.33 ± 28.76^b
	FK	19.07 ± 0.75^b	38.69 ± 1.69^b	865.77 ± 14.42^a	181.26 ± 23.67^{ab}	386.67 ± 29.31^a

4. 有机渗透调节物质含量

脯氨酸、可溶性糖、可溶性蛋白是植物体内最常见的有机渗透调节物质（Garcia 等，1997；龚吉蕊等，2002）。表 3-8 显示，3 种土壤的脯氨酸含量依次为 YJ>GL>FK，处理后 10d 时 3 种土壤间存在显著差异；处理后 20d 时盐碱土显著高于基地土和改良土，但复垦土与改良土间差异不显著；处理后 10d 和 20d 时，盐碱土脯氨酸含量分别比复垦土和改良土增加 74.73%、20.44% 和 91.10%、

59.47%。不同土壤的可溶性糖含量表现为 FK>GL>YJ，但仅复垦土和改良土显著高于盐碱土，复垦土与改良土间没有显著差异；处理后 10d 和 20d 时，盐碱土可溶性糖含量分别比复垦土和改良土降低 52.32%、45.43% 和 25.40%、23.97%。3 种土壤的可溶性蛋白含量间没有显著差异。说明盐碱土种植对黄花菜造成了明显的渗透胁迫，使脯氨酸含量显著增加，以缓解渗透胁迫造成的水分亏缺，可溶性蛋白在黄花菜应对渗透胁迫上没有贡献，可溶性糖可能用于胁迫下植株的能量消耗和维持生长。

表 3-8　有机渗透调节物质含量

处理时间	处理	脯氨酸（μg/g）	可溶性糖（mg/g）	可溶性蛋白（μg/g）
0d	YJ	55.52±5.21[a]	37.63±4.16[a]	898.46±93.24[a]
	GL	65.02±4.67[a]	43.57±4.05[a]	891.08±90.96[a]
	FK	57.30±3.52[a]	36.30±3.14[a]	1017.84±57.42[a]
10d	YJ	114.31±7.04[a]	18.26±2.81[b]	751.49±109.48[a]
	GL	94.91±6.18[b]	33.46±5.75[a]	883.28±136.61[a]
	FK	65.42±12.32[c]	38.30±2.78[a]	840.21±98.15[a]
20d	YJ	138.26±3.74[a]	30.61±1.03[b]	1142.97±29.73[a]
	GL	86.70±8.03[b]	40.26±1.77[a]	1240.62±98.61[a]
	FK	72.35±14.31[b]	41.03±5.82[a]	1189.33±104.32[a]

三、讨论与结论

土壤盐渍化是威胁地球生态安全和人类生存的重要环境问题。植物在盐碱地上难以生存，最显著的特点是出苗困难（Ungar，1995；韩志平等，2013），即使有种子出苗，也会严重缺苗，表现显著的斑秃现象。造成这种现象的原因涉及盐碱胁迫引起的渗透胁迫、离子毒害等机制（张建锋等，2002；张立军和刘新，2011；聂江力等，2016）。出苗后的植株仍然面临着难以生长甚至死亡的威胁。这些情况又涉及盐碱胁迫对植物水分、矿质、光合、呼吸等代谢的影响（王志春等，2010；陈晓亚和薛红卫，2012；王小菁，2019）。本研究中，李汪涧西村盐碱土种植的黄花菜植株的形态指标、生物量和含水量均显著低于基地复垦土种植的黄花菜，且叶片出现卷曲、枯黄，东紫峰村西改良土种植的各生长指标介于复垦土和盐碱土之间。说明盐碱土显著抑制了黄花菜植株的生长，但试验中仅有 1 株死亡，说明黄花菜的耐盐碱性较强，可能与其根系较为发达有关。

叶片光合色素含量直接反映了植物的光合作用能力（王素平等，2006；潘瑞炽，2012）。各种胁迫因子均会导致植物光合色素代谢紊乱，光合作用减弱，造成植物生长受抑（张满效等，2005；闫永庆等，2010）。大多数植物在盐碱胁迫下，由于 PEP 羧化酶和 RuBP 羧化酶活性降低，叶绿体趋于分解，导致光合色素合成受阻，气孔关闭，使光合速率降低，这是植物在盐碱胁迫下生长降低的主要原因之一（Bethke 和 Malcoln，1992；赵福庚等，2004；蔡庆生，2014）。本研究中，盐碱土种植的黄花菜叶片各光合色素含量显著低于复垦土，改良土种植的光合色素含量介于复垦土和盐碱土之间。说明盐碱土破坏了叶片光合色素的代谢过程，合成减缓而分解加速，使其含量显著降低，叶片颜色出现枯黄。

植物在各种胁迫环境下，细胞内活性氧自由基均会大量产生，攻击细胞膜的磷脂双分子层，导致膜脂过氧化产物 MDA 增加，质膜透性增大（Parida 和 Das，2005；张立军和刘新，2011）。耐性较强的植物或品种可通过诱导产生酶或非酶的抗氧化物质，清除活性氧自由基，从而减轻过氧化伤害（韩志平等，2010；王小菁，2019）。本研究中，盐碱土种植的黄花菜 MDA 含量和质膜透性显著高于复垦土，改良土的 MDA 含量和质膜透性均介于盐碱土和复垦土之间，说明盐碱土种植造成了植株体内活性氧大量产生，导致细胞膜过氧化，细胞结构遭到破坏。同时，活性氧的产生诱导抗氧化酶 SOD 和 POD 活性增加，可以清除部分自由基，在一定程度上减轻了过氧化伤害，但是其活性只在一定时期增加，增加幅度也有限，难以抵抗活性氧的过氧化伤害。另外，抗坏血酸含量在供试不同土壤间几乎没有变化，对清除活性氧减轻过氧化伤害没有任何作用。

盐碱胁迫对于植物的伤害，不仅在于其引起的离子毒害、矿质亏缺和过氧化伤害，还与干旱胁迫一样，可导致细胞失水，造成水分亏缺，即渗透胁迫。植物在渗透胁迫下，可以通过吸收外界无机离子，如 K^+、Ca^{2+}、Na^+、Cl^- 等，降低细胞渗透势，还可以诱导细胞合成小分子有机溶质如脯氨酸、多元醇、甜菜碱等，调节细胞渗透平衡（Yoshiba 和 Kiyosue，1997；赵福庚和刘友良，1999；韩志平等，2018；陈晓亚和薛红卫，2012）。本研究中，盐碱土种植的黄花菜根系和叶片含水量显著低于复垦土和改良土，说明植株受到严重的渗透胁迫，出现水分亏缺，而盐碱土种植的脯氨酸含量显著高于复垦土和改良土，说明在渗透胁迫下黄花菜主要通过促进脯氨酸的合成降低细胞渗透势，减轻水分亏缺造成的伤害。盐碱土种植的可溶性糖含量显著低于复垦土和改良土，可能是由于胁迫下光合作用降低而呼吸作用加强，为了维持植株的生长和生理代谢，可溶性糖被大量消耗。可溶性蛋白含量在 3 种土壤间基本一致，对黄花菜的渗透调节没有贡献。

总之，盐碱土种植的黄花菜由于光合能力降低、受到过氧化伤害和渗透胁迫，植株生长被显著抑制，植株可以通过诱导抗氧化酶活性提高和有机渗调物质的合成，部分缓解盐碱胁迫造成的伤害，但这种作用无法完全抵抗胁迫带来的作用，使植株生长显著降低。此外，本试验中 3 种土壤种植的黄花菜植株均比田间正常土壤栽培的植株矮小，即使是基地复垦土种植的叶片颜色和开展度也不及基地田间土壤种植的植株，可能是与试验中为了保持供试土壤的固有特性，只施用化肥而未施用有机肥，土壤的通透性不良有关。

第三节 盐碱土对大同黄花菜体内矿质离子含量的影响

土壤是岩石圈表面的疏松层，是陆生植物生活的基质，提供了植物生活必需的营养和水分。据联合国粮农组织不完全统计，全球盐渍土面积约为 10 亿 hm^2，约占地球陆地面积的 7%，此外人为原因造成的次生盐渍土约 40 亿 hm^2（赵可夫和冯立田，2001；张立军和刘新，2011）。我国盐碱土约有 3 500 万 hm^2，相当于耕地面积的 1/3，其中盐碱耕地约 660 万 hm^2（赵可夫，1999；潘瑞炽，2012）。由于工业化和城市化的快速发展，不合理灌溉和施肥等，全世界盐碱地面积还在不断扩大（蔡庆生，2014）。植物根系与土壤间接触面巨大，二者之间频繁进行物质交换，彼此影响强烈，因而土壤是植物的重要生态因子，土壤的理化性状可以影响植物的生长和产量（矫威，2014）。通常土壤含盐量在 0.2%~0.5% 时，即对植物生长不利，盐碱土含盐量达到 0.6%~10% 时，就会严重伤害植物，而且破坏土壤结构，危害农业生产（王小菁，2019）。我国大部分盐土的盐度在 0.4%~0.7%（陈晓亚和薛红卫，2012），大部分作物无法在其上正常生长发育、开花结实，因此，改良盐碱地是一个十分重要的任务。

黄花菜是我国特有的蔬菜作物，在我国各地广泛栽培，甘肃庆阳、陕西大荔、宁夏吴忠、山西大同、湖南祁东、四川渠县是我国黄花菜 6 大主产区（赵晓玲，2005；邢宝龙等，2022）。由于营养价值高、具有多种保健功能，又因其色泽金黄，香味浓郁，食之清香，被视作"席上珍品"。大同市云州区是闻名全国的"黄花之乡"，有 600 多年的黄花种植史，品质优良，广受消费者欢迎（韩志平和张海霞，2019）。2011 年以来，黄花菜被确立为大同县"一县一业"的主导产业和脱贫致富的支柱产业，连续出台多个鼓励和扶持黄花菜产业发展的政策文件，种植面积不断扩大（韩志平等，2020），到 2021 年底全市黄花菜种植面积已达到 26.5 万亩。但是，大同市耕地面积有限，黄花菜种植面积的扩大必然导致其他作物种植的减少，在目前耕地面积仍在不断减少的情况下，种植规模很难进一步扩大，寻找非耕地种植不失为一种扩大种植规模的有效途径。

根据 2012 年调查统计，大同盆地有盐碱地 17.7 万 hm²，约占山西省盐碱地面积的 60%，其中盐碱地耕地 11.95 万 hm²，占大同盆地耕地面积的 45.5%（王遵亲，1993；米文精，2011）。其中大同市盐碱地主要分布于云州、天镇、阳高、新荣、平城等 5 个县（区）（杨新莲，2014）。几十年来，政府投入大量资金和人力进行治理，但效果并不明显，目前仍有 3 万多公顷的盐碱荒地无法利用（王海景等，2014）。研究表明，黄花菜耐盐性很强，能够忍耐 200mmol/L NaCl 胁迫，在盐碱地种植有明显的脱盐改土效果（任天应等，1991；韩志平等，2018）。在盐碱地种植黄花菜，既有利于治理改造盐碱土，也有利于增加种植面积，提高产量，由于盐碱土特殊的矿质元素组成，还有可能改进黄花菜品质。本节研究了盐碱土栽培黄花菜根系和叶片中各种矿质离子的含量，旨在探讨盐碱土种植对黄花菜矿质元素积累的影响，为种植黄花菜改良盐碱土提供实验依据，为下一步研究盐碱地种植对黄花菜品质的影响奠定基础。

一、材料与方法

1. 供试材料

试验地点、供试黄花菜同第二章第四节，试验用 3 种土壤及其来源同本章第一节。

2. 试验方法

试验处理设置、植株移栽及栽培管理同本章第二节。种植前测定了 3 种供试土壤的基本理化性质、盐分离子含量和养分状况指标。移栽后 25d 取植株测定生物量及矿质离子含量。

3. 测定项目及方法

（1）生物量。根系和叶片的鲜质量和干质量的测量方法同第二章第四节。烘干的根系和叶片样品研磨后过 0.5mm 筛子，保存在干燥器中备用。

（2）金属离子含量。参照王宝山和赵可夫方法（1995）略加改进，取烘干样品 50mg，加 20mL 去离子水摇匀，沸水浴 1.5~3h，冷却后过滤并定容至 50mL（韩志平等，2013）。

取烘干的分析纯 KCl 0.190 7g、CaCl₂ 0.277 5g、NaCl 0.254 1g，分别溶于 1L 去离子水中，即为 100mg/L 的 K、Ca、Na 标准溶液；Mg、Fe、Cu、Zn 标准溶液现购，配制各金属元素系列浓度标准液。用火焰分光光度计测定 K 的吸光度值（鲍士旦，2016），用 TAS-990 原子吸收分光光度计测定 Ca、Na、Mg、Fe、

Cu、Zn 的吸光度，并作标准曲线。取样品溶液稀释 10 倍后测定吸光度，计算各金属离子的含量（韩志平等，2020）。

（3）非金属离子含量。NO_3^- 含量：取 50mg 烘干样品加入 10mL 去离子水后沸水浴 30min，冷却后过滤并定容至 25mL 即为样品提取液（王三根，2017）。标准曲线绘制及样品含量测定方法同第二章第三节。

Cl^- 含量（$AgNO_3$ 滴定法）：取 50mg 烘干样品加 20mL 去离子水后沸水浴 1.5~3h，冷却后过滤并定容至 50mL。配制 0.002N 的 $AgNO_3$ 溶液，以 4.2%（w/v）K_2CrO_4 和 7.0%（w/v）$K_2Cr_2O_7$ 为中性指示剂。取 20mL 样品溶液，加入 3~5 滴指示剂，用 0.002N $AgNO_3$ 溶液滴定，当形成的白色 AgCl 沉淀突然显红褐色时停止滴定，用消耗 $AgNO_3$ 溶液的体积计算 Cl^- 含量（於丙军等，2001）。

数据整理、方差分析和作图方法同第二章第二节。

二、结果与分析

1. 植株生物量

表 3-9 显示，根系的鲜质量和干质量在 3 种土壤间均无显著差异，但复垦土根系鲜质量明显大于改良土和盐碱土，根系干质量则盐碱土和复垦土明显大于改良土。叶片鲜质量表现为 FK>GL>YJ，其中复垦土显著高于盐碱土，但复垦土与改良土、改良土与盐碱土间均无显著差异；叶片干质量则复垦土显著大于盐碱土和改良土，盐碱土与改良土间无差异。复垦土根系鲜质量比盐碱土增加 11.73%，改良土和复垦土叶片鲜质量分别比盐碱土增加 12.81% 和 40.95%，复垦土叶片干质量比盐碱土增加 24.72%。说明盐碱土显著抑制了黄花菜植株的生长，改良土种植的生长明显优于盐碱土，对叶片的生长更加有利，复垦土种植的生长状况最好，优于改良土和盐碱土。

表 3-9　植株生物量

处理	根系		叶片	
	鲜质量（g）	干质量（g）	鲜质量（g）	干质量（g）
YJ	36.74±3.13[a]	12.30±1.49[a]	3.98±0.53[b]	0.89±0.12[b]
GL	36.59±5.82[a]	10.81±1.79[a]	4.49±0.72[ab]	0.90±0.16[b]
FK	41.05±4.54[a]	11.77±1.26[a]	5.61±0.54[a]	1.11±0.09[a]

2. K^+、Na^+、Ca^{2+}、Mg^{2+} 含量

图 3-1 表明，3 种不同土壤的叶片中 K^+、Ca^{2+}、Na^+、Mg^{2+} 含量均显著高

于根系，且根系和叶片中 Na^+、Mg^{2+} 含量均表现为 YJ>FK>GL，盐碱土根系和叶片中 Na^+ 和 Mg^{2+} 含量均显著高于改良土和复垦土，除叶片中 Na^+ 含量复垦土显著高于改良土外，根系中 Na^+ 和 Mg^{2+} 含量及叶片中 Mg^{2+} 含量在改良土与复垦土间均无显著差异。根系和叶片中 K^+ 含量则表现为 GL>FK>YJ，但根系和叶片中 K^+ 含量在 3 种土壤间均没有显著差异；根系和叶片中 Ca^{2+} 含量均表现为 YJ>GL>FK，且盐碱土的根系和叶片中 Ca^{2+} 含量均显著高于改良土和复垦土，改良土和复垦土间没有显著差异。说明根系可以从盐碱土中吸收到更多的 Ca^{2+}、Na^+、Mg^{2+}，根系对 K^+ 的吸收则受到 Na^+ 的抑制；与改良土相比，复垦土的复垦时间较短，土质略差于改良土，盐分含量仍高于改良土，故植物能吸收的各种盐分离子较多，加上 Na^+ 和 Mg^{2+} 在植物体内的移动性较好，可以向上运输并更多地积累在叶片中。

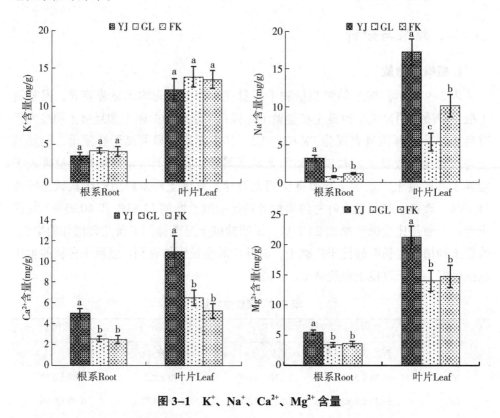

图 3–1　K^+、Na^+、Ca^{2+}、Mg^{2+} 含量

3. Fe^{2+}、Cu^{2+}、Zn^{2+} 含量

图 3–2 显示，3 种土壤的根系中 Fe^{2+} 含量均显著高于叶片，Cu^{2+} 含量在根系和叶片间没有显著差异，Zn^{2+} 含量仅盐碱土中根系显著高于叶片，改良土和复垦

土的根系和叶片 Zn^{2+} 含量不存在显著差异。3 种重金属离子含量在 3 种土壤之间的变化规律各不相同，盐碱土和改良土种植的根系和叶片中 Fe^{2+} 含量显著高于复垦土，盐碱土与改良土间没有显著差异；根系和叶片中 Cu^{2+} 含量在 3 种土壤间均没有显著差异；盐碱土和改良土的根系中 Zn^{2+} 含量显著高于复垦土，盐碱土与改良土间没有显著差异，改良土和复垦土的叶片中 Zn^{2+} 含量显著高于盐碱土，改良土与复垦土间没有显著差异。比较而言，黄花菜可以从盐碱土吸收到更多的 Cu^{2+} 和 Zn^{2+}，盐碱土的根系中也积累了较多的 Fe^{2+}，但由于这些阳离子在植物体内移动性较差，叶片中含量均明显低于根系。另外 Cu^{2+} 和 Zn^{2+} 在植株体内中的积累，可能造成重金属毒害，也会影响其他元素的吸收和利用。

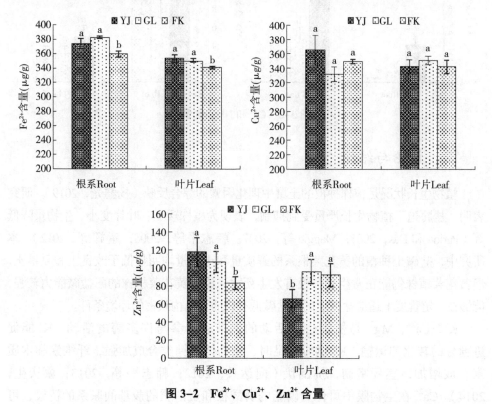

图 3–2　Fe^{2+}、Cu^{2+}、Zn^{2+} 含量

4. Cl^- 和 NO_3^- 含量

图 3–3 表明，不同土壤的叶片中 Cl^- 含量显著高于根系，根系和叶片中 Cl^- 含量均表现为 YJ>GL>FK，其中根系中 3 种土壤间均有显著差异，叶片中盐碱土显著高于改良土和复垦土，改良土和复垦土间无差异。3 种土壤的根系中 NO_3^- 含量均显著高于叶片，其中根系中 NO_3^- 含量盐碱土显著高于改良土和复垦土，

叶片中 NO_3^- 含量仍表现为盐碱土明显高于改良土和复垦土，但这种差异并没有达到显著水平，改良土与复垦土的根系和叶片中 NO_3^- 含量几乎相同。说明由于盐碱土中存在大量的 Cl^- 和 NO_3^- ，使植株根系从中吸收了大量的两种离子，但 Cl^- 能顺利运输到叶片并贮存起来，NO_3^- 则由于与 Cl^- 存在竞争难以运输到叶片，因此 Cl^- 主要积累于叶片，而 NO_3^- 主要积累于根系。

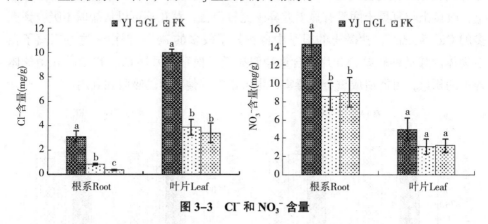

图 3-3　Cl^- 和 NO_3^- 含量

三、讨论与结论

植物生长状况是植株种植的土壤中理化因素的综合反映（杨鑫光，2019）。研究表明，盐胁迫下植物生长严重受到抑制，表现为植株矮小、叶片变小、生物量降低等（Parida 和 Das，2005；Maggio 等，2007；韩志平等，2008；童辉等，2012）。本研究中，盐碱土种植的黄花菜根系的鲜质量和干质量均明显低于改良土和复垦土，但黄花菜植株仍能正常生长，没有发生死亡，说明黄花菜植株的耐盐碱能力较强，能够在一定程度上适应盐碱土的高盐碱低有机质且结构致密的环境条件。

K^+ 、Ca^{2+} 、Mg^{2+} 是植物生命活动的调节者，参与许多酶的活动。K^+ 能促进糖分的转化和运输，K^+ 供应充足时，植物体内糖类合成加强，纤维素和木质素合成增加，茎秆坚韧，抗倒伏（向达兵，2012；韩志平等，2013；蔡庆生，2014）。Ca^{2+} 在生物膜中可作为磷脂的磷酸根和蛋白质的羧基间联系的桥梁，可以维持膜结构的稳定性，还可以作为第二信使，调节植物的生长发育、提高植物的抗病和抗逆能力（郑青松等，2001；Gao 等，2004；郑少文等，2014；王小菁，2019）。Na^+ 是一些盐生植物的必需元素，可部分代替 K^+ 调节气孔关闭，可调节细胞渗透势，促进细胞吸水，参与 C_4 植物的光合作用等（武维华，2018）。Mg^{2+} 在光合和呼吸过程中，可以活化各种磷酸变位酶和磷酸激酶，也可以活化 DNA 和 RNA 的合成过程（魏国平等，2007；Xiao 等，2020）。本研究中，不同土壤种植的黄花菜叶片中 K^+、Ca^{2+}、Na^+、Mg^{2+} 含量均显著高于根系，且盐碱土种植的根系和叶片中 Ca^{2+}、Na^+、Mg^{2+} 含量均显著高于改良土和复垦土；K^+ 含量则改良土和复垦土的根系和叶片中明显高于盐碱土。说明盐碱土中存在大量的 Ca^{2+}、Na^+、Mg^{2+}，且能被根系大量吸收并运输到叶片中积累起来，根系对 K^+ 的吸收则受到 Na^+ 的竞争性抑制，同时说明黄花菜可以通过吸收和积累盐分离子而逐渐改良盐碱土。

Fe^{2+} 是光合作用、生物固氮和呼吸作用中的细胞色素和非血红蛋白的组成，并在这些代谢的氧化还原过程中参与电子传递（蔡庆生，2014）。Cu^{2+} 是植物体内许多氧化酶的成分，或是一些酶的活化剂。Zn^{2+} 参与生长素 IAA 的合成。Fe^{2+}、Cu^{2+}、Zn^{2+} 在植株和土壤中的移动性均较差，且含量较少（张立军和刘新，2012；韩志平等，2020），如果累积过多，会造成重金属毒害，严重抑制植株的生长（黄建国，2008）。本试验中，黄花菜植株中 Fe^{2+}、Cu^{2+}、Zn^{2+} 含量在 3 种土壤之间的变化规律各不相同，盐碱土的根系中 Cu^{2+} 和 Zn^{2+} 含量明显高于其他两种土壤，Fe^{2+} 含量也较多，且根系中 3 种离子含量在多数情况下均高于叶片。说明盐碱土中 Fe^{2+}、Cu^{2+}、Zn^{2+} 较多，黄花菜从中吸收了较多的这些离子，但由于其在植物体内移动性较差，这些离子更多地积累于根系，可能对植株造成重金属毒害，也会影响其他元素的吸收和利用，这可能是黄花菜植株在盐胁迫下生长降低的主要原因之一。

N 被称为植物的生命元素，是蛋白质、核酸、一些植物激素和维生素、磷脂的组分，还是植物激素及叶绿素等的成分，也是作物栽培中施用最多的肥料元素（Yang 等，2010；Piwpuan 等，2013；武维华，2018）。但 N 素过多容易导致植株徒长、抗病抗逆性下降。Cl^- 能参与植株的光合作用，促进植株的生长，调节气孔运动，增强植株的抗旱能力，还能激活植物体内酶的作用，促进植物根的伸长（张立军和刘新，2012）。本试验中盐碱土种植的黄花菜植株中 Cl^- 和 NO_3^- 含量均显著高于其他两种土壤，且不同土壤种植的叶片中 Cl^- 含量均显著高于根系，根系中 NO_3^- 含量显著高于叶片，说明由于盐碱土中存在大量的 Cl^- 和 NO_3^-，使植株吸收了大量的两种离子，但由于两种离子存在拮抗作用，且由于 Cl^- 更容易被运输，因此更多地积累于叶片，NO_3^- 则主要积累于根系。

总之，黄花菜可以在盐碱土上正常生长，可以从盐碱土中大量吸收 K^+、Na^+、Ca^{2+}、Mg^{2+}、Fe^{2+}、Cu^{2+}、Zn^{2+} 及 Cl^- 和 NO_3^- 等各种盐分离子，特别是叶片中积累了更多的 Na^+、Ca^{2+}、Mg^{2+}、Cl^- 等离子，而改良土种植的植株中这些离子含量显著低于盐碱土。相对而言，复垦土的复垦时间较短，土质略差于改良土，盐分含量仍高于改良土，故植物吸收到的各种盐分离子较多。因此，在盐碱土上种植黄花菜，并在每年植株干枯后及时收获地上部，可以有效降低盐碱土的盐碱程度，逐渐改良盐碱土，使其成为适于作物生长的宜耕土壤。这样既有利于大同黄花菜产业的发展，也对大同盐碱地的治理改良提供了新的方案。

第四节　种植黄花菜对盐碱土的改良效果研究

全世界存在着大量的盐碱土，遍布于全球 100 多个国家和地区（王三根和宗学凤，2015）。盐碱土的特征是土壤溶液中含有较高浓度的 Na^+、Ca^{2+}、Mg^{2+}、Cl^-、SO_4^{2-}、CO_3^{2-}、HCO_3^- 等盐分离子（张振贤和程智慧，2008）。盐分种类决定着土壤的性质，若盐碱土盐类以 NaCl 和 Na_2SO_4 为主，即为盐土；以 Na_2CO_3 和 $NaHCO_3$ 为主时，即为碱土（王小菁，2019）。一般两种情况常同时存在，统称为盐碱土（武维华，2018）。盐碱土中可溶性盐含量在 0.1%~0.6%（李志杰和孙文彦，2015），碱化程度在 15%~20%，不利于作物的正常生长发育（吕贻忠和李保国，2008）。盐碱土对植物伤害的主要原因是土壤溶液中盐离子浓度过高对植物造成的离子毒害和渗透胁迫，以及由此导致的氧化胁迫、营养亏缺等（Parida 和 Das，2005；李青云等，2008；王三根和宗学凤，2015）。这些直接和间接的伤害，使植物光合减弱，呼吸不稳，生长受抑，甚至死亡（Duan 等，2008；韩志平等，2008）。

大同市位于东经 112°34′~114°33′，北纬 39°03′~40°44′，位于山西省最北部，大同盆地的腹部，黄土高原东北边缘。大同盆地中部地区以冲积、洪积平原为主，地形平坦，受大陆季风气候影响，境内雨水少、风沙大，但地下水位高，加上低洼处多有积水，导致大同市内形成大面积盐碱地（朱楚馨，2015；孙杨，2016）。盐碱土中大量盐分离子的存在导致土壤产生了一系列不良的理化性状，对农业生产造成严重影响（李志杰和孙文彦，2015）。由于气候特殊，盐渍化和沙化程度高，大同盆地盐碱地利用率极低或者荒废，地表裸露，植被稀少，土地利用困难，严重制约着区域内农业生产的发展（张克强，2005）。虽然农业、水利、国土等部门几十年来投入了大量资金，采用各种措施进行了治理，但是大同市盐碱地分布广泛、类型多样，含盐量高、苏打含量高，危害严重，改造难度大（薛秀清，2018）。大同市目前仍有盐碱土 13.19 万 hm^2（米文精等，2011），主要分布于洋河盆地和桑干河盆地的多个县（区）（梁安果，2007）。

大同黄花菜是山西省名优农产品和大同市特色农作物，也是大同市第一个国家地理标志商标保护产品（高洁，2013）。黄花菜对环境条件的要求较低，对栽培技术的要求也较简单，经济效益又较高，产地遍布全国很多地区。研究表明，黄花菜耐盐性较强，在盐碱土种植有明显的脱盐改土效果（任天应等，1991；韩志平等，2018）。但前人研究仅观察了黄花菜在盐碱土种植的生长情况，并没有研究种植后盐碱土理化性状的变化，没有得到黄花菜改良盐碱土的直接数据。本节测定了黄花菜种植后盐碱土理化性状的变化，分析了黄花菜对盐碱土的改良效果，为在盐碱土上推广种植黄花菜提供试验依据，为利用黄花菜治理改良大同盐碱土提供参考。

一、材料与方法

1. 供试材料

试验地点、供试黄花菜同第二章第四节，供试 3 种土壤及其来源同本章第一节。

2. 供试土壤概况

种植前测定了 3 种供试土壤的基本理化性状、主要养分指标和盐分离子含量。盐碱土结构致密、通气透水性差、酸碱度高，Na^+、Ca^{2+}、Mg^{2+}、Cl^-、CO_3^{2-}、HCO_3^- 等盐分离子含量显著高于改良土和复垦土，不利于作物生长；与盐碱土相比，改良土通气透水性显著提高、含盐量显著降低，pH 偏弱酸性，各盐分离子含量也显著降低，理化性状已经完全改善，适于作物种植；复垦土综合理化性状也显著优于盐碱土，比改良土略差，可能是复垦年限较短的原因，pH 中性，各盐分离子含量低，基本符合多数植物生长需要。

3. 试验方法

试验处理设置、植株移栽及栽培管理同本章第二节。黄花菜种植 1 个月后拔除植株，留栽培盆中土壤测定理化指标。

4. 测定项目及方法

（1）土壤基本理化性状。容重、含水量、孔隙度及 pH 值、可溶性盐总量的测定方法同本章第一节。

（2）土壤养分状况指标。有机质、速效 P 和速效 K 含量的测定方法同本章第一节。

（3）土壤盐分离子含量。土样待测液制备，K^+、Na^+、Ca^{2+}、Mg^{2+} 含量及 CO_3^{2-}、HCO_3^- 和 Cl^- 含量的测定方法同本章第一节，NO_3^- 含量的测定方法同本章第三节。

Fe^{2+}、Cu^{2+}、Zn^{2+} 含量（原子吸收分光光度法）：取待测液 20mL，用去离

子水稀释至 50mL，用 TAS-990 型原子吸收分光光度计在 248.3nm、234.7nm、213.9nm 下分别测定 Fe^{2+}、Cu^{2+}、Zn^{2+} 的吸光度值。

SO_4^{2-} 含量（硫酸钡比浊法）：取土壤待测液 20mL，加入 $BaSO_4$ 标准溶液，用 SP-723 型紫外分光光度计在 410nm 下比色。

数据整理、方差分析和作图方法同第二章第二节。

二、结果与分析

1. 基本理化性状

（1）含水量、容重和孔隙度。图 3-4 显示，种植黄花菜后 3 种土壤的含水量和容重依次为 YJ>GL ≥ FK，三者间差异不显著；与种植前相比，盐碱土含水量显著降低，改良土和复垦土的含水量显著增加，但盐碱土含水量仍明显高于改良土和复垦土；改良土和复垦土的容重几乎没有变化，盐碱土容重显著降低到十分接近改良土和复垦土；盐碱土孔隙度显著增加到接近复垦土和改良土的水平，复垦土孔隙度也略有增加，改良土孔隙度基本没有变化，三者间孔隙度比较接近。说明种植黄花菜可显著改善盐碱土的物理性状，使土壤结构更加疏松，通气透水性更好，相比之前更加有利于作物的生长。

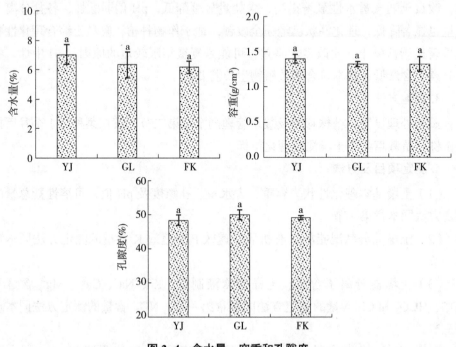

图 3-4　含水量、容重和孔隙度

（2）pH 值和可溶性盐总量。图 3-5 表明，与种植黄花菜之前相比，盐碱土的 pH 值显著降低，改良土 pH 值显著增加，复垦土 pH 值也明显增加，3 种土壤的 pH 值趋于一致；盐碱土和改良土的可溶性盐总量显著降低，盐碱土可溶性盐总量仅相当于种植前的一半，复垦土可溶性盐总量明显增加，三者的可溶性盐总量存在显著差异，表现为 YJ>FK>GL。说明黄花菜种植可显著改善盐碱土的化学性状，使其酸碱度和可溶性盐总量显著降低，相比过去更加有益于作物的种植。

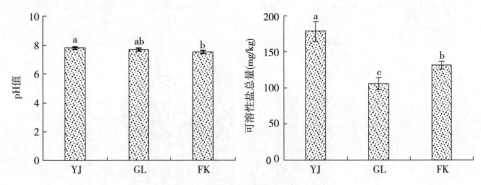

图 3-5　pH 值与可溶性盐总量

2. 养分状况

图 3-6 显示，种植黄花菜后盐碱土有机质含量显著降低，改良土有机质含量略有升高，复垦土有机质含量明显下降，三者间有机质含量存在显著差异，表现为 YJ<GL<FK；盐碱土和改良土的速效 P 含量明显升高，复垦土速效 P 含量显著升高，复垦土速效 P 含量显著高于改良土，但复垦土与盐碱土、盐碱土与改良土间没有显著差异，表现为 FK>YJ>GL；盐碱土速效 K 含量显著降低，改良土和复垦土的速效 K 含量显著增加，3 种土壤的速效 K 含量表现为 GL>FK>YJ，3 种土壤的速效 K 含量差异较大，但相互间不存在显著差异。说明在黄花菜栽培管理过程中，通过合理施肥，可以明显缩小 3 种土壤本来存在的肥力差距，使盐碱土的养分状况更加趋于合理，更加有利于植物的生长。

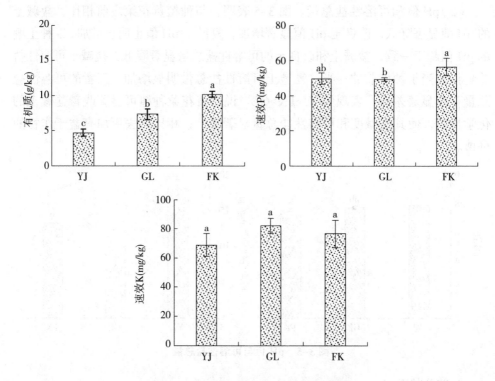

图 3-6 有机质、速效 P 和速效 K 含量

3. 阳离子含量

（1）K^+ 和 Na^+、Ca^{2+}、Mg^{2+} 含量。图 3-7 表明，与种植黄花菜之前相比，3 种土壤的 K^+ 含量均显著增加，达到原含量的 2~3 倍，复垦土 K^+ 含量增加幅度略小于盐碱土和改良土，三者 K^+ 含量表现为 GL>YJ>FK，但相互间没有显著差异；3 种土壤的 Na^+ 含量均显著降低，盐碱土 Na^+ 含量降低到种植前的 1/5、改良土和复垦土降低到原来的一半，但三者 Na^+ 含量仍表现为 YJ>FK>GL，且三者间相互存在显著差异；盐碱土 Ca^{2+} 含量显著降低，改良土和复垦土的 Ca^{2+} 含量显著增加，盐碱土 Ca^{2+} 含量降低到与复垦土一样的水平，二者 Ca^{2+} 含量均显著高于改良土；盐碱土 Mg^{2+} 含量显著降低到原来一半的水平，改良土和复垦土的 Mg^{2+} 含量显著增加 3 倍，二者的 Mg^{2+} 含量显著高于盐碱土。说明种植黄花菜的栽培管理可显著增加土壤的 K^+ 含量，同时显著降低盐碱土的 Na^+、Ca^{2+} 和 Mg^{2+} 含量，使之盐分含量更加趋近于改良土和复垦土的水平，更加有利于种植非盐生植物。

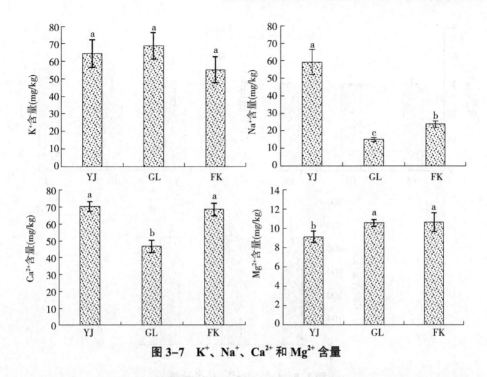

图 3-7　K^+、Na^+、Ca^{2+} 和 Mg^{2+} 含量

（2）Fe^{2+}、Cu^{2+}、Zn^{2+} 含量。图 3-8 显示，黄花菜种植后，3 种土壤的 Fe^{2+} 和 Cu^{2+} 含量基本一致，不存在显著差异；但 3 种土壤的 Zn^{2+} 含量存在明显差异，表现为 FK>GL>YJ，其中复垦土 Zn^{2+} 含量显著高于盐碱土和改良土，盐碱土和改良土间没有显著差异。说明这 3 种阳离子与土壤的盐碱性没有关系，三者的数值更多受到本地土壤本底值及酸碱度的影响，同时也受耕作中施肥的影响。

4. 阴离子含量

图 3-9 显示，与种植黄花菜之前相比，3 种土壤的 Cl^- 含量均显著升高，盐碱土和改良土升高近 3 倍，复垦土升高 5 倍，三者的 Cl^- 含量表现为 YJ>FK>GL，盐碱土和复垦土的 Cl^- 含量显著高于改良土，盐碱土与复垦土间无差异；盐碱土 HCO_3^- 含量显著降低，复垦土含量也明显降低，改良土 HCO_3^- 含量略有增加，盐碱土和复垦土的 HCO_3^- 含量略高于改良土，但三者间没有显著差异；3 种土壤的 SO_4^{2-} 含量表现为 YJ>GL>FK，相互间存在显著差异，盐碱土 SO_4^{2-} 含量几乎是复垦土的 2 倍；3 种土壤的 NO_3^- 含量表现为 YJ>FK>GL，但三者间没有显著差异。说明黄花菜种植后，盐碱土的盐碱化程度仍明显高于改良土和复垦土，特别是 Cl^- 和 SO_4^{2-} 含量仍明显高于改良土和复垦土，对植物的盐害作用较大，需要通过多年种植改良，才能真正适宜于植物的生长。

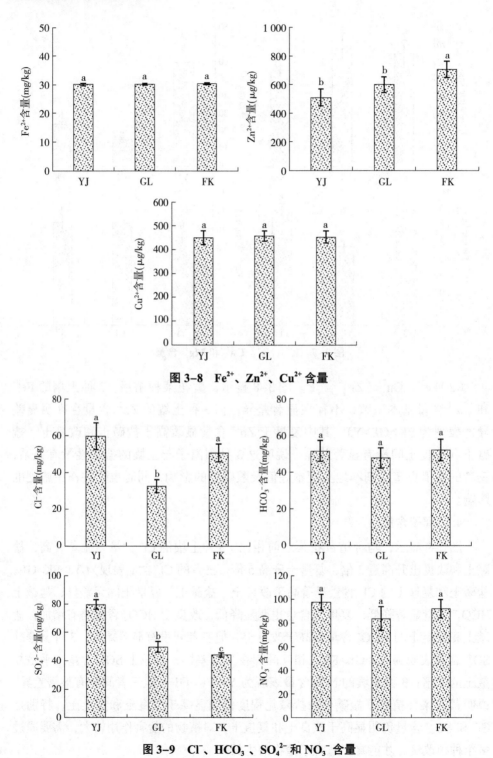

图 3-8 Fe^{2+}、Zn^{2+}、Cu^{2+} 含量

图 3-9 Cl^-、HCO_3^-、SO_4^{2-} 和 NO_3^- 含量

三、讨论与结论

盐碱土具有容重大、孔隙度小、酸碱度大、盐分离子含量高等特点，可对植物造成盐离子毒害、渗透胁迫等危害，对植物生长不利（王三根和宗学凤，2015；赵辉，2016）。各国研究人员和政府部门从盐碱土的理化性质出发，采用各种措施对盐碱土进行治理改良，取得了一定的成效。其中生物改良指在盐碱土上种植耐盐植物，通过植物吸收盐分离子，以及根系和根际微生物的活动改善土壤结构和理化性质，降低盐分离子的含量，使其适于植物的种植，促进盐碱地利用（任崴等，2004；毕银丽等，2020）。本节研究了黄花菜种植后，盐碱土、改良土、复垦土理化性状的变化，分析黄花菜种植对盐碱土的改良效果，探讨黄花菜在盐碱土上推广种植的可能性。

研究表明，盐碱地上种植耐盐植物，可以改善盐渍土结构不良、土壤紧实板结、通透性差等不利因素，还可以降低盐碱土的含水量、酸碱度和盐分含量等（Reisinger，2008；何海锋等，2020）。大同盆地盐碱地类型复杂多样，以苏打盐化潮土、苏打盐土、碱化盐土等苏打类盐碱地为主，占盐碱地总面积的60%以上，土壤中Na^+含量多，结构不良，通透性差，治理改造难度较大（刘宝和刘振明，2017）。本研究中，种植黄花菜后，盐碱土含水量、容重、pH值、可溶性盐总量显著降低，孔隙度显著增加，有机质和速效K含量显著降低，速效P含量基本未变；改良土和复垦土则出现含水量、pH值及速效K含量都显著增加的现象，改良土还出现可溶性盐总量降低的情况，复垦土则出现容重降低、孔隙度增加，可溶性盐总量和速效P增加的情况。盐碱土的变化幅度均明显大于改良土和复垦土，导致其基本理化性状和养分指标均趋近于改良土或复垦土。说明黄花菜种植可以明显改善盐碱土的理化性状和养分状况，使其疏松透气，板结情况减轻，酸碱度和盐分含量降低，更加有利于植物根系伸展和微生物活动，有益于土壤养分转化和植物生长。

我国盐碱地主要是由含有Na^+、Ca^{2+}、Mg^{2+} 3种阳离子和Cl^-、CO_3^{2-}、HCO_3^-、SO_4^{2-} 4种阴离子组成的12种盐，也有小面积的硝酸盐盐土（陈晓亚和汤章城，2007）。本章第一节研究表明，大同盐碱土表层含盐量高，Na^+、Ca^{2+}、Mg^{2+}、Cl^-、CO_3^{2-}、HCO_3^-等盐分离子含量均显著高于改良土和复垦土，不适合作物栽培。研究证明，种植耐盐植物，可以明显降低盐碱土的盐分离子含量，减轻盐碱土的盐碱化程度，改善盐碱土的矿质营养成分（赵可夫和李法曾，1999；刘会超等，2003）。本研究中，种植黄花菜后，3种土壤中K^+和Cl^-含量显著增加、Na^+含量显著降低，盐碱土 Ca^{2+}、Mg^{2+}、HCO_3^- 含量显著降低，改良土和复垦土的 Ca^{2+} 和 Mg^{2+} 含量显著增加，但盐碱土的各盐分离子变化幅度明显大于改良土和复垦土，导致其各离子含量接近改良土和复垦土，但盐碱土的 Na^+ 和 SO_4^{2-} 仍显著高于改良土和复垦土、Ca^{2+} 和 Cl^- 含量也显著高于改良土。说明种植黄花菜可显著降低盐碱土的盐碱程度，盐分状况趋向于好转，能够降低盐碱土对植物的伤害程度，但盐碱土中仍存在许多不利于植物生长的盐分离子，需要进一步种植改良，才能真正满足植物生长的需求。

总之，种植黄花菜可以明显改善盐碱土的物理结构、化学性状和耕作性能，并能改良其养分和盐分状况，使其土质性能更加接近改良土和复垦土。说明种植黄花菜对盐碱土具有明显的治理效果，通过多年种植能够逐渐使其达到宜耕农田的标准，适宜于农业生产。本研究的结果对于大同盐碱土的治理和黄花菜在盐碱土的推广种植，以及大同黄花菜产业的发展均具有重要意义。

第四章 大同黄花菜抗盐生理机制研究

第一节 盐胁迫对黄花菜种子萌发特性的影响

全世界有各种盐碱地 9.54 亿 hm^2，已经成为限制农业生产的主要非生物胁迫因素之一（Allakhverdiev 等，2000；张建锋等，2005；蔡庆生，2014）。我国也有盐碱地 9 913 万 hm^2，分布于北方很多地方和沿海地区（张立军和刘新，2011；王佳丽等，2011；王三根和宗学凤，2015）。盐碱地的主要特征是含有大量的盐分离子，特别是 Na^+ 和 Cl^- 浓度很高（张振贤和程智慧，2008）。土壤盐分浓度过高不仅抑制种子的正常萌发，导致植物难以立苗（刘祖祺和张石城，1994；余叔文和汤章城，1998）；还会抑制作物的生长发育，影响植物的开花结实（Wang 和 Nil，2000；陈晓亚和汤章城，2007）。这些作物生产中的实践性难题导致盐碱地难以有效开发利用，在工业化和城市化不断推进、耕地面积逐渐减少的形势下严重影响着世界农业的发展。

黄花菜（*Hemerocallis citrina* Bar.）既有丰富的营养价值，又有很高的药用价值，是典型的药食同源植物（张振贤，2008；毛建兰，2008；王艳等，2017）。对环境条件的适应性特别强，耐寒耐旱耐贫瘠，对土壤和水分要求不严，在全国各地都有栽培（段金省等，2008；韩志平，2018）。我国六大黄花菜主产区中，山西大同由于地理、气候和土壤条件优越，黄花菜品质优良，是闻名全国的"黄花之乡"（李黎霞，2010；贺洁颖等，2017）。"大同黄花"还是国家绿色食品 A 级产品（郭淑宏，2017），山西省首个中国地理标志商标保护产品（高洁，2013；朱旭等，2016），全国百强农产品区域公用品牌。"十二五"以来，在大同市和云州区政府的政策支持下，大同黄花菜产业发展迅速，目前种植规模已接近 27 万亩，全产业链产值达到 30 亿元。

大同市有山西省面积最大的盐碱地，具有开发利用盐碱土的巨大潜力（梁石锁等, 1997；张克强等, 2005；米文精等, 2011；朱楚馨, 2015), 同时又处于作物生长的黄金纬度带内, 是黄花菜的最佳栽培区。黄花菜耐盐性强, 在盐碱地种植具有明显的脱盐改土效果 (任天应等, 1991), 植株可以在 150mmol/L NaCl 胁迫下正常生长, 抽薹结蕾 (韩志平等, 2018)。黄花菜单株产籽量大, 种子成熟后即有发芽能力, 没有休眠期 (张振贤, 2008)。如果其种子能够在一定程度的盐碱地发芽, 而且幼苗能在盐碱地正常生长, 则既能改良盐碱地, 又能扩大黄花菜种植规模, 同时因盐碱地上生长较慢、前期不需精细管理, 也不需采收花蕾, 可以减少很多田间工作量和人工成本, 对于发展黄花菜产业和治理改良盐碱地都具有重要意义。但至今未见有黄花菜种子萌发期耐盐性和盐碱地播种黄花菜种子的研究报道。本节研究了 NaCl 溶液浸种对黄花菜种子萌发特性的影响, 为利用黄花菜治理盐碱地和在盐碱地推广种植黄花菜提供参考。

一、材料与方法

1. 供试材料

试验在生命科学实验教学中心进行。试验材料为'冲里花'种子, 采自黄花菜试验基地引种的湖南祁东主栽黄花菜品种'冲里花'植株。

2. 试验方法

挑选大小一致、坚硬、饱满的种子, 用 60℃温水浸泡 24h 后剥去种皮 (张奕等, 2021); 用蒸馏水冲洗去皮种子后, 再用 75% 乙醇浸泡 1min; 取出后再次用蒸馏水冲洗去皮种子, 然后用 10% 次氯酸钠溶液浸泡 10min (韩志平等, 2018); 然后用蒸馏水冲洗干净后, 用无菌滤纸吸干种子表面水分, 备用。试验设 5 个处理：0mmol/L、100mmol/L、200mmol/L、300mmol/L、400mmol/L NaCl 溶液, 分别表示为 CK、Na100、Na200、Na300、Na400。将杀菌消毒后的去皮种子用不同浓度 NaCl 溶液分别浸泡 30min 后, 播于铺有用相应浓度 NaCl 溶液浸泡过的 4 层湿润纱布的培养皿中, 在培养箱中 25℃下避光催芽。之后每 12h 用相应浓度的 NaCl 溶液浸泡种子 3min, 浸泡纱布 1min。试验重复 3 次, 每重复 50 粒种子。

3. 指标的测定与计算

每 12h 以芽长 1mm 为标准统计种子发芽数并计算发芽率, 以 36h 的发芽率为发芽势。催芽 7d 后每重复随机选 10 粒发芽的种子测量芽长, 并称量种子鲜质量。发芽指数和活力指数采用丁顺华等 (2001) 方法计算。

发芽率 (%) = 发芽种子数 / 供试种子数 ×100

发芽势（％）= 催芽 36h 时的发芽种子数 / 供试种子数 ×100

发芽指数 GI=∑Gt/Dt，活力指数 VI=GI×S

式中：Gt 为 t 日的发芽率，Dt 为相应的发芽日数，S 为平均胚芽鲜质量。

数据整理、方差分析及作图方法同第二章第二节。

二、结果与分析

1. 发芽率和发芽势

表 4–1 表明，随 NaCl 浓度提高，种子发芽率呈现"升高 – 降低"的规律，浸种 72h 内 Na100 的发芽率显著高于 CK，其他浓度 NaCl 浸种的发芽率则显著降低。催芽后 48h、72h 和 96h，Na100 的发芽率分别比 CK 增加 14.75％、8.45％和 3.83％；Na200、Na300、Na400 的发芽率，分别比 CK 降低 68.86、81.97、98.36，63.38、81.69、95.78 和 53.85、78.21、92.30。说明 100mmol/L NaCl 浸种对黄花菜种子萌发有明显的促进作用，200mmol/L 以上浓度 NaCl 浸种则会显著抑制种子的发芽，且在 200mmol/L 以上浓度 NaCl 下，发芽率虽然随催芽时间延长而提高，但不同浓度 NaCl 浸种的发芽率之间差异逐渐减小。Na400 浸种直至催芽后 48h 才开始发芽，催芽 96h 时也仅有 6.67％的发芽率，说明 400mmol/L NaCl 浸种几乎完全抑制了种子的萌发，达到种子萌发的极限盐浓度。

表 4–1　种子发芽率　（％）

处理	24h	36h	48h	60h	72h	84h	96h
CK	34.44±4.62^b	57.78±4.56^b	67.78±4.74^a	76.67±3.32^a	78.89±1.72^b	85.56±3.42^a	86.67±3.64^a
Na100	43.33±6.34^a	70.00±3.31^a	77.78±8.12^a	82.22±4.64^a	85.56±4.48^a	88.89±4.82^a	90.00±3.52^a
Na200	10.00±2.92^c	17.78±1.78^c	21.11±2.14^b	24.44±1.84^b	28.89±1.72^c	35.56±2.24^b	40.00±3.36^b
Na300	4.44±1.68^d	8.89±1.82^d	12.22±1.76^c	13.33±3.22^c	14.44±1.84^c	16.67±3.32^c	18.89±1.72^c
Na400			1.11±0.52^d	2.22±0.60^d	3.33±1.12^d	4.44±1.42^d	6.67±2.04^d

发芽势指在种子萌发过程中单日新发芽量达到最大时，正常萌发数量占受试种子总数的百分比。图 4–1 显示，Na100 显著提高了种子的发芽势，200mmol/L 以上浓度 NaCl 则显著降低了发芽势，Na400 浸种的发芽势为 0。说明较低浓度 NaCl 浸种有利于黄花菜种子一定时间内的发芽，高浓度 NaCl 浸种时会严重降低种子在短时间内的萌发能力，400mmol/L NaCl 浸种则完全抑制了种子发芽的潜力。

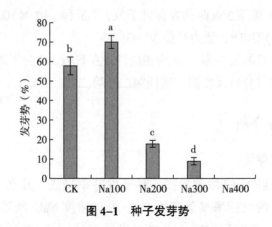

图 4-1　种子发芽势

2. 芽长和鲜质量

图 4-2 显示，随 NaCl 浓度提高，种子芽长显著降低；Na100 对种子鲜质量无显著影响，200mmol/L 以上浓度 NaCl 则显著降低了鲜质量，但 Na300 和 Na400 的鲜质量并没有显著差异。与 CK 相比，Na100、Na200、Na300、Na400 使芽长分别降低 10.46%、72.09%、88.76%、96.70%；鲜质量在 Na100 下增加 2.91%，Na200、Na300、Na400 下分别降低 31.99%、40.18%、43.54%。说明 NaCl 浸种对黄花菜种子芽的伸长有显著的抑制作用，NaCl 浸种对种子萌发和芽长的影响共同作用，使种子鲜质量在较低浓度盐溶液浸种时基本不受影响，200mmol/L 以上浓度 NaCl 浸种时则被显著降低。

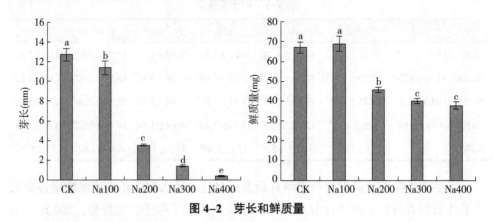

图 4-2　芽长和鲜质量

3. 发芽指数和活力指数

图 4-3 表明，与发芽势的规律相似，随 NaCl 浓度提高，种子发芽指数和活力指数均表现为"升高 - 降低"的规律，Na100 使发芽指数和活力指数显著增加，

200mmol/L 以上浓度 NaCl 浸种则使发芽指数和活力指数显著降低。与 CK 相比，Na100 使发芽指数和活力指数分别增加 14.56% 和 17.74%，Na200、Na300、Na400 使发芽指数和活力指数分别降低 65.44%、82.72%、97.13% 和 76.48%、89.59%、97.94%。结果说明，较低浓度 NaCl 浸种能显著提高黄花菜种子的萌发能力，200mmol/L 以上盐溶液浸种则会使种子发芽能力显著降低。

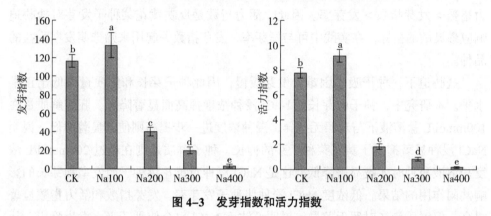

图 4-3　发芽指数和活力指数

三、讨论与结论

种子萌发期的生长状态直接影响着作物的形态建成，并最终影响作物的产量（张春荣等，2005）。发芽率、发芽势、发芽指数和活力指数能够反映种子的萌发力和活力，是分析盐胁迫下种子萌发状况的重要指标（陈培玉等，2013）。研究表明，盐胁迫下种子的发芽率、发芽势、发芽指数和活力指数均会明显降低（邵桂花等，1994；朱志华等，1996；孙小芳等，2000；何欢乐等，2005；王春林等，2006；韩志平等，2013）。本试验中，100mmol/L NaCl 浸种使种子发芽率、发芽势、发芽指数和活力指数等均比对照明显提高，200mmol/L 以上高浓度 NaCl 浸种则使以上指标均显著降低，400mmol/L 盐溶液浸种在催芽 4d 后也只有不到 7% 的发芽率。说明低浓度 NaCl 浸种对黄花菜种子的萌发有促进作用，高浓度盐浸种则会严重抑制种子的萌发，400mmol/L 达到种子萌发的极限盐浓度。

许多研究表明，植物对盐胁迫最敏感的时期为发芽期和幼苗期（Khan 和 Shelth，1996；孙小芳等，2000），种子发芽率、发芽指数和活力指数可以用来筛选萌发期耐盐的品种（丁顺华等，2001；王广印等，2004）。邵桂花等（1994）对大豆、赵檀方等（1994）对大麦、韩志平等（2013）对黄瓜的研究表明，与种子发芽相关的几个指标在盐胁迫下的受抑制程度依次为活力指数 > 发芽指数 > 发芽率。朱志华等（1996）研究也发现，随盐胁迫浓度增大，小麦种子发芽率、发芽指数和活力指数的下降幅度以活力指数最大，且其下降幅度与盐胁迫浓度间呈显著正相关。本研究中，随 NaCl 浓度提高，种子的发芽率、发芽势、发芽指数和活力指数均显著降低，与大多数研究结果一致，所测指标的受抑制程度为活力指数 > 发芽指数 > 发芽率。因此，活力指数是反映黄花菜种子发芽对盐胁迫响应最灵敏的指标，在实践中可与发芽率、发芽指数一起用来筛选萌发期耐盐的品种。

盐胁迫下，种子吸水困难，发芽缓慢，因此种子芽长和鲜质量均低于正常水平。本研究中，种子的芽长随 NaCl 浸种浓度提高而显著降低，胚芽鲜质量在 100mmol/L 盐溶液下与对照无差异，浸种浓度进一步提高则使其显著降低。说明 NaCl 浸种显著抑制了黄花菜种子芽的伸长，种子鲜质量则在超过 200mmol/L 浓度盐溶液浸种时才被显著降低，这是 NaCl 浸种对黄花菜种子萌发率和芽长的影响共同作用的结果。低浓度 NaCl 浸种使种子发芽率、发芽指数和活力指数显著提高，但鲜质量与对照无差异，说明低浓度 NaCl 也会使种子吸水发生障碍，从而抑制了种子鲜质量的增加，高浓度 NaCl 浸种下鲜质量显著降低，表明抑制程度随 NaCl 浓度提高而加重。300mmol/L 和 400mmol/L NaCl 浸种的种子鲜质量并没有显著差异，说明盐浓度达到一定程度后，种子就几乎不能从环境中吸收水分。

研究还发现，100mmol/L NaCl 浸种的种子发芽率、发芽势、发芽指数和活力指数均高于对照，但是芽长却显著低于对照，且鲜质量与对照不存在显著差异。可能是低浓度盐浸种会促进种子发芽，但对芽的伸长也有抑制作用，推测是由于盐胁迫会降低种子新长出苗的水势，使芽处于一种干旱状态，导致其细胞膜受到破坏，选择透性丧失，造成细胞内电解质外渗，从而抑制新芽的生长。黄花菜是一种耐盐性很强的淡土植物，植株生长随盐胁迫浓度提高呈现先促进后抑制的现象。本试验中，400mmol/L NaCl 浸种下，仍然有极少的种子萌发，说明黄花菜种子具有很强的耐盐性，种子发芽对盐胁迫的适应范围较广。湖南祁东冲里花具有产量高、适应性广、抗逆性强的特点（陈金寿和叶爱贵，2012），在大同地区盐碱地栽培可行性很大。

一般认为，盐胁迫抑制种子萌发的原因有两个：一是渗透胁迫造成水势降低使种子吸水困难（谢德意等，2000）；二是降低水解酶特别是 α - 淀粉酶的活性（杨秀玲等，2004；王春林等，2006），而 α - 淀粉酶活性一般会在种子萌发时迅速提高以分解淀粉供幼苗生长。戚乐磊等（2002）认为，高盐胁迫抑制种子萌发的主要原因是外界高渗透压导致种子吸水不足。本研究只对盐胁迫下种子的发芽率和胚芽生长情况进行了调查，NaCl 胁迫抑制黄花菜种子萌发的根本原因，有待于深入研究来阐明。

　　最适宜于黄花菜种子萌发以及完全抑制种子萌发的 NaCl 浸种浓度还是一个未知问题。本试验中，黄花菜种子在 100mmol/L 浓度下发芽率最高，但在 200mmol/L 浓度下，种子发芽率严重降低。最适宜种子萌发的浓度是 0~100mmol/L，之后随着盐浓度的提高种子萌发被抑制？还是在 100~200mmol/L 有更利于种子萌发的浓度，此后随着浓度的提高种子发芽率才开始降低？此外，本试验在对种子浸种前剥去种皮，这是否改变了种子对水分的吸收状况，使种子萌发对于盐胁迫的敏感程度发生改变，从而影响正常生理状况下种子的萌发？这些问题的解答，就是进一步研究的方向。

第二节　NaCl 胁迫对大同黄花菜生长和生理代谢的影响

　　黄花菜在各种地理、气候和土壤条件下都能正常生长，经济效益又高，在我国各地均有栽培（赵晓玲，2005；段金省等，2008）。山西大同是著名的"黄花之乡"，已有 600 余年的黄花菜栽培史（高洁，2013），与甘肃庆阳、湖南祁东、陕西大荔、宁夏吴忠、四川渠县并称为我国六大黄花菜主产区（邢宝龙等，2022）。由于在大同火山群下，地理、气候和土壤条件优越，火山灰矿物质含量丰富，大同黄花菜品质优良，是山西省名优农产品，也是大同市首个中国地理标志证明商标保护产品（韩志平等，2013）。大同黄花菜近年来发展迅速，种植规模不断扩大，精深加工产品种类不断增加，形成了菜品、食品、饮品、药品、化妆品五大系列产品齐头并进，一、二、三产业融合发展的良好态势。然而，长期以来黄花菜品种单一、种植生产方式粗放，加上过去产品种类较少、销售渠道不畅、宣传力度不大等原因，大同黄花菜在国内市场的知名度和占有率都未能超过甘肃庆阳和湖南祁东等主产区（李黎霞，2010）。

　　我国土地面积辽阔，但能直接用于农业生产的土地很少，加上全球气候变化，以及一些地区不合理的灌溉施肥措施，农田耕作性能时有恶化，对农业生产造成了巨大隐患（王佳丽等，2011；魏博娴，2012）。其中土壤次生盐渍化对农业生产的危害越来越严重，盐渍化土壤表层盐分积聚，土壤板结，矿物质营养流失，对作物生长危害极大（赵可夫等，1999；车文峰等，2012；杨新莲，2014）。大同盆地是山西省最大的盆地，大同市是山西省发展特色农业的重点区域，但也是山西省盐碱地面积最大的地区，拥有全省21%的盐碱土地，严重限制了当地的农业生产及其可持续发展（张克强等，2005）。因此，对大同盐碱地的治理改造和开发利用显得尤为重要。尽管大同市政府近年来采取了不少措施对境内盐碱地进行治理，但效果并不理想。在各种措施中，种植耐盐植物改良和利用盐碱地是一种高效实用的治理措施（赵可夫等，2002；李红丽等，2010；韩立朴等，2012）。

黄花菜具有适应性强，耐旱、耐寒、耐瘠薄等特性，是一种优良的水土保持植物（贾洪纪等，2007；张振贤，2008）。任天应等（1990）研究发现，黄花菜在0.6%以下中度盐化土壤上能够正常生长，不仅可以获得较高的产量，而且有明显的脱盐改土效果。Li等（2016）发现，在7.8dS/m以下盐水滴灌下黄花菜存活率达93%以上，适合在海岸盐土上用盐水滴灌栽培。尽管已知黄花菜具有较强的耐盐性，但其耐盐性到底达到何种程度，抗盐的生理和分子机制如何，至今鲜有研究报道。因此，本节研究了NaCl胁迫对砂培黄花菜生长和生理指标的影响，旨在探究黄花菜对盐胁迫的生长生理响应，初步阐明其适应盐胁迫的生理机制，为今后在盐碱地的推广种植提供试验依据。

一、材料与方法

1. 试验材料

试验地点、供试黄花菜同第二章第四节，试验先后进行2次，规律基本一致。

2. 试验方法

植株移栽和栽培管理同第二章第四节。缓苗1周后，浇灌含有不同浓度NaCl的1/2倍Hoagland配方营养液进行处理，浇灌溶液用量和频率同缓苗期。试验设6个处理：正常营养液，50mmol/L、100mmol/L、150mmol/L、200mmol/L、250mmol/L NaCl，分别表示为CK、Na1、Na2、Na3、Na4、Na5。处理后第0d、5d、10d、15d、20d、25d于早7:30每重复选3个植株，取叶片测定生理指标，处理后25d取植株测定生长指标。

3. 测定项目及方法

生长指标：株高、叶片数、最大叶面积的测定方法同第二章第一节，根长、新生根数、叶片和根系的鲜质量和干质量的测定方法同第二章第四节。

生理指标：光合色素、MDA含量的测定方法同第二章第四节，抗坏血酸、脯氨酸、可溶性糖和可溶性蛋白含量的测定方法同第二章第三节；SOD和POD

活性的测定方法同第四章第二节。

数据整理、方差分析和作图方法同第二章第二节。

二、结果与分析

1. 植株生长

（1）形态指标。植物在盐胁迫下最显著的变化是生长受到抑制。表4-2表明，盐胁迫后25d时，除根长表现"增长－缩短"的规律外，其他形态指标均随NaCl浓度的提高而显著降低。200mmol/L和250mmol/L NaCl下，株高、叶片数、最大叶面积、新生根数分别比CK降低27.49%、47.17%、39.02%、60.16%和37.05%、56.33%、47.82%、77.84%，但各处理均无死苗现象。说明盐胁迫严重抑制了黄花菜植株的形态生长，且NaCl浓度越高，抑制程度越大，但本试验设置的NaCl浓度并未达到黄花菜植株的致死浓度。

表4-2 形态指标

处理	株高（cm）	叶片数（枚）	最大叶面积（cm²）	根长（cm）	新生根数（个）
CK	45.69 ± 1.30^a	11.13 ± 0.44^a	42.03 ± 0.81^a	12.08 ± 0.48^{cd}	24.50 ± 1.15^a
Na1	40.58 ± 0.82^b	9.50 ± 0.38^b	37.25 ± 1.17^b	13.04 ± 0.32^{bc}	19.25 ± 0.78^b
Na2	37.66 ± 0.62^c	7.63 ± 0.26^c	32.86 ± 0.81^c	16.59 ± 0.36^a	15.03 ± 0.79^c
Na3	36.14 ± 0.68^c	7.13 ± 0.30^c	31.59 ± 0.47^c	13.96 ± 0.48^b	11.75 ± 0.61^d
Na4	33.13 ± 0.73^d	5.88 ± 0.30^d	25.63 ± 0.85^d	12.80 ± 0.56^{bcd}	9.76 ± 0.60^d
Na5	28.76 ± 0.63^e	4.86 ± 0.34^e	$21..93\pm0.54^e$	11.04 ± 0.35^d	5.43 ± 0.58^e

（2）生物量和含水量。表4-3显示，随NaCl浓度提高，叶片鲜质量和干质量显著降低，根系鲜质量表现"增加－降低"的规律，在100mmol/L NaCl下达到最大值，150mmol/L浓度以下均低于CK，根系干质量则随NaCl浓度提高而降低；叶片含水量变化幅度较小，根系含水量在较低浓度下随NaCl浓度提高显著增加，在150mmol/L浓度以上保持稳定。200mmol/L和250mmol/L NaCl下，叶片鲜质量、干质量和根系鲜质量、干质量分别比CK降低58.01%、62.28%、11.69%、50.12%和64.36%、65.50%、15.40%、51.67%。说明NaCl胁迫显著抑制了黄花菜地上部的生物量积累，且随胁迫浓度增加，抑制程度增大，但盐胁迫可以刺激根系吸收水分，导致低浓度NaCl下根系鲜质量增加而干质量降低。

表 4-3　生物量和含水量

处理	叶片			根系		
	鲜质量（g）	干质量（g）	含水量（%）	鲜质量（g）	干质量（g）	含水量（%）
CK	17.17 ± 0.52^a	3.42 ± 0.10^a	80.06 ± 0.51^{abc}	42.52 ± 1.48^{abc}	16.78 ± 0.72^a	60.59 ± 0.47^d
Na1	12.99 ± 0.60^b	2.81 ± 0.12^b	78.30 ± 0.48^c	44.47 ± 2.20^{ab}	15.98 ± 0.88^{ab}	64.08 ± 0.73^c
Na2	9.94 ± 0.42^c	2.04 ± 0.09^c	79.44 ± 0.36^{bc}	47.19 ± 1.64^a	14.60 ± 0.58^b	69.01 ± 0.86^b
Na3	9.07 ± 0.34^c	1.66 ± 0.05^d	81.65 ± 0.25^{ab}	41.28 ± 1.47^{bc}	9.68 ± 0.51^c	76.66 ± 0.45^a
Na4	7.21 ± 0.26^d	1.29 ± 0.09^e	82.20 ± 0.63^a	37.55 ± 1.51^{cd}	8.37 ± 0.37^c	77.66 ± 0.57^a
Na5	6.12 ± 0.34^d	1.18 ± 0.10^e	80.91 ± 0.91^{ab}	35.97 ± 1.54^d	8.11 ± 0.44^c	77.52 ± 0.31^a

2. 光合色素含量

图 4-4 表明，处理后 5d 时，叶片各光合色素含量随 NaCl 浓度提高表现"增加－降低"的规律，但处理间差异并不大；处理 10d 以后，各光合色素含量随 NaCl 浓度提高而降低，但 50mmol/L 和 100mmol/L NaCl 下各光合色素含量与 CK 的差异均较小，150mmol/L 浓度以上 NaCl 胁迫的各光合色素含量则均显著低于 CK。200mmol/L 和 250mmol/L NaCl 下，叶绿素 a、叶绿素 b 和类胡萝卜素含量在处理后 15d 时分别比 CK 降低 31.38%、23.43%、22.39% 和 32.77%、25.98%、28.48%，处理后 20d 时分别比 CK 降低 23.63%、16.14%、25.73% 和 28.12%、22.62%、21.50%，处理后 25d 时分别比 CK 降低 28.45%、22.15%、21.14% 和 30.92%、23.23%、23.03%。说明 100mmol/L 浓度以下 NaCl 对黄花菜叶片光合色素代谢影响不大，150mmol/L 浓度以上高盐胁迫则会严重扰乱光合色素代谢，使其含量发生显著变化。

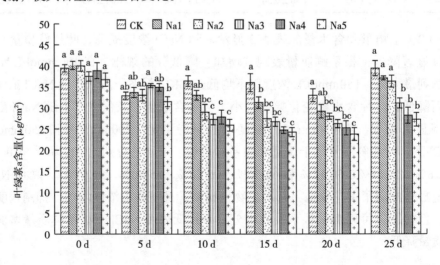

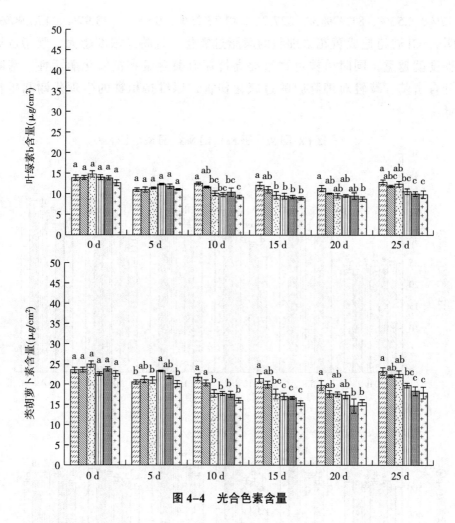

图 4-4　光合色素含量

3. 叶片膜脂过氧化

图 4-5 和图 4-6 显示，除 SOD 活性在处理后 5d 和 10d 时、抗坏血酸含量和 POD 活性在处理后 25d 时表现"增加 - 降低"的规律，抗坏血酸含量在 150mmol/L NaCl 下达到最大值，SOD 和 POD 活性在 200mmol/L NaCl 下达到最大值外，MDA 和抗坏血酸含量、SOD 和 POD 活性均随 NaCl 浓度提高而增加，且处理 20d 后，MDA 和抗坏血酸含量的变化幅度明显下降。200mmol/L 和 250mmol/L NaCl 下，MDA、抗坏血酸含量、SOD 和 POD 活性在处理后 15d 时分别比 CK 增加 21.86%、22.73%、105.81%、58.14% 和 37.28%、25.69%、114.69%、76.74%，处理后 20d 时分别比 CK 增加 18.93%、11.74%、28.64%、38.89% 和 23.89%、13.30%、35.81%、62.63%，处理后 25d 时分别比 CK 增加

13.12%、4.53%、81.77%%、227.71% 和 25.25%、0.98%、88.97%、175.90%。说明 NaCl 胁迫造成黄花菜细胞的膜脂过氧化，且胁迫浓度越大，膜脂过氧化程度就越重，同时植株可通过提高抗坏血酸含量和抗氧化酶活性，清除部分自由基，减轻对细胞膜的过氧化伤害，以维持植株的生理代谢和生长发育。

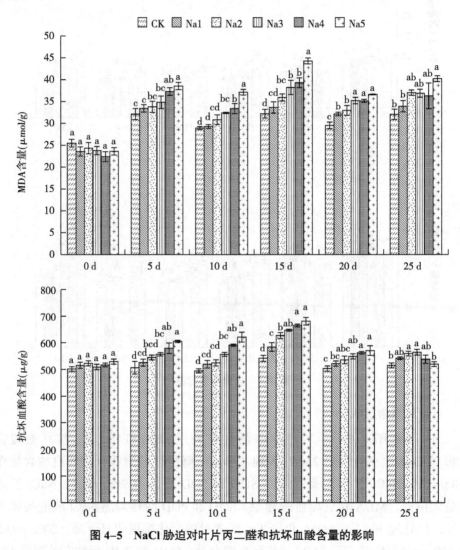

图 4–5　NaCl 胁迫对叶片丙二醛和抗坏血酸含量的影响

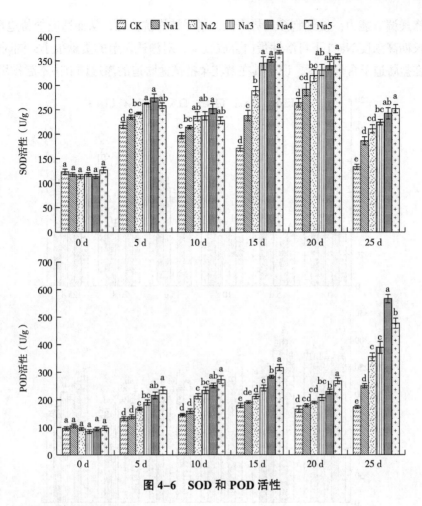

图 4-6　SOD 和 POD 活性

4. 渗透调节物质含量

图 4-7 表明，随 NaCl 浓度提高，叶片脯氨酸含量显著增加，200mmol/L 和 250mmol/L NaCl 胁迫下，其含量在处理后 15d、20d、25d 时分别比 CK 增加 50.86%、50.76%、68.96% 和 65.18%、170.53%、166.57%。除处理后 5d 时，在 50mmol/L 和 100mmol/L NaCl 下显著增加外，可溶性糖含量随 NaCl 浓度提高而 显著降低，200mmol/L 和 250mmol/L 下，在处理后 15d、20d、25d 时分别比 CK 降低 21.23%、16.13%、26.54% 和 24.14%、22.39%、29.71%。随 NaCl 浓度提高，可溶性蛋白含量在处理后 10d 内显著增加，处理 15d 后表现"增加 – 降低"的规律，在 150mmol/L NaCl 下出现最大值，在处理后 20d 时仅 150mmol/L NaCl 下 显著高于 CK，处理后 25d 时也仅在 100mmol/L 和 150mmol/L NaCl 下显著高于 CK。说明黄花菜植株在盐胁迫下，可通过大量合成和积累脯氨酸、可溶性蛋白而

提高渗透调节能力，使细胞渗透势降低，增强植株抗盐性，从而适应盐胁迫环境，但较长期高浓度 NaCl 下可溶性蛋白合成较少，对渗透调节的贡献很小；同时可溶性糖在盐胁迫下含量降低，说明其在黄花菜抵抗盐胁迫的渗透调节中不起作用。

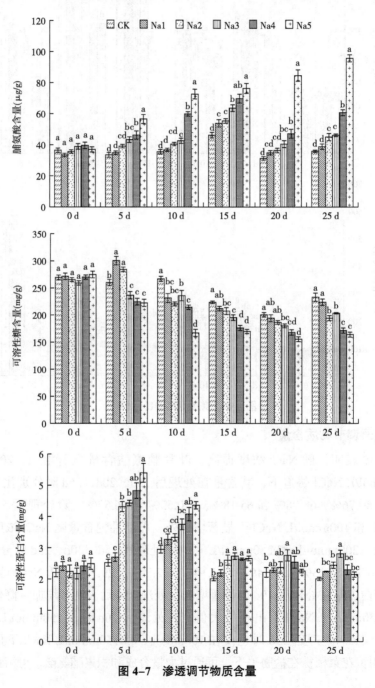

图 4-7　渗透调节物质含量

三、讨论与结论

植物能够对环境作出一定的反应，这种反应既受基因的控制，又受个体所处的生存条件和生长生理状况的制约（邱收，2008）。由于碳同化量减少、渗透调节能耗和维持生长能耗增加等原因，多数植物在盐胁迫下生长发育会受到显著抑制（陈晓亚和汤章城，2007）。本研究中，各形态指标和生物量在 NaCl 胁迫下均明显降低，说明盐胁迫抑制了黄花菜植株的生长，但是与盐敏感植物（Duan 等，2008；李青云等，2008）不同，黄花菜能够通过促进根系吸收水分而保持较高的根系生物量，使其植株在 250mmol/L NaCl 胁迫下仍没有死亡。

叶片光合色素含量直接反映了植物的光合能力（Nxele 等，2017）。研究发现，许多植物在盐胁迫下光合色素含量降低，是由于叶绿素酶活性提高，促进了叶绿素的降解（束胜等，2012）。但也有盐胁迫下植物光合色素含量增加的报道（韩志平等，2008），这可能与植物种类、耐盐性、盐处理方法、浓度及时间等有关（Kiremit 和 Arslan，2016）。本研究中，处理 5d 时，150mmol/L 浓度以下 NaCl 使黄花菜的叶片光合色素含量有一定增加，较长期盐胁迫下光合色素含量则随盐浓度提高而降低，但 100mmol/L 浓度以下 NaCl 处理的各光合色素含量与 CK 差异并不显著，说明较低浓度盐几乎不会影响黄花菜的光合色素代谢，150mmol/L 浓度以上高盐胁迫则会显著抑制光合色素的合成而促进其降解，导致其含量显著降低。

盐胁迫下，细胞内产生大量的活性氧自由基，打破了正常情况下自由基产生与清除的动态平衡，使膜脂双分子层过氧化，产生大量的丙二醛，并造成细胞膜结构破坏，电解质大量渗漏，使植物生理失调（陈晓亚和汤章城，2007；Parida 和 Das，2005；Parvaiz 和 Satyawati，2008）。植物可以通过体内一系列酶和非酶的抗氧化物质协同作用，清除过量自由基，减轻其对细胞的过氧化伤害（陈晓亚和薛红卫，2012）。其中 SOD 和 POD 能够分别清除 O_2^- 和 H_2O_2；抗坏血酸则既可以参与 AsA-GSH 循环，也可以直接清除自由基，防止膜脂过氧化伤害（Cavalcanti 等，2007；窦俊辉等，2010；Abdel-Halifm 等，2017）。本研究中，随 NaCl 浓度提高，黄花菜叶片 MDA 含量显著增加，抗坏血酸含量、SOD 和 POD 活性明显提高，说明盐胁迫导致细胞内自由基大量产生，造成黄花菜的膜脂过氧化伤害，同时诱导体内酶和非酶的抗氧化物质共同作用，以增强细胞的抗氧化能力而清除体内的自由基，降低膜脂过氧化的程度。但是处理超过 20d 时，高盐胁迫下抗坏血酸含量开始下降，且相邻处理间差异不显著，说明在长期高盐胁迫下，抗坏血酸对增强抗氧化能力的作用减小，黄花菜主要依靠酶系统来清除自由基，缓解膜脂过氧化对细胞的过氧化伤害。

盐胁迫除造成离子毒害、过氧化伤害、矿质营养缺乏外，还会导致植物体内水分亏缺，产生渗透胁迫（Parida 和 Das，2005；Kaushal 和 Wani，2016）。植物可通过吸收外界 Na^+、K^+、Cl^- 等无机离子，或在体内合成脯氨酸、可溶性糖、可溶性蛋白、甜菜碱等小分子有机溶质，降低细胞渗透势，调节细胞渗透平衡，减轻体内的水分亏缺（Yildirim 等，2009；童辉等，2012；武维华，2018）。本研究中，随 NaCl 浓度提高，黄花菜脯氨酸含量显著增加，可溶性蛋白含量在处理后 10d 内显著增加，处理 15d 后，在 200mmol/L 浓度以上 NaCl 下开始降低，相邻处理间差异也不显著。说明较短期盐胁迫下，黄花菜可通过大量积累脯氨酸和可溶性蛋白而提高渗透调节能力，增强对盐胁迫的适应性，但较长期高浓度 NaCl 胁迫下主要依靠脯氨酸进行渗透调节，可溶性蛋白对渗透调节的作用很小。可溶性糖含量随 NaCl 浓度提高而显著降低，这与盐敏感植物的研究结果（陈晓亚和汤章城，2007；童辉等，2012）不同，但与碱茅（刘华等，1997）、冰叶日中花（Atzori 等，2017）等盐生植物的研究结果一致。可能是黄花菜在抵抗盐胁迫的过程中，作为光合作用的产物和呼吸作用的底物、植物的碳骨架和能量来源（周研，2014），可溶性糖运输到库器官或转化为淀粉，加上在盐胁迫下光合减弱而呼吸增强，植株为了维持生理机能而大量消耗（赵可夫和范海，2000），使其含量显著降低。这种变化对于黄花菜适应盐胁迫环境有利，但对渗透调节没有贡献，具体原因有待进一步研究。

总之，由于盐胁迫下植株光合能力下降、膜脂过氧化伤害加剧等原因，黄花菜植株的形态生长和生物量积累受到显著抑制，但是由于盐胁迫刺激了根系吸收水分，使其根系生长所受影响较小。同时，黄花菜可以通过促进抗氧化物质和有机渗调物质的合成，提高其抗氧化和渗透调节能力，在一定程度上缓解了盐胁迫对其植株的伤害。但在长时间高盐胁迫下，植株的自我调节无法抵抗胁迫造成的伤害，加上盐胁迫下消耗了大量碳水化合物以维持其生理机能，使其伤害进一步加重，生长不断降低。研究证明，黄花菜对 NaCl 胁迫耐性很强，250mmol/L 高盐胁迫下仍没有植株死亡。因此，有必要深入研究其耐盐的生理和分子机制，特别是糖类物质代谢在此过程中所起的作用。

第三节　$Ca(NO_3)_2$ 胁迫对大同黄花菜生长和生理代谢的影响

黄花菜原产于中国南部和日本，在我国栽培已有 2 000 多年，是我国的传统名优菜品，具有极高的食用价值与药用功效（张振贤，2008；Tian 等，2017）。对环境条件的适应性特别强，在甘肃、陕西、宁夏、山西、湖南、河南、江苏、浙江、四川、黑龙江、福建、台湾等省（区），以及日本、朝鲜、马来西亚等国均有栽培（范学钧，2006）。我国六大黄花菜主产区中，大同黄花菜主要分布于大同、阳高、广灵、浑源等县区，已有 600 多年种植历史（韩志平等，2012）。大同黄花菜品质优良，营养价值处于国内各品种前列，是当地的重要经济作物，也是大同市首个国家地理标志证明商标保护产品（高洁，2013）。近年来，大同市和云州区政府先后出台了一系列政策，大力扶持和发展黄花菜种植和加工产业（焦东，2013；邢宝龙等，2022），扩大种植面积，发展精深加工，拓展销售渠道，加大宣传力度，使大同黄花菜知名度逐渐提高，更加受到消费者的青睐。然而，由于种种原因，大同黄花菜的品牌知名度、产品竞争力和市场占有率与其产区地位和产品品质尚不匹配。

土壤盐碱化已成为全球重要的环境和生态问题，在世界范围内的干旱和半干旱地区存在着大量的盐渍土（武维华，2018）。中国盐碱地面积很大，占全国耕地面积的 6.62%（杨劲松，2008）。绝大部分农作物无法在盐碱地正常生长，对于我国农业的可持续高质量发展，以及在守住耕地红线的前提下提高作物总产量是极大的挑战，也是世界范围内农业可持续发展所面临的严峻问题（赵可夫等，2004）。大同盆地位于山西省北部，属温带大陆性季风气候区。当地干旱程度较重，降水量远远低于蒸发量（陈鹏等，1992；朱楚馨，2015），因而产生了大量的盐渍化土地。大同地区盐碱地约有 17.7 万 hm^2，其中盐碱化耕地约 12 万 hm^2，约占大同盆地耕地面积的 40%（王海景等，2014）。近几年采用各种措施对盐碱地进行了治理，但也只是部分盐碱地得到了改良，一些中度、重度盐碱地仍无法利用（张克强等，2005；刘宝和刘振明，2017）。大量盐碱荒地的存在对当地农业的发展极为不利。因而，对大同盐碱地的治理仍迫在眉睫。在各种治理措施中，利用耐盐植物改良盐碱地的技术和方法更加快速、高效、经济，既使盐碱地得到治理改造，又具有一定的经济和生态效益，受到相关部门和广大技术人员的欢迎（胡万银，2007；苟文莉，2008；Ould Ahmed，2010）。

盐碱土壤中对作物有害的盐分离子有 Na^+、Ca^{2+}、Mg^{2+}、Cl^-、CO_3^{2-}、HCO_3^-、SO_4^{2-}、NO_3^- 等（陈晓亚和薛红卫，2012）。前人的研究主要集中于土壤中 Na^+ 和 Cl^- 对作物生长和生理的影响（Zhu，2003；韩志平等，2008）。尽管 Ca^{2+} 和 NO_3^- 都是作物生长的必需营养成分，但土壤中这两种离子浓度过高，会严重抑制植物的生长，使叶片细小干枯、光合效率减弱、营养生长期缩短、结实率下降，甚至出现死苗（王三根和宗学凤，2015）。为此，本节研究了 $Ca(NO_3)_2$ 胁迫对水培黄花菜生长和生理代谢的影响，旨在探究黄花菜能够正常生长发育的盐浓度范围和致死盐浓度，初步阐明其耐盐的生理机制，为深入研究黄花菜对盐胁迫的生理响应和分子机制奠定基础，为在盐碱地的推广种植提供试验依据。

一、材料与方法

1. 供试材料

试验地点、供试黄花菜同第二章第四节。

2. 试验方法

春苗萌发 20d 后，取株型、长势一致的植株移栽到装有 1/2 倍 Hoagland 配方营养液的 35L 塑料栽培槽中，缓苗 1 周发生新根叶片挺直后，在营养液中加入不同浓度 $Ca(NO_3)_2 \cdot 4H_2O$ 进行处理。试验设 6 个处理：正常营养液，50mmol/L、100mmol/L、150mmol/L、200mmol/L、250mmol/L $Ca(NO_3)_2$，分别表示为 CK、Ca50、Ca100、Ca150、Ca200、Ca250。完全随机设计，重复 3 次，每重复 15 株。处理后第 0d、第 5d、第 10d、第 15d、第 20d 取叶片测定生理指标，试验结束后每重复取 8 个植株测定生长指标，并统计死苗率。处理后 20d 时，200mmol/L 和 250mmol/L $Ca(NO_3)_2$ 胁迫的植株死苗率分别达到 35.56% 和 51.11%，故未测定生理指标。

3. 测定项目及方法

生长指标：株高、叶片数、最大叶面积的测定方法同第二章第一节，根长、新生根数、叶片和根系的鲜质量、干质量和含水量的测定方法同第二章第四节。

生理指标：光合色素、MDA 含量的测定方法同第二章第四节，抗坏血酸、脯氨酸、可溶性糖、可溶性蛋白含量的测定方法同第二章第三节；SOD 和 POD 活性的测定方法同第三章第二节。

数据整理、方差分析和作图方法同第二章第二节。

二、结果与分析

1. 植株生长

（1）形态指标。表 4-4 表明，盐胁迫后 20d，株高、叶片数、最大叶面积、根长、新生根数均随 $Ca(NO_3)_2$ 浓度提高而显著降低，Ca200 和 Ca250 胁迫下几乎没有新根发生。Ca150、Ca200 和 Ca250 下，株高、叶片数、最大叶面积、根长、新生根数分别比 CK 降低 19.52%、46.81%、33.44%、31.11%、80.45%，37.07%、59.91%、48.95%、40.83%、94.33% 和 49.46%、64.51%、60.93%、47.70%、

100%。结果说明，$Ca(NO_3)_2$ 胁迫显著抑制了黄花菜植株的形态生长，且胁迫浓度越大对植株形态建成的抑制程度也越大。

表 4-4　形态指标

处理	株高（cm）	叶片数（枚）	最大叶面积（cm²）	根长（cm）	新生根数（个）
CK	37.20±0.54[a]	11.75±0.25[a]	37.14±0.79[a]	18.93±0.56[a]	18.01±1.35[a]
Ca50	34.56±0.51[b]	9.63±0.26[b]	34.63±0.70[b]	15.18±0.45[b]	12.75±1.56[b]
Ca100	31.66±0.55[c]	7.13±0.40[c]	28.29±0.87[c]	14.10±0.77[bc]	9.23±0.86[c]
Ca150	29.94±0.52[d]	6.25±0.16[d]	24.72±0.82[d]	13.04±0.81[c]	3.52±1.05[d]
Ca200	23.41±0.83[e]	4.71±0.29[e]	18.96±0.76[e]	11.20±0.59[d]	1.02±0.64[e]
Ca250	18.80±0.64[f]	4.17±0.17[f]	14.51±0.32[f]	9.90±0.41[d]	

（2）生物量和含水量。表 4-5 显示，除 Ca100 与 Ca150 间差异不显著外，叶片和根系的鲜质量和干质量均随 $Ca(NO_3)_2$ 浓度提高而显著下降；叶片含水量随 $Ca(NO_3)_2$ 浓度提高而逐渐下降，其中 Ca50 和 Ca100 与 CK 差异不显著，其他处理显著低于 CK，根系含水量在不同处理间基本保持稳定。Ca150、Ca200 和 Ca250 下，叶片鲜质量、干质量和含水量分别比 CK 降低 58.39%、54.01%、2.60%，68.94%、63.89%、4.32% 和 79.25%、75.93%、3.77%；根系鲜质量、干质量分别比 CK 降低 20.49%、25.78%，29.04%、34.89% 和 53.49%、56.47%。结果说明，随 $Ca(NO_3)_2$ 胁迫浓度提高，黄花菜植株的生物量积累显著减少，植株生长受到显著抑制，但由于根系含水量在胁迫下保持相对稳定，在一定程度上提高了植株对盐胁迫的适应性。

表 4-5　生物量和含水量

处理	叶片			根系		
	鲜质量（g）	干质量（g）	含水量（%）	鲜质量（g）	干质量（g）	含水量（%）
CK	16.87±0.47[a]	3.24±0.13[a]	80.83±0.35[a]	43.63±1.60[a]	8.34±0.37[a]	80.90±0.27[ab]
Ca50	12.82±0.57[b]	2.54±0.16[b]	80.32±0.43[a]	39.62±1.37[b]	7.59±0.43[ab]	80.91±0.47[ab]
Ca100	8.03±0.31[c]	1.64±0.07[c]	79.52±0.22[ab]	35.40±1.15[c]	6.99±0.11[bc]	80.78±0.32[b]
Ca150	7.02±0.31[c]	1.49±0.07[c]	78.73±0.24[bc]	34.69±1.01[c]	6.19±0.25[cd]	81.74±0.38[a]
Ca200	5.24±0.37[d]	1.17±0.05[d]	77.34±0.76[d]	30.96±0.68[d]	5.43±0.17[d]	81.60±0.36[ab]
Ca250	3.50±0.16[e]	0.78±0.03[e]	77.78±0.65[cd]	20.29±1.09[e]	3.63±0.21[e]	81.98±0.21[a]

2. 光合色素含量

图 4-8 表明，Ca(NO₃)₂ 胁迫 5d 时，叶片各光合色素含量随盐浓度提高呈"升高－降低"的规律，在 Ca150 下达到最高值，Ca200 和 Ca250 胁迫下各光合色素含量均低于 CK；Ca(NO₃)₂ 胁迫 10d 后，各光合色素含量均随处理浓度提高和胁迫时间延长而显著降低。Ca(NO₃)₂ 胁迫后 10d 时，Ca150、Ca200 和 Ca250下，叶绿素 a、叶绿素 b、类胡萝卜素含量分别比 CK 降低 24.49%、28.12%、25.83%，30.78%、24.20%、32.14% 和 37.17%、37.20%、38.41%；胁迫后 15d 时，分别比 CK 降低 33.75%、31.66%、32.61%，39.51%、32.06%、32.55% 和 52.38%、48.83%、49.64%。结果说明，较低浓度 Ca(NO₃)₂ 在较短时间内可促进黄花菜叶片光合色素的合成，较长时间胁迫下 Ca(NO₃)₂ 胁迫显著抑制叶片光合色素的合成，且处理时间越长、胁迫浓度越大，光合色素合成受抑制的程度越大。

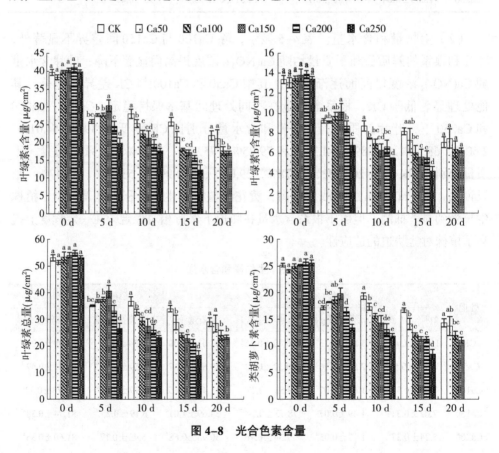

图 4-8　光合色素含量

3. 膜脂过氧化

图 4-9 显示，随 $Ca(NO_3)_2$ 浓度提高，叶片 MDA 含量显著增加，且各处理 MDA 含量有随胁迫时间延长而增加的趋势；处理后 10d 和 15d 时，Ca150、Ca200、Ca250 下分别比 CK 增加 23.67%、38.70%、46.61% 和 25.29%、40.25%、51.98%；处理后 20d 时，Ca100、Ca150 下分别比 CK 增加 21.97%、34.32%。抗坏血酸含量、SOD 和 POD 活性均随 $Ca(NO_3)_2$ 浓度的提高表现 "升高 - 降低" 的规律；除处理后 5d 时 SOD 活性和 15d 时 POD 活性在 Ca200 下达到最大值外，抗坏血酸含量、SOD 和 POD 活性均在 Ca150 下达到最大值。除 Ca250 胁迫下，处理后 5d 和 10d 时抗血酸含量及处理后 10d 和 15d 时 SOD 活性与 CK 无显著差异外，不同时间各浓度 $Ca(NO_3)_2$ 胁迫下抗坏血酸含量、SOD 和 POD 活性均显著高于 CK。处理后 10d 和 15d 时，Ca100、Ca150、Ca200 下，抗坏血酸含量分别比 CK 增加 6.27%、8.58%、2.85% 和 9.27%、13.95%、14.41%，SOD 活性分别比 CK 增 加 76.76%、74.16%、35.75% 和 49.68%、67.65%、19.49%，POD 活性分别比 CK 增加 43.94%、68.18%、37.44% 和 131.06%、218.18%、236.36%；处理后 20d 时，Ca100、Ca150 下抗坏血酸含量、SOD 和 POD 活性分别比 CK 增加 9.17%、12.29%，75.42%、53.04% 和 63.46%、65.60%。

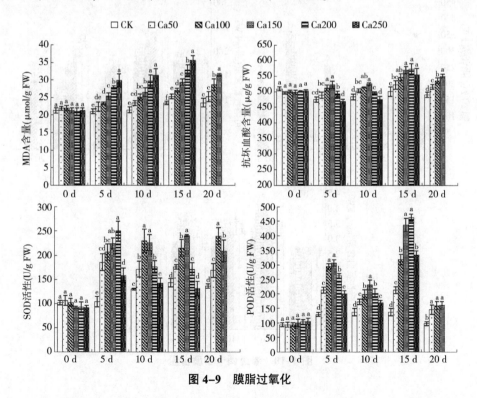

图 4-9　膜脂过氧化

以上结果说明，Ca(NO₃)₂ 胁迫导致黄花菜细胞内活性氧大量产生，造成植株的膜脂过氧化伤害，且伤害程度随 Ca(NO₃)₂ 浓度的提高和胁迫时间的延长而增大。植株可以通过促进抗坏血酸合成、诱导 SOD 和 POD 活性提高而部分清除胁迫下产生的活性氧，减轻过氧化伤害的程度。但是 Ca(NO₃)₂ 胁迫浓度超过 150mmol/L 时，抗坏血酸合成以及 SOD 和 POD 活性的提高速度就难以抵御活性氧产生的速度，因此植株受到的膜脂过氧化伤害进一步加重。

4. 渗透调节物质含量

图 4-10 显示，除 Ca50 下与 CK 差异不显著外，随 Ca(NO₃)₂ 浓度提高，叶片脯氨酸含量显著增加；处理后 10d 和 15d 时，Ca100、Ca150、Ca200、Ca250 下分别比 CK 增加 108.94%、169.91%、413.77%、577.38% 和 225.68%、324.33%、950.54%、1 175.32%；处理后 20d 时，Ca100、Ca150 下分别比 CK 增加 585.58%、859.95%。除处理 5d 时，Ca50 显著高于 CK，处理后 5d 和 10d 时，Ca100 与 CK 差异不显著外，可溶性糖含量随 Ca(NO₃)₂ 浓度提高而显著降低；处理后 10d 和 15d 时，Ca150、Ca200、Ca250 下分别比 CK 降低 4.27%、31.39%、

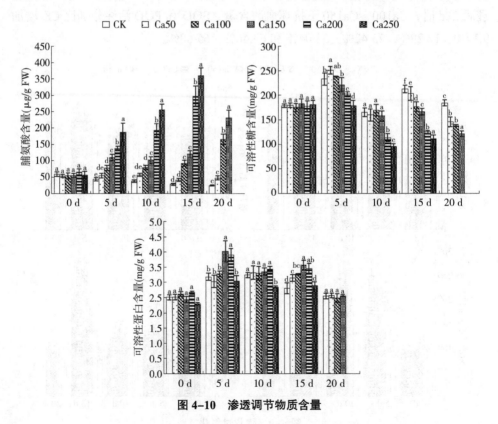

图 4-10　渗透调节物质含量

42.42% 和 21.87%、41.11%、48.01%；处理后 20d 时，Ca100、Ca150 下分别比 CK 降低 25.06%、33.93%。可溶性蛋白含量仅在处理后 5d 和 15d 时，Ca150 和 Ca200 下显著高于 CK，处理 10d 时 Ca250 下显著低于 CK，其他时间各处理与 CK 均无显著差异。结果说明，盐胁迫下黄花菜体内脯氨酸含量显著增加，有利于增强植株的渗透调节能力，可部分缓解 Ca(NO$_3$)$_2$ 胁迫造成的渗透胁迫；可溶性糖含量随胁迫程度增加而降低，可能是植株为了抵抗盐胁迫伤害，消耗了大量的碳水化合物；可溶性蛋白含量在胁迫过程中基本保持稳定，说明其对植株的渗透调节基本不起作用。

三、讨论与结论

植物的抗盐机制是一个非常复杂的生理生化反应过程。研究表明，植物在盐胁迫下，其外部形态和内部生理代谢都会作出一系列反应（许祥明等，2000；岳健敏等，2015）。一些植物在较低浓度盐胁迫下生长受到促进，大多数植物在盐胁迫下生长被显著抑制（Heuer，2003；韩志平等，2015）。本研究中，Ca(NO$_3$)$_2$ 胁迫显著降低了黄花菜植株的形态建成和生物量积累，说明其严重抑制了植株的生长，且随 Ca(NO$_3$)$_2$ 浓度的提高，植株生长受抑制程度越来越大。相对而言，Ca(NO$_3$)$_2$ 胁迫对地上部的抑制程度要大于根系。

光合作用是绿色植物最重要的生理过程，植物通过光合作用合成碳水化合物，为形态建成提供了碳骨架，为呼吸作用提供了底物（武维华，2018）。光合色素是植物进行光合作用时吸收、传递光能或引起原初光化学反应的色素（潘瑞炽等，2012），光合色素含量的高低直接反映了植物的光合能力（Haves 等，2009；林琨和张鼎华，2014）。多数植物在高盐胁迫下，植物的光合作用被抑制，甚至叶绿体结构被破坏，光合色素被降解，植株干枯以至死亡（束胜等，2012；王静静等，2015）。本试验中，短期内低浓度 Ca(NO$_3$)$_2$ 下黄花菜各光合色素含量增加，较长期胁迫下光合色素含量则随胁迫浓度提高而显著降低。说明低浓度 Ca(NO$_3$)$_2$ 在短期内可以促进光合色素的合成以维持其正常的生命活动，随着胁迫浓度的增加和胁迫时间的延长，光合色素合成减少而降解加速，使其含量迅速降低，最终影响到植株的生长发育。

植物在遭受逆境胁迫时，细胞质膜是最先受到攻击的部位（Madhava 和 Sresty，2000；李金亭等，2012；刘建魏和朱宏，2014）。盐胁迫导致细胞内产生大量活性氧，攻击质膜的磷脂双分子层导致其过氧化，形成最终产物丙二醛（MDA），并造成质膜结构破坏，电解质大量外渗（彭立新等，2009；徐玉伟等，

2010）。因此，MDA 含量的变化可以反映植物的受损伤程度。受活性氧信号的诱导，细胞内抗坏血酸、谷胱甘肽等非酶抗氧化剂与 SOD、POD、CAT 等酶促抗氧化剂协同作用，共同清除由胁迫产生的活性氧自由基，可在一定程度上抵抗盐胁迫对植物的过氧化伤害（何文亮等，2004；齐曼·尤努斯，2005；Hoque 等，2007；Lu 等，2015；王辉等，2016）。本研究中，随 $Ca(NO_3)_2$ 浓度提高，叶片 MDA 含量显著增加，抗坏血酸含量、SOD 和 POD 活性呈现"升高－降低"的规律，且除 250mmol/L $Ca(NO_3)_2$ 胁迫外，其他浓度下抗坏血酸含量、SOD 和 POD 活性均显著高于 CK。说明 $Ca(NO_3)_2$ 胁迫造成黄花菜活性氧大量产生，膜脂过氧化随胁迫浓度提高而加剧，同时诱导植株合成抗坏血酸和提高 SOD 和 POD 活性，以增强其抗氧化能力，从而部分缓解盐胁迫造成的过氧化伤害；但是 200mmol/L 以上高盐胁迫下，抗氧化物质的合成难以抵抗胁迫造成的活性氧代谢失衡，使植株受到更加严重的过氧化伤害。

盐胁迫下，植物细胞外界溶液浓度大于细胞内浓度，导致其难以从外界吸收水分，从而导致细胞水分亏缺，造成渗透胁迫（廖岩等，2007；郑少文等，2014）。很多植物可以通过积累对细胞无毒害作用的小分子有机溶质，如脯氨酸、甜菜碱、可溶性糖、可溶性蛋白等，来调节细胞渗透势，从而适应盐胁迫造成的水分亏缺逆境（Ashraf 和 Foolad，2007；张艳芳等，2016；陈阳春等，2016）。本研究中，黄花菜体内脯氨酸含量随 $Ca(NO_3)_2$ 浓度提高而显著增加，这既可能是植株对盐胁迫的适应性反应，也可能反映了植株受胁迫伤害的程度（廖岩等，2007）；可溶性糖含量随胁迫加强而显著降低，可能是黄花菜在胁迫下为了抵抗胁迫伤害和维持生长，同时由于胁迫下植物呼吸作用加强，使可溶性糖被大量消耗，这与一些盐生植物的变化相同（刘华等，1997；Atzori 等，2017）；可溶性蛋白质含量在 $Ca(NO_3)_2$ 胁迫下保持相对稳定，说明其在对盐胁迫的适应中几乎没有贡献。因此，在黄花菜对 $Ca(NO_3)_2$ 胁迫的渗透调节中，主要是脯氨酸在起作用。

总之，随 $Ca(NO_3)_2$ 胁迫浓度的提高和胁迫时间的延长，黄花菜植株生长被抑制程度显著增大，200mmol/L 浓度以上已有植株死亡。这是盐胁迫引发的渗透胁迫、氧化胁迫、光合抑制等多种直接和间接伤害的结果。黄花菜植株可通过积累有机渗透调节物质、提高抗氧化能力来适应低浓度盐胁迫，但高盐胁迫下光合色素合成受阻、分解加快，过氧化伤害加重，使植株生长严重抑制，甚至死亡。本试验中，黄花菜在 150mmol/L 以下浓度 $Ca(NO_3)_2$ 胁迫下可以正常生长，超过这个浓度，植株生命受到威胁，200mmol/L 是黄花菜植株在 $Ca(NO_3)_2$ 胁迫下的致死盐浓度。

第四节　NaCl 胁迫下大同黄花菜植株体内离子含量的变化

我国土地面积辽阔，但能直接用于农业生产的土地很少，加上许多干旱、半干旱地区不合理的灌溉和降雨量的不足，对农业用地造成了多种不利影响（王佳丽等，2011），其中土壤次生盐渍化带来的危害越来越严重，土壤表层盐分积聚，土壤板结，矿物质营养流失，严重危害作物生长。全世界约有 10 亿 hm² 土地受到盐害，盐胁迫已经成为影响全球作物生长和产量的主要非生物逆境因素之一（Zhu，2001），其对植物的伤害包括离子胁迫、渗透胁迫、矿质营养亏缺和过氧化伤害等（卢元芳和冯立田，1999）。由于化肥使用不当、工业污染加剧、海水倒灌等原因，土壤次生盐渍化面积还在不断扩大（张立军和刘新，2011）。随着土壤盐碱化面积的扩大，许多非盐生植物生长困难，产量迅速下降，已成为中国西北、华北、东北和沿海地区的一个紧迫问题（蔡庆生，2014）。因此，对于植物耐盐性的研究已经成为许多学者关注的热点问题，研究重点更多地集中于植物不同生育阶段对盐胁迫的耐受性及其耐性机理。

黄花菜俗称金针菜，原产于中国南方和日本，是一种百合科多年生草本植物（韩世栋，2011）。"观为名花、用为良药、食为佳肴"，其根、茎和叶在东亚被用作食品和传统药物已有数千年的历史（Tai 和 Chen，2000）。花蕾营养丰富，含有糖类、蛋白质、维生素、无机盐及多种人体必需的氨基酸，属高蛋白、低脂肪的绿色蔬菜，与香菇、木耳、冬笋一起被称为蔬菜中的四大席上珍品（邓放明等，2003）。还具有软化肝脏、滋养血液、消肿利尿、抗菌消炎、止血、止痛、舒缓情绪的作用，可以治疗肝炎、黄疸、大便出血、感冒、尿路感染、头晕、耳鸣、心悸、腰痛、水肿、关节肿胀等疾病，在中国作为食疗食品已有 3 000 多年历史（Uezu，1997）。

大同市云州区是我国黄花菜六大主产区之一，已有 600 多年的栽培历史，享有中国黄花之乡的盛誉（韩志平等，2020）。该区地处山西省最北部，光照充足、昼夜温差大，加上大同火山群下土壤肥沃、养分充足，生产的黄花菜品质优良，广受国内外消费者赞誉。近 10 多年来，大同黄花菜产业发展迅速，种植面积目前已达到 26.5 万亩，精深加工产品形成多个系列几十个产品，产业集群基本形成。但是大同市属于黄土高原半干旱地区，水资源缺乏，降雨量很少，耕地面积有限，黄花菜种植规模很难进一步扩大。同时大同地区盐碱地面积大、分布广、类型复杂、治理难度大，是该地区农业可持续发展主要的制约因素之一（杨新莲，2014）。黄花菜对环境条件的适应性特别强，耐寒、耐旱、耐贫瘠，有研究表明在盐碱地种植有脱盐改土的效果（任天应等，1990，1991）。

近几年来，有关黄花菜的研究逐渐增多，研究领域涉及功能成分提取、花期调控分子机制、抗盐生理研究、加工技术研发等方面（白雪松等，2012；郭晓玉等，2016；陆海勤，2017；韩志平等，2018；李勇等，2019；叶倩等，2019）。黄花菜耐盐性很强，但是有关盐胁迫下黄花菜体内矿质元素的分布及其在抗盐性中的作用报道很少。而盐胁迫下矿质离子的区域化分布是植物抵抗盐害的重要生理机制（Zhu，2003；赵可夫等，2013；韩志平等，2013；蔡庆生，2014；武维华，2018；唐晓情等，2018）。为此，本节研究了 NaCl 胁迫下砂培黄花菜体内离子含量的变化，为探明黄花菜对盐碱地中盐分离子的吸收和利用提供试验依据，为利用黄花菜改良利用大同盐碱地奠定基础。

一、材料与方法

1. 供试材料

试验地点、供试黄花菜同第二章第四节。

2. 试验方法

植株移栽、缓苗期管理、处理方法及处理设置同本章第二节。试验 6 个处理分别表示为 CK、Na50、Na100、Na150、Na200、Na250。处理后 25d 时取植株测定生物量及矿质离子含量。

3. 测定项目及方法

（1）生物量。植株洗净后用吸水纸吸干水分，剪断分为根、茎、叶 3 部分，按第二章第四节方法称得各部分鲜质量和干质量。烘干的样品研碎后过 1mm 筛子，保存在干燥器中备用。

（2）金属离子含量。样品液提取方法同第三章第三节。配制系列浓度的钾钠钙镁标准溶液，用 TAS-990 原子吸收分光光度计测定其吸光度，制作标准曲线。取稀释 10 倍的样品溶液，分别在 766.49nm（K）、589.59nm（Na）、317.93nm（Ca）、285.21nm（Mg）波长下测定吸光度，并计算 K^+、Na^+、Ca^{2+}、Mg^{2+} 的含量（韩志平等，2020）。

（3）非金属离子含量。NO_3^- 样品液提取方法同第三章第三节，含量测定方法同第二章第三节；Cl^- 含量测定方法同第三章第三节。

数据整理、方差分析及作图方法同第二章第二节。

二、结果与分析

1. 植株生物量

表4-6表明，随 NaCl 浓度提高，叶片鲜质量和干质量显著降低，根系鲜质量表现"增加－降低"的规律，在 Na100 下达到最大值，150mmol/L 浓度以下均低于 CK，根系干质量则随 NaCl 浓度提高而逐渐显著降低。Na200、Na250下，根系鲜质量和干质量分别比 CK 降低 11.69%、15.40% 和 50.12%、51.67%；Na100、Na150、Na200、Na250 下，叶片鲜质量和干质量分别比 CK 降低42.11%、47.18%、58.01%、64.36% 和 40.35%、51.46%、62.28%、65.50%。说明NaCl 胁迫显著抑制了黄花菜植株的生物量积累，且随胁迫浓度增加抑制程度增大，同时盐胁迫对叶片生物量积累的抑制明显大于对根系的抑制作用。

表4-6 生物量积累 （g）

处理	根系		叶片	
	鲜质量	干质量	鲜质量	干质量
CK	42.52 ± 1.48^{abc}	16.78 ± 0.72^{a}	17.17 ± 0.52^{a}	3.42 ± 0.10^{a}
Na50	44.47 ± 2.20^{ab}	15.98 ± 0.88^{ab}	12.99 ± 0.60^{b}	2.81 ± 0.12^{b}
Na100	47.19 ± 1.64^{a}	14.60 ± 0.58^{b}	9.94 ± 0.42^{g}	2.04 ± 0.09^{c}
Na150	41.28 ± 1.47^{bc}	9.68 ± 0.51^{c}	9.07 ± 0.34^{c}	1.66 ± 0.05^{d}
Na200	37.55 ± 1.51^{cd}	8.37 ± 0.37^{c}	7.21 ± 0.26^{d}	1.29 ± 0.09^{e}
Na250	35.97 ± 1.54^{d}	8.11 ± 0.44^{c}	6.12 ± 0.34^{e}	1.18 ± 0.10^{e}

2. Na^+ 和 K^+ 含量

表4-7显示，随 NaCl 浓度提高，根、茎、叶中 Na^+ 含量逐渐显著增加；Na100、Na150、Na200、Na250 下，根、茎和叶中 Na^+ 含量分别比 CK 增加14.25%、17.70%、37.34%、103.89%，102.50%、125.52%、146.83%、155.48%和93.93%、100.03%、133.09%、160.31%。根和茎中 K^+ 含量呈现"增加－降低"的规律，分别在 Na150 和 Na200 下达到最大值，但根中 K^+ 含量仅在 Na200 下显著低于 CK，茎中 K^+ 含量在不同浓度 NaCl 下均高于 CK，叶中 K^+ 含量在不同浓度 NaCl 下均低于 CK，其中 Na50、Na100 和 Na250 下 K^+ 含量显著低于 CK。说明 NaCl 胁迫会显著促进黄花菜根系对 Na^+ 的吸收及向地上部的运输，且 Na^+ 运输到地上部后主要积累于茎和叶中，植株对 K^+ 的吸收和运输则几乎不受 NaCl胁迫的影响。

表4-7　Na⁺和K⁺含量　　　　　　　　　　　　　　　　　（mg/g）

处理	Na⁺含量			K⁺含量		
	根	茎	叶	根	茎	叶
CK	31.36 ± 1.24^e	26.37 ± 2.65^e	34.57 ± 3.20^e	82.75 ± 6.20^a	72.71 ± 5.61^b	134.88 ± 5.16^a
Na50	32.27 ± 3.18^{cde}	46.89 ± 4.45^d	47.53 ± 2.15^d	77.26 ± 4.84^{ab}	81.16 ± 5.72^{ab}	124.18 ± 4.46^b
Na100	35.83 ± 2.29^{cd}	53.40 ± 3.69^{cd}	67.04 ± 1.26^c	80.19 ± 4.64^a	81.34 ± 4.57^{ab}	117.45 ± 8.25^b
Na150	36.91 ± 3.05^{bc}	59.47 ± 6.98^{abc}	69.15 ± 2.53^c	83.62 ± 2.39^a	74.61 ± 5.78^{ab}	130.57 ± 6.74^a
Na200	43.07 ± 4.55^b	65.09 ± 4.43^{ab}	80.58 ± 5.09^b	72.25 ± 3.56^b	83.97 ± 4.73^a	131.99 ± 2.16^a
Na250	63.94 ± 5.54^a	67.37 ± 3.43^a	89.99 ± 1.86^a	78.68 ± 6.31^{ab}	79.03 ± 1.61^{ab}	124.01 ± 5.57^b

3. Ca²⁺和Mg²⁺含量

表4-8表明，随NaCl浓度提高，根、茎、叶中Ca⁺含量逐渐显著增加；Na100、Na150、Na200、Na250下，根、茎和叶中Ca²⁺含量分别比CK增加74.27%、112.12%、283.33%、393.94%，37.41%、63.79%、76.74%、90.17%和5.97%、8.03%、11.94%、14.98%。除根和叶中Mg²⁺含量在Na50和Na100下低于CK外，根、茎、叶中Mg²⁺含量随NaCl浓度提高而逐渐显著增加；Na150、Na200、Na250下，根、茎和叶中Mg²⁺含量分别比CK增加7.80%、3.67%、27.98%，8.99%、12.17%、28.04%和7.12%、8.99%、18.35%。说明盐胁迫会促进黄花菜根系吸收Ca²⁺并向地上部进行运输，且Ca²⁺主要积累于根和茎中，特别是根中，这可能与Ca²⁺在植物体内的移动性较差有关；盐胁迫下根、茎和叶中也会积累Mg²⁺，但不同浓度处理间变化幅度不大。

表4-8　Ca²⁺和Mg²⁺含量　　　　　　　　　　　　　　　（mg/g）

处理	Ca²⁺含量			Mg²⁺含量		
	根	茎	叶	根	茎	叶
CK	0.66 ± 0.12^e	4.17 ± 0.27^e	9.21 ± 0.16^c	2.18 ± 0.08^b	1.89 ± 0.21^b	2.67 ± 0.17^b
Na50	0.84 ± 0.14^e	5.18 ± 0.57^d	9.03 ± 0.16^c	2.03 ± 0.04^c	2.18 ± 0.07^a	2.47 ± 0.20^b
Na100	1.15 ± 0.16^d	5.73 ± 0.42^{cd}	9.76 ± 0.32^b	2.00 ± 0.03^c	2.12 ± 0.03^{ab}	2.49 ± 0.18^b
Na150	1.40 ± 0.03^c	6.83 ± 0.79^{bc}	9.95 ± 0.27^{ab}	2.35 ± 0.23^b	2.06 ± 0.13^{ab}	2.86 ± 0.28^b
Na200	2.53 ± 0.27^b	7.34 ± 0.63^{ab}	10.31 ± 0.32^{ab}	2.26 ± 0.04^b	2.12 ± 0.26^{ab}	2.91 ± 0.37^b
Na250	3.26 ± 0.32^a	7.93 ± 0.16^a	10.59 ± 0.42^a	2.79 ± 0.19^a	2.42 ± 0.29^a	3.16 ± 0.28^a

4. Cl⁻ 和 NO₃⁻ 含量

表 4–9 显示，随盐浓度提高，根中 Cl^- 含量逐渐显著增加，茎和叶中 Cl^- 含量呈"增加–降低"的规律，分别在 Na150 和 Na100 下达到最大值，不同浓度盐胁迫下 Cl^- 含量均高于 CK；Na100、Na150、Na200、Na250 下，根、茎和叶中 Cl^- 含量分别比 CK 增加 37.70%、72.20%、100.32%、144.73%，21.05%、96.84%、56.32%、54.21% 和 59.93%、45.59%、35.66%、33.46%。根中 NO_3^- 含量除在 Na50 和 Na100 下低于 CK 外，随盐浓度提高而显著增加，Na150、Na200、Na250 下分别比 CK 增加 52.44%、67.73%、215.40%；茎和叶中 NO_3^- 含量随 NaCl 浓度提高呈"增加–降低"的规律，分别在 Na50 和 Na100 下达到最高值，且在 Na200 和 Na250 下显著低于 CK。说明 NaCl 胁迫促使黄花菜根系吸收了大量的 Cl^-，并向地上部进行运输，但 Cl^- 主要积累于根中，茎和叶中积累较少；盐胁迫下根系也吸收了大量的 NO_3^-，并主要在根中积累下来，低浓度盐胁迫下茎、叶中也积累了部分 NO_3^-，高浓度盐胁迫下难以运输到茎和叶中。

表 4–9　Cl^- 和 NO_3^- 含量　　　　　　　　　　（mg/g）

处理	Cl^-			NO_3^-		
	根	茎	叶	根	茎	叶
CK	3.13±0.11[e]	1.90±0.20[d]	2.72±0.31[c]	8.18±0.24[d]	11.84±0.65[c]	18.81±0.18[d]
Na50	3.45±0.27[e]	1.97±0.18[cd]	3.86±0.12[b]	7.56±0.14[e]	27.71±0.25[a]	22.73±0.25[b]
Na100	4.31±0.41[d]	2.30±0.21[c]	4.35±0.29[a]	7.60±0.16[e]	18.67±0.15[b]	27.60±1.25[a]
Na150	5.39±0.51[c]	3.74±0.37[a]	3.96±0.58[ab]	12.47±0.25[c]	11.52±0.17[c]	19.80±0.07[c]
Na200	6.27±0.40[b]	2.97±0.26[b]	3.69±0.06[b]	13.72±0.06[b]	7.70±0.17[d]	17.11±0.06[e]
Na250	7.66±0.61[a]	2.93±0.34[b]	3.63±0.35[b]	25.80±0.39[a]	6.77±0.07[e]	12.55±0.13[f]

三、讨论与结论

盐渍化土壤中含有大量的 Na^+、K^+、Ca^{2+}、Mg^{2+} 等阳离子和 Cl^-、SO_4^{2-}、CO_3^{2-}、HCO_3^-、NO_3^- 等阴离子（张振贤和程智慧，2008；陈晓亚和汤章城，2007）。尽管这些离子大多数是植物必需的营养元素，但大量的盐分离子使盐渍土上生长的植物根系面临着严重的渗透胁迫，进入根细胞内部的盐分离子又会造成离子毒害和其他次生胁迫如过氧化伤害（王三根和宗学凤，2015；王小菁，2019）。这些胁迫的综合作用使植物生长受到显著抑制（郎志红，2008；陈晓亚和薛红卫，2012；Zhang 和 Shi，2013）。本研究中，植株生物量随盐浓度提高而显著降低，说明盐胁迫显著抑制了黄花菜植株的生长，但植株并未出现死亡，说明黄花菜的致死 NaCl 浓度超过了本试验的最高浓度 250mmol/L。

钠是许多盐生植物正常生长的必需元素，能够促进细胞吸水，参与 C_4 植物的光合作用等（蔡庆生，2014；何芳兰，2019）。土壤溶液中 Na^+ 浓度过高对植物造成离子毒害、渗透胁迫以及一系列次生胁迫，严重影响植物的生长。耐盐性强的植物具有拒盐、避盐、泌盐等不同的抗盐机制（赵可夫等，2013）。K 是许多酶的辅助因子，可以活化呼吸作用和光合作用中的酶活性，还是维持细胞膨压的主要阳离子（潘瑞炽，2012）。Ca^{2+} 作为一种必需矿质元素对植物生长发育具有重要的作用，也是植物许多生理过程的调控者（Gao 等，2004；王广印等，2004；郑少文等，2014）。研究表明，钙对维持细胞膜完整性、稳定蛋白质、离子的选择性吸收方面具有重要作用（郑青松等，2001；武维华，2018），钙还对植物盐胁迫具有缓解作用，外源钙可以减轻 Na^+ 盐胁迫，增强膜的稳定性（晏斌等，1995；郑少文等，2014）。镁是植物生长必需的矿质营养元素，是叶绿素的组分，还是一些酶的活化剂（魏国平等，2007；张立军和刘新，2011；靳冯芝，2013）。本研究中，黄花菜根、茎、叶中 Na^+ 和 Ca^{2+} 含量随 NaCl 浓度提高而显著增加，说明盐胁迫可促进根系对基质中 Na^+ 和 Ca^{2+} 的吸收并向地上部运输，且 Na^+ 主要积累于茎和叶中，Ca^{2+} 主要积累于根中，二者的变化规律相似，这可能与植物对 Ca^{2+} 和 Na^+ 的吸收具有协同作用有关，Ca^{2+} 在茎和叶中积累较少，可能与其在植物体内移动性较差有关。根、茎和叶中 K^+ 含量在盐胁迫下变化幅度均较小，植株对 K^+ 的吸收及其在体内的运输几乎不受盐胁迫的影响。不同器官中 Mg^{2+} 含量在较低 NaCl 浓度下降低，而在高浓度下增加，但变化幅度均不大，说明低盐处理在一定程度上可抑制根系对 Mg^{2+} 的吸收，高盐胁迫则可促进 Mg^{2+} 的吸收并向茎和叶运输，但 Mg^{2+} 在植物体内移动性较好，并没有在茎和叶中大量积累。

Cl^- 在光合作用水裂解过程中起活化剂作用，促进氧的释放，还有助于根和叶的细胞分裂（潘瑞炽，2012）。N 是植物的生命元素，是氨基酸、蛋白质、核酸等的组成元素，还是叶绿素、某些植物激素、维生素等的组分，但 N 含量过多易导致植物徒长，抗逆能力减弱（武维华，2018）。本研究中黄花菜植株在 NaCl 胁迫下根、茎和叶中 Cl^- 含量增加，茎和叶中 Cl^- 含量变化幅度较小；盐胁迫下根中 NO_3^- 含量显著增加，茎和叶中 NO_3^- 含量在 50mmol/L 和 100mmol/L NaCl 处理下高于 CK，超过 150mmol/L NaCl 胁迫 NO_3^- 含量低于 CK。说明 NaCl 胁迫下黄花菜根系吸收了大量的 Cl^- 和 NO_3^-，Cl^- 可以部分运输到茎和叶中，NO_3^- 则难以运输到茎和叶中，二者均主要积累在根中，这可能与二者在植物体内的运输具有拮抗作用有关。

总之，盐胁迫下黄花菜根系对 Na^+、Ca^{2+}、Cl^- 的吸收显著增加，并通过运输及不同元素间的作用在不同器官中积累，K^+、Mg^{2+}、NO_3^- 的吸收和积累则各不相同。即盐胁迫下黄花菜对各种矿质元素的吸收及在体内的运输和分布紊乱，细胞内离子稳态被打破，但其对盐胁迫的耐性很强，虽然体内积累了大量的盐离子，植株仍能正常生长，并没有出现死苗。今后需深入研究黄花菜对盐碱土中各种盐分离子的吸收和运输机制，并阐明其在体内的相互作用，为揭示黄花菜的耐盐性，利用黄花菜改良盐碱地奠定基础。

第五节　$Ca(NO_3)_2$ 胁迫对大同黄花菜体内矿质离子含量的影响

我国土地面积辽阔，但能直接用于农业生产的土地很少，加上全球气候变化、工业污染及不合理的灌溉施肥措施等，造成农田土壤污染和盐渍化等一系列问题（王佳丽等，2011）。盐渍化土壤表层盐分积聚，土壤板结，矿物质营养流失，对作物生长危害极大，是制约作物栽培的重要的非生物胁迫因素之一（Yamaguchi 和 Blumwald，2005；Muuns 和 Tester，2008；Bui，2013）。盐胁迫对植物的影响包括渗透胁迫、离子毒害、矿质亏缺和过氧化伤害等（Muuns，2002；刘海波等，2017）。这是因为盐碱土中存在大量的 Na^+、Ca^{2+}、Mg^{2+}、CO_3^{2-}、HCO_3^-、Cl^-、SO_4^{2-}、NO_3^- 等盐分离子，最终导致植物生长发育受到抑制，甚至植株死亡（李长润和刘友良，1993；杨晓英等，2003；Parida 和 Das，2005；张雪等，2017）。植物在长期的进化过程中，形成了多种适应盐胁迫的生理生化机制，合成小分子有机溶质进行渗透调节是植物耐盐的一个重要机制（Zhu，2003；Ashraf 和 Harris，2004；Flowers 等，2010），对离子的选择性吸收和区域化分布则是另一个重要机制（王素平等，2006；韩志平等，2013；唐晓倩等，2018）。

黄花菜具有食用、药用、观赏及水土保持等多种价值，加上经济效益好、栽培管理简单，在全国各地均在栽培（刘永庆和沈美娟，1990；张振贤，2008）。我国黄花菜产区有甘肃庆阳，陕西大荔，宁夏吴忠，山西大同，河南淮阳，湖南祁东、邵东，四川渠县等地（赵晓玲，2005）。大同市是山西黄花菜的主要生产基地，大同黄花菜是山西省特色农产品，主产区位于大同火山群下，优越的环境条件使其成为国内品质最好的黄花菜之一（高洁，2013；邢宝龙等，2022）。近年来，大同黄花菜产业发展迅速，种植规模、精深加工均有长足发展，全产业链基本形成。但是受多种因素影响，大同黄花菜的产品知名度和市场竞争力与其他产地相比并无明显优势。大同市盐碱地面积大，治理费时费力，多年来投资巨大而效果不佳（张克强等，2005）。而黄花菜对环境条件的适应性很强，文献报道其耐盐性较好（任天应等，1991；曹辉等，2007）。因此，在盐碱地种植黄花菜，既可以迅速扩大其栽培面积，也有利于改良和利用大同盐碱地。

前人对盐胁迫下小麦、水稻、高粱、大豆等大田作物（於丙军等，2001；王仁雷等，2002；Netondo等，2004；Poustini和Siosemardeh，2004；Kao等，2006），以及番茄、黄瓜、西瓜、草莓等园艺作物（Colla等，2006；张古文等，2006；Maggio等，2007；李青云等，2008；朱士农和郭世荣，2009；束胜等，2010）体内矿质离子的分布已有大量研究，证明体内离子的含量和分布与植物耐盐性关系密切。但盐胁迫下黄花菜体内矿质离子含量变化的研究至今未见报道。本节研究了硝酸钙胁迫对黄花菜体内矿质离子含量的影响，为在细胞水平上研究黄花菜体内矿质离子的分布和运输奠定基础，为利用黄花菜改良大同盐碱地和在盐碱地上推广种植黄花菜提供试验依据。

一、材料与方法

1. 供试材料

试验地点、供试黄花菜同第二章第四节。

2. 试验方法

幼苗移栽、缓苗期管理、处理方法及处理设置同本章第三节。处理后 20d 时取植株测定生物量及矿质离子含量。

3. 测定项目及方法

（1）生物量。根系和地上部的鲜质量和干质量的测定方法同第二章第四节。烘干的材料磨碎后过 0.5mm 筛，保存在干燥器中备用。

（2）金属离子含量。取 0.5g 烘干样品，置于微波消化杯中，加入 12mL 65% 浓 HNO_3 预处理 20min 后，补加 3mL 浓 HNO_3、1mL H_2O_2，置于 MDS6-G 型多通量微波消解/萃取系统上进行消解。消解过程采用温度控制，130℃下保持 10min，再在 150℃下保持 5min，最后在 190℃下保持 15min。消解完成取出消化杯冷却，再移至 KDN-16C 消化炉上加热排酸，待完全冷却后，用 0.1% 稀 HNO_3 稀释 10~100 倍，保存在冰箱中备用。用 0.1% 稀 HNO_3 定容稀释 Ca^{2+}、

Mg^{2+}、Na^{+}、Fe^{2+}、Zn^{2+}、Cu^{2+} 的系列标准溶液，用 TAS–990 原子吸收分光光度计测定后绘制标准曲线。按相同方法测定样品吸光度，利用标准曲线求得样品各金属离子的浓度，并计算其含量（鲍士旦，2016）。

（3）非金属离子含量。NO_3^{-} 样品液提取方法同第三章第三节，含量测定方法同第二章第三节；Cl^{-} 含量测定方法同第三章第三节。

数据整理、方差分析及作图方法同第二章第二节。

二、结果与分析

1. 植株生物量

表 4–10 表明，随 $Ca(NO_3)_2$ 浓度提高，根系和叶片的鲜质量和干质量逐渐显著降低，除根系干质量在 Ca50 下与 CK 无显著差异外，各浓度 $Ca(NO_3)_2$ 胁迫下根系和叶片的鲜质量和干质量均显著低于 CK。Ca100、Ca150、Ca200、Ca250 胁迫，根系鲜质量和干质量分别比 CK 降低 18.86%、20.49%、29.04%、53.49% 和 16.19%、25.78%、34.89%、56.47%，叶片鲜质量和干质量分别比 CK 降低 52.40%、58.39%、68.94%、79.25% 和 49.38%、54.01%、63.89%、75.93%。Ca200 和 Ca250 胁迫还造成部分植株死亡，死苗率分别达到 35.56% 和 51.11%，即使存活，植株也生长矮小，叶片黄化，叶缘特别是叶尖干枯。说明 $Ca(NO_3)_2$ 胁迫显著抑制了黄花菜植株的生长，且胁迫浓度越大，对生长的抑制程度就越大，但对地上部的抑制作用明显大于对根系的抑制。

表 4–10　植株生物量　　　　　　　　　　　　　（g）

处理	根系		叶片	
	鲜质量	干质量	鲜质量	干质量
CK	43.63 ± 1.60^{a}	8.34 ± 0.37^{a}	16.87 ± 0.47^{a}	3.24 ± 0.13^{a}
Ca50	39.62 ± 1.37^{b}	7.59 ± 0.43^{ab}	12.82 ± 0.57^{b}	2.54 ± 0.16^{b}
Ca100	35.40 ± 1.15^{c}	6.99 ± 0.11^{bc}	8.03 ± 0.31^{c}	1.64 ± 0.07^{c}
Ca150	34.69 ± 1.01^{c}	6.19 ± 0.25^{cd}	7.02 ± 0.31^{c}	1.49 ± 0.07^{c}
Ca200	30.96 ± 0.68^{d}	5.43 ± 0.17^{d}	5.24 ± 0.37^{d}	1.17 ± 0.05^{d}
Ca250	20.29 ± 1.09^{e}	3.63 ± 0.21^{e}	3.50 ± 0.16^{e}	0.78 ± 0.03^{e}

2. Ca^{2+}、Na^{+}、Mg^{2+} 含量

图 4–11 显示，根系和叶片的 Ca^{2+} 和 Na^{+} 含量均随 $Ca(NO_3)_2$ 浓度提高呈"升高 – 降低"的变化规律，根系 Ca^{2+} 含量和叶片 Na^{+} 含量在 Ca150 下达到最大值，

叶片 Ca^{2+} 含量和根系 Na^+ 含量在 Ca200 下达到最大值。除叶片 Ca^{2+} 含量在 Ca50 和 Ca250 下与 CK 无显著差异，根系和叶片的 Na^+ 含量在 Ca50 下与 CK 无显著差异、Ca250 下显著低于 CK 外，各浓度胁迫下 Ca^{2+} 和 Na^+ 含量均显著高于 CK，且相同处理下根系中 Ca^{2+} 和 Na^+ 含量均显著高于叶片。根系和叶片 Mg^{2+} 含量随 $Ca(NO_3)_2$ 浓度提高而逐渐降低，其中根系 Mg^{2+} 含量在 150~250mmol/L $Ca(NO_3)_2$ 胁迫下、叶片 Mg^{2+} 含量在 Ca200 和 Ca250 胁迫下显著低于 CK，且相同胁迫下叶片 Mg^{2+} 含量均显著高于根系。结果说明，$Ca(NO_3)_2$ 胁迫促使黄花菜植株大量吸收并积累 Ca^{2+} 和 Na^+，但在 200mmol/L 以上高浓度胁迫下，根系吸收 Ca^{2+} 和 Na^+，并向叶片中运输受阻，使其含量明显降低；$Ca(NO_3)_2$ 胁迫下植株中 Mg^{2+} 含量降低，说明根系在 $Ca(NO_3)_2$ 胁迫下难以吸收 Mg^{2+}，向叶片的运输也明显受阻。

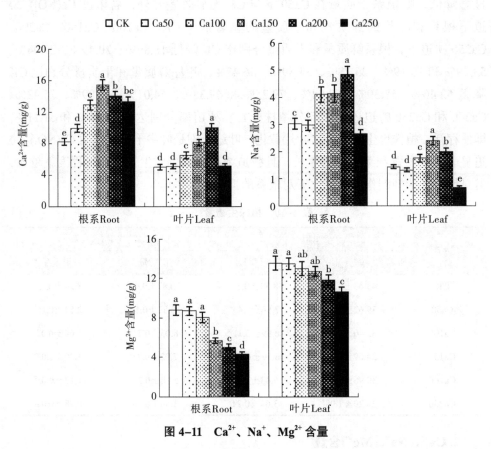

图4-11　Ca^{2+}、Na^+、Mg^{2+} 含量

3. Fe^{2+}、Cu^{2+}、Zn^{2+} 含量

图 4-12 表明，随 $Ca(NO_3)_2$ 浓度提高，根系和叶片的 Fe^{2+} 和 Zn^{2+} 含量均表现为"增加-降低"的变化规律，Fe^{2+} 含量分别在 Ca100 和 Ca50 下达到最大值，Zn^{2+} 含量均在 Ca200 下达到最大值。根系 Fe^{2+} 含量在 Ca50 和 Ca100 下显著高于 CK，Ca250 下显著低于 CK，其他浓度下与 CK 无显著差异；叶片 Fe^{2+} 含量在 Ca50 下显著高于 CK，Ca100 下与 CK 无显著差异，其他浓度下显著低于 CK。除根系 Zn^{2+} 含量在 Ca250 下、叶片 Zn^{2+} 含量在 Ca50 下与 CK 无显著差异外，其他浓度下 Zn^{2+} 含量均显著高于 CK。Cu^{2+} 含量的变化无明显规律，各处理间变化幅度也较小；根系 Cu^{2+} 含量仅在 Ca150 下显著高于 CK，Ca50 下显著低于 CK，其他浓度下与 CK 无显著差异；叶片 Cu^{2+} 含量在 Ca100 和 Ca200 下与 CK 无显著差异，其他浓度下显著低于 CK。相同处理下根系中 3 种离子的含量均明显高于叶片。结果说明，$Ca(NO_3)_2$ 胁迫下黄花菜根系对 Fe^{2+}、Zn^{2+}、Cu^{2+} 的吸收及向叶片的运输受到影响，使植株中 3 种离子含量发生明显波动，且对 Fe^{2+} 和 Zn^{2+} 的影响大于 Cu^{2+}。

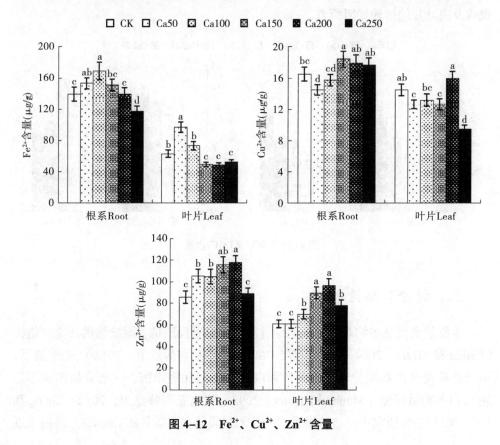

图 4-12　Fe^{2+}、Cu^{2+}、Zn^{2+} 含量

4. NO_3^- 和 Cl^- 含量

图 4-13 表明，除叶片 NO_3^- 含量在 Ca50 下与 CK 无显著差异外，根系和叶片的 NO_3^- 含量均随 $Ca(NO_3)_2$ 浓度的提高而显著增加；Ca100、Ca150、Ca200、Ca250 胁迫下，根系和叶片 NO_3^- 含量分别比 CK 增加 36.07%、60.21%、119.51%、163.81% 和 38.37%、70.50%、110.18%、187.41%。 随 $Ca(NO_3)_2$ 浓度提高，根系和叶片的 Cl^- 含量呈 "增加 – 降低" 的变化规律，分别在 Ca200 和 Ca150 下达到最大值，各浓度下 Cl^- 含量均显著高于 CK；Ca100、Ca150、Ca200、Ca250 胁迫下，根系和叶片的 Cl^- 含量分别比 CK 增加 46.29%、64.14%、77.73%、67.14% 和 65.33%、103.21%、36.60%、21.35%。相同处理下根系 NO_3^- 含量均明显高于叶片，Cl^- 含量随 $Ca(NO_3)_2$ 浓度提高出现 "根叶相当 – 根低于叶 – 根高于叶" 的变化。说明 $Ca(NO_3)_2$ 胁迫下黄花菜植株吸收并积累了大量的 NO_3^- 和 Cl^-，特别是 NO_3^- 含量随 $Ca(NO_3)_2$ 浓度的提高迅速增加，但 Cl^- 含量在 200mmol/L 浓度以上 $Ca(NO_3)_2$ 胁迫下降低，这可能是高浓度胁迫下根系对 Cl^- 的吸收及向叶片的运输受阻所致。

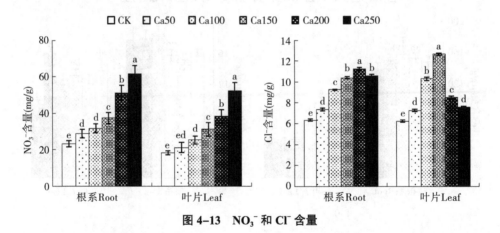

图 4-13　NO_3^- 和 Cl^- 含量

三、讨论与结论

生物量变化是植物对盐胁迫的综合反应，也是反映植物耐盐性的最重要指标（Parida 和 Mittra，2004；杨立飞等，2006；陈晓亚和薛红卫，2012）。盐胁迫下，由于植株光合产物减少、渗透调节和维持生长消耗等原因，一般会使植物形态生长和生物量降低（Munns 和 Tester，2008；陈晓亚和薛红卫，2012；Zhang 和 Shi，2013）。本研究中，植株根系和叶片的鲜质量和干质量随 $Ca(NO_3)_2$ 胁迫浓度提高而显著降低，说明 $Ca(NO_3)_2$ 胁迫显著抑制了黄花菜植株的生长；$Ca(NO_3)_2$ 胁迫对地上部的抑制程度明显大于根系，可能与黄花菜根系发达，对水分和养分的吸收能力较强（韩世栋等，2006；张振贤，2008）有关，也说明地上部生长对盐胁迫更加敏感。但黄花菜对 $Ca(NO_3)_2$ 胁迫的耐性很强，150mmol/L 胁迫下仍能正常生长，200mmol/L 以上高浓度胁迫下才有植株死亡。

Ca 和 Mg 是植物生长发育必需的大量元素，对植物的生命活动起着重要的作用（武维华，2018）。Ca 对维持细胞膜完整性、稳定蛋白质结构、保持离子的选择性吸收等具有重要作用（晏斌等，1995；郑青松等，2001；武维华，2018），Ca 还有利于维持胞内盐离子的区隔化，防止膜质过氧化，保证细胞正常代谢（张宝泽和赵可夫，1996），还可以作为第二信使，调节植物的生长发育，提高植物的抗病和抗逆能力（Gao 等，2004；郑少文等，2014）。但是，环境中 Ca^{2+} 浓度过大，也会导致渗透胁迫和过氧化伤害，抑制植物光合作用，造成植物生物量降低（Zhang 等，2008；Yuan 等，2014；Hu 等，2015；Zhen 等，2018）。Mg 是叶绿素的组分，是光合作用和呼吸作用中许多酶的活化剂，还能参与 DNA 和 RNA 的合成，以及蛋白质合成中氨基酸的活化等（魏国平等，2007；蔡庆生，2017）。Na 是一些盐生植物的必需元素，可部分代替 K^+ 调节气孔关闭，还能调节细胞渗透势、促进细胞吸水，参与 C_4 植物的光合作用等（武维华，2018）。本研究中，黄花菜植株中 Ca^{2+} 含量在 $Ca(NO_3)_2$ 胁迫下显著增加，可能是环境中高浓度的 $Ca(NO_3)_2$ 迫使根系吸收了大量 Ca^{2+} 并运输到地上部，但200mmol/L 浓度以上 $Ca(NO_3)_2$ 胁迫下，可能由于细胞膜上 Ca^{2+} 载体饱和造成 Ca^{2+} 含量开始降低。除在 50mmol/L 和 250mmol/L $Ca(NO_3)_2$ 下外，根系和叶片中 Na^+ 含量在 $Ca(NO_3)_2$ 胁迫下显著增加，这可能对植株造成离子毒害，200mmol/L 浓度以上 $Ca(NO_3)_2$ 胁迫下 Na^+ 含量开始降低，这可能与高浓度 $Ca(NO_3)_2$ 胁迫下膜上 Na^+ 载体饱和有关，同时说明植株对 Na^+ 和 Ca^{2+} 的吸收和运输具有协同性。黄花菜植株中，Mg^{2+} 含量随 $Ca(NO_3)_2$ 浓度提高而降低，可能是由于 Mg^{2+} 和 Ca^{2+} 存在拮抗作用（黄建国，2008），植株对 Ca^{2+} 吸收的增加抑制了对 Mg^{2+} 的吸收，使其在植株中含量降低，这对植物的光合作用不利。

Fe、Zn 和 Cu 是植物光合色素合成的必需元素，Fe 在生物固氮中起作用，Zn 参与生长素 IAA 的合成，Cu 是质体蓝素的成分，Fe 和 Cu 均参与光合电子传递和光合放氧，又都是呼吸代谢中一些氧化还原酶的组分或活化剂（张立军和刘新，2012；潘瑞炽等，2012；武维华，2018）。这些元素在植物体和土壤中的移动性较低，特别是在盐碱土中其溶解度会下降。土壤中这些离子含量过多，还会造成重金属毒害，严重抑制植物的生长（黄建国，2008；蔡庆生，2017）。本研究中，黄花菜植株中 Fe^{2+} 和 Zn^{2+} 含量随 $Ca(NO_3)_2$ 浓度提高呈"增加－降低"的规律，Cu^{2+} 含量的变化相对较小。Fe^{2+} 和 Cu^{2+} 含量在个别处理下表现根系高于 CK，而叶片低于 CK，这可能与二者在植物体内的移动性差有关，$Ca(NO_3)_2$ 胁迫下即使根系从营养液中吸收了较多的 Fe^{2+} 和 Cu^{2+}，也无法运输到地上部，加上二者都是光合链中一些重要电子传递体和呼吸链中重要酶的组分（黄建国，2008；张立军和刘新，2012；蔡庆生，2017），由于维持叶片光合和植株呼吸消耗也会使其含量降低。Zn^{2+} 含量的变化规律与 Ca^{2+} 相似，在 200mmol/L $Ca(NO_3)_2$ 下达到最大后开始降低。这些结果也说明，Zn^{2+} 的吸收和运输与 Ca^{2+} 有协同性，Fe^{2+} 和 Zn^{2+} 的吸收都具有离子载体饱和效应。

N 被称为植物的生命元素，是蛋白质、核酸、一些植物激素和维生素的组分，也是作物栽培中施用最多的肥料元素。但 N 素过多容易导致植株徒长、抗病抗逆性下降（Yang 等，2010；张立军和刘新，2012；Piwpuan 等，2013）。Cl 是生长素类激素 4－氯－吲哚乙酸的组分，还参与光合作用中水的光解，在根和叶的细胞分裂、调节细胞溶质势和维持电荷平衡方面也起重要作用（武维华，2018）。本研究中，植株中 NO_3^- 和 Cl^- 含量均在盐胁迫下显著增加，说明 $Ca(NO_3)_2$ 胁迫促进了根系对 NO_3^- 和 Cl^- 的吸收和运输。根系和叶片中 NO_3^- 含量随 $Ca(NO_3)_2$ 浓度提高而不断增加，说明黄花菜对 N 素营养的需求较大，也可能与溶液中 NO_3^- 对植物吸收 NO_3^- 的诱导作用有关（武维华，2018），但叶片中过量积累 N 素使植株的抗盐性降低，生长势减弱，甚至造成死苗。Cl^- 含量随 $Ca(NO_3)_2$ 浓度提高表现出与 Ca^{2+} 含量相似的"增加－降低"的规律，可能是由于植物对 Cl 的需求量不大，加上 Cl^- 和 NO_3^- 间存在拮抗作用，且 Cl^- 载体具有饱和效应（黄建国，2008；张立军和刘新，2012），因此，植株中 Cl^- 含量达到一定水平后，即使根系继续吸收大量 Cl^- 也难以运输到地上部，最终使叶片中 Cl^- 含量明显降低。

总之，$Ca(NO_3)_2$ 胁迫造成黄花菜对 Ca^{2+}、Na^+、Mg^{2+}、Fe^{2+}、Zn^{2+}、Cu^{2+} 等阳离子和 NO_3^-、Cl^- 等阴离子吸收和运输代谢的紊乱，Na^+ 和 Cl^- 的过量积累易对细胞造成离子毒害，Ca^{2+}、Fe^{2+}、Zn^{2+}、NO_3^- 等的积累则易造成其他矿质元素的亏缺（萨如拉等，2014），引起细胞内离子平衡的失调，其中 Ca^{2+} 与 Mg^{2+}、Cl^- 与 NO_3^- 等还存在拮抗作用，多种因素共同作用，最终导致植株生长受到严重抑制。同时说明，虽然 Ca^{2+} 和 NO_3^- 都是植物生长的必需营养成分，但基质中这两种离子浓度过高，也会引起离子胁迫、营养失衡等伤害，造成植株生长降低，甚至死亡。此外，叶片和根系中各元素含量的变化规律基本一致，且除 Mg^{2+} 和 Cl^- 外，根系中所测矿质离子含量均高于叶片，说明根系对这些元素吸收的变化会直接影响到地上部的含量，其中 Ca^{2+} 与 Na^+ 更多地聚积在根系，可能是黄花菜植株耐盐性较高的原因之一。因此，可在中度（70~150mmol/L 单价盐）以下盐碱地种植黄花菜，以扩大其生产规模，同时通过每年割除地上部逐渐降低盐碱地中的盐分离子，特别是 Ca^{2+}、Na^+ 和 Cl^- 含量，逐渐改良盐碱地，使其成为适宜作物种植的良田。

第六节　混合盐胁迫下大同黄花菜生长和生理特性的变化

随着全球人口不断增加和耕地面积的逐渐减少，粮食压力不断增大，粮食问题已经成为影响世界各国稳定和发展的战略性问题（王三根和宗学凤，2015；武维华，2018）。在各种非农业用地中，盐碱土是一种经过治理和改良后能够用于农业生产的土地资源。全世界有盐碱土 $9.54 \times 10^8 hm^2$，分布于 100 多个国家和地区（杨真和王宝山，2015）。盐碱土是各种盐土、碱土及盐化和碱化土壤的总称，含有较多的盐碱成分，理化性质不良，对植物生长不利（王宝山，2010；蔡庆生，2014）。经过治理改良的盐碱土，则可以种植耐盐碱性较强的植物，既有利于保持盐碱土的治理成果，维持生态环境和水土保持，也有利于作物的增产增收。我国有盐碱土 $3.5 \times 10^7 hm^2$，占耕地面积的 1/10 以上，且盐碱土类型多样，盐碱化程度不一（李彬等，2005；王佳丽等，2011），治理改造和开发利用盐碱土，是我国农业发展的重要途径（李彬等，2005）。

土壤盐渍化对作物生长和产量影响很大（Allakhverdiev 等，2000）。盐碱土 pH 值偏高，且含有大量的 Na^+、Ca^{2+}、Mg^{2+} 等阳离子和 Cl^-、SO_4^{2-}、CO_3^{2-}、HCO_3^- 等阴离子（Läuchli 和 Lüttge，2002；陈晓亚和薛红卫，2012）。这些盐分含量过高会导致土壤溶液水势降低，对植物造成渗透胁迫，不仅使植物吸水困难，严重时还会造成大量失水，形成生理干旱（潘瑞炽等，2012；谭舒心，2017）。同时，高浓度盐离子还会破坏细胞亚显微结构和生物膜，影响原生质层，改变质膜透性，导致离子吸收失衡，破坏植物生命活动所需的酶和其他分子，进而抑制植物生长（李锦树等，1983；Chinnusamy 等，2005）。此外，盐渍化土壤还会造成植物营养亏缺（Zhu，2001；潘瑞炽等，2012；谭舒心，2017）。种植在盐碱地上的植物，多数表现生长发育不同程度受到抑制，如立苗困难、发育迟缓、产量降低、品质变劣、植株死亡等症状（Mahajan 和 Tuteja，2005；Chinnusamy 等，2006；刘阳春等，2007；周俊国等，2010）。但是盐生植物可以在盐碱土上正常生长发育，完成其生命周期，如盐地碱蓬、海蓬子、柽柳、红树等（Greenway

和 Muuns，1980；Blumwald，2000；赵可夫和冯立田，2001；林凤栖，2004）。迄今为止，国内外学者对植物耐盐性的相关研究，大多数是基于 NaCl 或 Ca(NO$_3$)$_2$ 单一化合物处理的结果，有关混合盐胁迫对植物影响的研究报道较少。

黄花菜别名金针菜，古称"忘忧草"，其环境适应性强、栽培繁殖技术简单，在我国南北方都有栽培（张振贤，2008；韩世栋等，2006）。富含糖类、蛋白质、维生素、无机盐和多种人体必需的氨基酸（邓放明等，2003），能够显著降低血清胆固醇含量，具有抗衰老、增强大脑机能和防癌等功效，还能够增强皮肤的韧性和弹力，具有滋润皮肤、美容养颜的良好作用（王树元，1990）。山西大同是我国黄花菜的优质产区，区域内光照充足、昼夜温差大，大同火山群下土壤养分充足，所产黄花菜颜色、形态、营养、口感俱佳，品质居于国内众多品种前列（王学军，2016）。但大同市盐碱地面积大、分布广，严重制约着当地农业的发展（米文精等，2011）。黄花菜虽然不是盐生植物，但是对环境条件的适应性特别强，研究表明其耐盐性很强，在盐碱地种植有明显的脱盐改土效果（任天应等，1991；Li 等，2016）。植物耐盐性是一个复杂的数量性状（Hasegawa 和 Bressan，2000；李佳赟等，2019），而前人对黄花菜耐盐性的研究仅限于对盐碱地种植情况的观察（任天应等，1991），或是单一盐化合物处理的结果（韩志平等，2018）。

本章第二节、第三节分别研究了 NaCl 或 Ca(NO$_3$)$_2$ 单一化合物盐胁迫对黄花菜生长和生理代谢的影响。本节研究了等浓度 NaCl 和 Ca(NO$_3$)$_2$ 混合盐胁迫下黄花菜生长、膜质过氧化和有机渗调物质含量的变化，为阐明黄花菜耐盐性的生理机制奠定基础，为在盐碱地推广种植黄花菜，促进大同黄花菜产业发展及改良大同盐碱地提供参考。

一、材料与方法

1. 试验材料
试验地点、供试黄花菜同第二章第四节。

2. 试验方法
植株移栽及栽培管理同本章第二节。缓苗 1 周后，在 1/2 倍 Hoagland 配方营养液中添加等浓度 NaCl 和 Ca(NO$_3$)$_2$ 溶液进行处理。试验设 6 个处理：正常营养液，NaCl 和 Ca(NO$_3$)$_2$ 各 25mmol/L、50mmol/L、75mmol/L、100mmol/L、125mmol/L，分别表示为 CK、ST50、ST100、ST150、ST200、ST250。完全随机设计，重复 3 次，每重复 15 株。处理后第 0d、第 5d、第 10d、第 15d 时由内向外取第 3 片展开叶

测定生理指标，处理后 20d 时每重复取 6 株幼苗，测定生长指标，此时 ST200、ST250 处理的植株死亡率分别达到 33.3%、46.7%，故未测其生理指标。

3. 测定项目及方法

生长指标：株高、叶片数、最大叶面积的测定方法同第二章第一节，根长、新生根数、叶片和根系的鲜质量、干质量和含水量的测定方法同第二章第四节。

生理指标：质膜透性测定方法同第二章第四节，抗坏血酸、脯氨酸、可溶性糖、可溶性蛋白含量的测定方法同第二章第三节。

数据整理、方差分析和作图方法同第二章第二节。

二、结果与分析

1. 植株生长

（1）形态指标。表 4-11 表明，株高、叶片数、最大叶面积、根长、新生根数均随混合盐浓度提高而逐渐下降，其中株高、最大叶面积和根长在 100mmol/L 以上浓度下显著低于 CK，叶片数在 150mmol/L 以上浓度下显著低于 CK，新生根数在 ST200 和 ST250 下显著低于 CK。ST150、ST200、ST250 胁迫下，株高、叶片数、最大叶面积、根长和新生根数分别比 CK 降低 14.52%、20.18%、27.01%、22.81%、28.95%、35.96%、18.22%、28.77%、35.19%、24.22%、32.13%、39.15% 和 21.50%、31.18%、44.62%。结果说明，混合盐胁迫使黄花菜植株的形态建成受到显著抑制，且混合盐胁迫浓度越大对植株形态生长的抑制程度就越大。

表 4-11 形态指标

处理	株高（cm）	叶片数（枚）	最大叶面积（cm²）	根长（cm）	新生根数（N）
CK	41.32±2.63ᵃ	11.4±1.6ᵃ	29.30±2.38ᵃ	15.81±1.33ᵃ	18.6±3.1ᵃ
ST50	38.82±2.51ᵃᵇ	10.6±1.1ᵃ	27.41±1.16ᵃᵇ	14.32±1.24ᵃᵇ	17.4±2.5ᵃᵇ
ST100	36.86±2.72ᵇᶜ	9.7±1.3ᵃᵇ	25.77±1.91ᵇᶜ	13.23±0.92ᵇᶜ	15.7±1.3ᵃᵇ
ST150	35.32±2.88ᵇᶜ	8.8±1.1ᵇ	23.96±2.65ᶜᵈ	11.98±1.26ᶜᵈ	14.6±2.5ᵃᵇᶜ
ST200	32.98±2.13ᶜᵈ	8.1±1.6ᵇᶜ	20.87±1.88ᵈᵉ	10.73±0.84ᵈᵉ	12.8±1.3ᶜᵈ
ST250	30.16±2.69ᵈ	7.3±0.4ᶜ	18.99±2.51ᵉ	9.62±1.06ᵉ	10.3±1.6ᵈ

（2）生物量和含水量。表 4-12 显示，叶片、根系的鲜质量和干质量均随混合盐浓度提高而下降，其中叶片鲜质量在各胁迫下均显著低于 CK，叶片干质量

和根系鲜质量在 100mmol/L 以上浓度下显著低于 CK，根系干质量在 150mmol/L 以上浓度下显著低于 CK。叶片含水量随混合盐浓度提高而下降，仅在 ST250 下显著低于 CK，根系含水量则在各胁迫下均与 CK 无显著差异。ST150、ST200、ST250 下，叶片鲜质量、干质量、根系鲜质量和干质量分别比 CK 下降 32.44%、42.42%、47.59%，27.63%、34.87%、38.82%，20.45%、26.82%、31.50% 和 13.75%、20.72%、30.68%。结合形态指标数据说明，黄花菜的耐盐性很强，100mmol/L 以下浓度混合盐胁迫对其生长影响较小，150mmol/L 混合盐胁迫下植株能够维持正常生长，200mmol/L 以上浓度混合盐胁迫则严重抑制了植株生长，甚至造成植株死亡，且混合盐胁迫对叶片生长的抑制程度明显大于对根系的抑制。

表 4-12　生物量和含水量

处理	叶片			根系		
	鲜质量（g）	干质量（g）	含水量（%）	鲜质量（g）	干质量（g）	含水量（%）
CK	8.91±0.94^a	1.52±0.21^a	82.96±1.31^a	24.35±1.80^a	5.02±0.65^a	79.35±3.35^a
ST50	7.66±0.50^b	1.37±0.10^{ab}	82.14±2.05^{ab}	22.68±1.63^{ab}	4.77±0.40^{ab}	78.94±2.11^a
ST100	6.76±0.63^{bc}	1.22±0.14^{bc}	81.93±0.90^{ab}	20.76±2.02^{bc}	4.61±0.53^{abc}	77.82±1.24^a
ST150	6.02±0.83^{cd}	1.10±0.15^{cd}	81.70±0.69^{ab}	19.37±1.19^c	4.33±0.40^{bc}	77.68±2.38^a
ST200	5.13±0.59^{de}	0.99±0.08^d	80.71±1.63^{ab}	17.82±2.65^{cd}	3.98±0.56^{cd}	77.70±2.15^a
ST250	4.67±0.51^e	0.93±0.13^d	80.08±1.42^b	16.68±2.37^d	3.48±0.31^d	79.12±3.15^a

2. 膜脂过氧化

图 4-14 显示，叶片质膜透性随混合盐浓度提高而显著增加；处理后 5d、10d 和 15d 时，ST100、ST150、ST200、ST250 下分别比 CK 增大 47.92%、58.31%、65.34%、73.49%，32.91%、43.18%、59.14%、78.86% 和 40.26%、50.76%、62.52%、72.47%。抗坏血酸含量在处理后 5d 时，在 150mmol/L 以下浓度下基本不变，ST200、ST250 下显著降低；处理后 10d 和 15d 时，随盐浓度提高表现"增加 - 降低"的规律，在 ST100 下达到最大值，但处理后 10d 时，仅在 ST50、ST100 下显著高于 CK，ST250 下显著低于 CK，处理后 15d 时仅在 ST100 下显著高于 CK，其他胁迫下与 CK 无显著差异；处理后 20d 时，随盐浓度提高逐渐降低，在 ST100、ST150 下显著低于 CK。结果说明，混合盐胁迫造成黄花菜膜质过氧化损伤，且盐胁迫浓度越大，过氧化伤害程度越重；植株仅能

在一定时间内在较低浓度盐胁迫下通过促进抗坏血酸的合成部分清除自由基，减轻膜脂过氧化伤害，混合盐胁迫浓度超过100mmol/L，抗坏血酸就无法清除自由基，对抵抗膜脂过氧化不起作用。这与植株在100mmol/L以下浓度盐胁迫下生长几乎不受影响相一致。

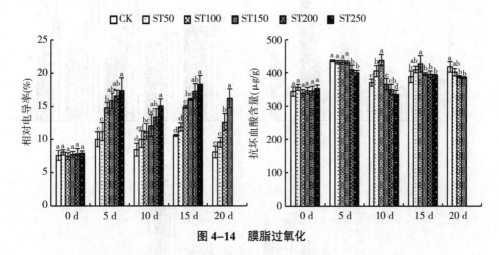

图4–14　膜脂过氧化

3.有机渗透调节物质

图4–15表明，叶片脯氨酸含量随混合盐浓度提高而显著增加，且胁迫时间越长增加幅度越大；处理后5d、10d和15d时，ST100、ST150、ST200、ST250下分别比CK增加35.78%、47.27%、65.93%、105.24%，96.75%、117.66%、239.05%、286.64%和147.39%、292.01%、432.15%、505.31%。可溶性糖含量在处理后5d时仅在ST250下显著降低，处理10d后则随盐浓度提高而显著降低；处理后10d和15d时，ST100、ST150、ST200、ST250下分别比CK降低16.26%、22.24%、40.97%、43.64%和29.95%、33.37%、43.16%、47.78%。可溶性蛋白含量在各处理间均无显著差异。结果说明，随混合盐胁迫浓度增加，黄花菜体内大量合成和积累脯氨酸，有利于降低细胞渗透势，维持细胞水盐平衡，增强抗逆性；而可溶性糖和可溶性蛋白在黄花菜对混合盐胁迫的渗透调节中不起作用。

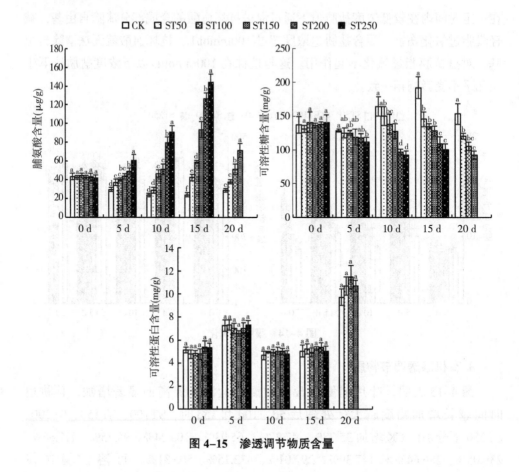

图 4-15　渗透调节物质含量

三、讨论与结论

　　植物在盐碱地中不仅受到大量盐离子毒害，高 pH 值对植物也有显著的影响（刘建新等，2012；刘敏轩等，2012）。盐碱地成分复杂，利用单一成分盐或碱化合物处理，研究植物对盐碱胁迫的抗性具有很大的局限性（刘建新等，2012；王晨等，2016）。用不同盐化合物复配处理模拟盐胁迫，比单一盐分处理更能真实反映植物在盐胁迫下的变化（刘杰等，2008；刘敏轩等，2012）。已有研究者在番茄、黄瓜等蔬菜作物上开始进行混合盐化合物对植物影响的研究。

　　植株形态和生物量的变化是直观反映植物在盐胁迫下受伤害程度的主要指标（柯裕州，2008）。研究证明，植物在盐胁迫下生长发育受到显著抑制，植株矮小、叶面积减小、根系伸展范围缩小，甚至难以存活（Storey，1995；牟永花和张德威，1998；Garcia-Sanchez 等，2002；Muuns 和 Tester，2008）。本研究发现，

100mmol/L 以下浓度 NaCl 和 $Ca(NO_3)_2$ 等浓度混合盐胁迫对黄花菜植株的形态生长和生物量影响较小，150mmol/L 以上浓度胁迫则使植株生长显著降低，且地上部对盐胁迫的反应比根系更加敏感，说明黄花菜的耐盐性较强，在 150mmol/L 盐胁迫下仍然能维持一定的生长发育，200mmol/L 以上高盐胁迫则会导致植株死亡。混合盐胁迫对根系的抑制程度明显小于地上部，这可能是黄花菜耐盐性较强的原因之一。

　　盐胁迫下植物细胞膜结构和功能遭到破坏，主要原因是胁迫诱导细胞内活性氧大量产生，使膜脂中的不饱和脂肪酸过氧化，造成质膜透性增大，电解质大量渗漏（Salin，1987；Parvaiz 和 Satyawati，2008；陈晓亚和薛红卫，2012；武维华，2018）。植物体内存在 SOD、POD、CAT 等酶促系统和抗坏血酸、谷胱甘肽、类胡萝卜素等非酶抗氧化剂，可以清除胁迫下产生的活性氧，防止膜脂过氧化，维持细胞膜系统的稳定性（Parida 和 Das，2005；韩志平等，2015；孙小艳等，2018）。本研究中，黄花菜叶片质膜透性随盐浓度提高而显著增大，抗坏血酸含量在胁迫初期各处理间变化不大，处理后 10~15d 时在 50mmol/L、100mmol/L 浓度盐胁迫下增加，在 150mmol/L 浓度以上盐胁迫下与 CK 基本一致，处理后 20d 时随盐浓度提高而降低。说明混合盐胁迫导致黄花菜植株的膜脂过氧化，细胞膜结构严重破坏，抗坏血酸仅在一定时间内低浓度盐胁迫下起抗氧化作用，高盐胁迫或长期胁迫下无法清除自由基，导致植株过氧化伤害程度随盐浓度提高而不断加重。

　　植物根系在盐胁迫环境下吸水困难，有时体内水分还会外渗，造成渗透胁迫（蔡庆生，2014；Kaushal 和 Wani，2016）。由于细胞内离子的区隔化作用，Na^+、Cl^- 主要积累在液泡中，使细胞质内有害盐离子浓度降低。非盐生植物可以合成一些小分子有机溶质，降低细胞渗透势，维持胞质内外的渗透平衡，减轻盐胁迫下植株的渗透胁迫伤害（柯裕州，2008；Zhang 和 Shi，2013；王三根和宗学凤，2015）。本试验中，随盐浓度提高，叶片含水量降低，同时脯氨酸含量显著增加，可溶性蛋白含量基本稳定。说明混合盐胁迫对植株造成渗透胁迫，黄花菜主要通过促进脯氨酸的合成和积累，抵抗细胞失水导致的渗透胁迫，同时保持根系含水量稳定以减轻水分亏缺，可溶性蛋白在黄花菜抵抗渗透胁迫的过程中没有贡献。脯氨酸的大量合成还可以清除混合盐胁迫下细胞内产生的活性氧自由基，缓解细胞膜的过氧化伤害，有利于维持细胞膜的稳定性。可溶性糖含量在盐胁迫下显著降低，这与盐敏感植物的变化（陈晓亚和薛红卫，2012；童辉等，2012）相反，而与盐生植物的变化（Atzori 等，2017）相似，可能是因为盐胁迫下植物光合作用减弱，作为光合产物和呼吸底物、细胞骨架和能源物质（赵可夫和范海，

2000；周研，2014），可溶性糖在维持植株生长和呼吸作用中不断消耗，这有利于黄花菜适应盐胁迫环境，但对渗透调节无用，具体原因需再深入研究。这些结果与之前单一 NaCl 或 $Ca(NO_3)_2$ 胁迫的结果相似。

总之，NaCl 和 $Ca(NO_3)_2$ 混合盐胁迫下由于膜脂过氧化伤害和渗透胁迫，黄花菜形态生长受抑，生物量积累降低，植株可以通过促进抗坏血酸和脯氨酸的合成，增强其抗氧化和渗透调节能力，减轻盐胁迫对黄花菜的伤害。但较长期高盐胁迫下抗坏血酸不起作用，可溶性糖又大量消耗，使植株伤害加重，甚至死亡。但作为非盐生植物，黄花菜耐盐性很强，本研究中在 150mmol/L 混合盐胁迫下仍可正常生长，超过该浓度，植株生命受到威胁，200mmol/L 是黄花菜混合盐胁迫的致死浓度。

第五章　盐胁迫下黄花菜转录组测序、基因表达与功能分析

第一节　盐胁迫下黄花菜转录组测序、基因表达与功能分析

植物为适应环境胁迫，往往会通过改变体内植物激素含量和信号转导途径，从分子、细胞、生理和生化水平对胁迫做出响应（李钱峰等，2018）。随着植物激素合成和信号转导相关的大量突变体的分离和鉴定，以及生物化学、分子生物学、基因组学、转录组学和蛋白组学等技术手段的不断发展和应用，植物对环境胁迫响应的生理生化和分子生物学机制逐渐被阐明（Vert 和 Chory，2011；Nolan 等，2017；Vishwakarma 等，2017）。其中，转录组研究是基因结构和功能研究的基础和出发点，是研究基因表达的主要手段，已经成为近年来植物逆境研究领域的热点（Kumar 等，2017；张丽丽和张富春，2018；Zhang 等，2018；Sui 等，2018）。

转录组（Transcriptome）广义上指某一生理条件下，细胞内所有转录产物的集合，包括 mRNA、rRNA、tRNA 及 ncRNA（陶士珩，2007）；狭义上指所有 mRNA 的集合。转录组测序（RNA sequencing，RNA-seq）就是利用高通量测序技术将细胞或组织中全部或部分 mRNA、small RNA 和 no-coding RNA 进行测序分析的技术（贾昌路等，2015；杨光等，2019）。通过 RNA-seq 技术可以获得大量的转录组序列信息，用于开展基因表达与功能分析、构建信号通路等，为进一步研究基因组尚未测序的物种提供帮助（魏开发和李艺宣，2019）。能够从整体水平研究基因功能和基因结构，并揭示特定生物学过程的分子机理，广泛应用于生物、医学等领域的研究（李和平等，2018；李依民等，2018；Moffitt 等，2018；Wang 等，2018）。

我国土地面积辽阔，但能直接用于农业生产的土地很少，一方面地形复杂，存在大面积山地、高原、丘陵、沙漠、沟壑等；另一方面存在很多植物难以生存的干旱、荒漠、盐碱地，加上灌溉不当、农药化肥过量施用、工业和城市废物排放使土壤污染、质地变劣，再加上工业化、城市化进程使耕地面积不断减少（吴礼树，2011）。其中土壤盐渍化是降低作物生长和产量的主要非生物胁迫因素之一（Allakhverdiev 等，2000；Zhu，2000；Govind 等，2009）。盐渍化土壤表层盐分积聚，土壤板结，矿物质营养流失，作物难以出苗和生长，对农业生产危害极大（Tester 和 Davenport，2003；Munns，2005）。大同市位于山西省最北部，属于高寒半干旱地区，盐碱地面积大、类型多、分布广，加上该地区水资源不足、降雨量很少，严重制约了当地农业生产。盐碱地的治理和利用对当地农业发展尤为重要，但几十年来采用了很多措施治理，效果均不太明显。种植耐盐植物进行生物改良是一种行之有效的治理和利用措施。

黄花菜（*Hemerocallis citrina* Bar.）对环境条件的适应性特别强，耐寒、耐旱、耐贫瘠，对温、光、水、土等要求不严格，在我国很多地方均有栽培（张振贤，2008）。之前研究表明，黄花菜能忍受 200mmol/L NaCl 或 150mmol/L Ca(NO$_3$)$_2$ 胁迫，这种抗性既与其根系具有强大的吸收、储存水分和养分能力有关（邢宝龙等，2022），也与其植株具有较强的抗氧化、渗透调节及离子区域化能力有关（韩志平等，2018）。但黄花菜抗盐性的分子生物学基础，包括基因组、转录组和蛋白质组研究尚未见报道。为此，本研究对盐胁迫下黄花菜叶片进行了转录组测序，并通过基因差异表达分析、转录组功能注释和功能富集，探寻黄花菜抗盐相关的主要 unigene 和代谢通路，为下一步深入研究黄花菜在盐胁迫下的信号转导或代谢通路、耐盐相关基因的克隆和表达，从分子水平阐明黄花菜植株的抗盐机制奠定基础。

一、材料与方法

1. 供试材料

试验地点、供试黄花菜同第二章第四节。

2. 试验方法

幼苗移栽、缓苗期管理同第四章第二节。植株缓苗 1 周后在 1/2 倍 Hoagland 营养液中添加 NaCl 进行处理。试验设 3 个处理：正常营养液培养（CK，含 0mmol/L NaCl）、150mmol/L NaCl（Na150）、300mmol/L NaCl（Na300），每盆每次浇 500mL 处理液。Na300 胁迫的植株在处理后 12d 有 2 株地上部出现萎蔫，处理后 17d 有 1 株死亡。胁迫后 21d，测定叶片数、最大叶面积、根长、新生根数和整株鲜质量，方法同第二章第二节和第四节；同时每重复取完全展开叶 5g，去离子水洗净用纱布吸干水分，剪成叶段装入冻存管立即液氮速冻，保存于 –80℃ 超低温冰箱中备用。

3. 转录组测序及数据分析

（1）RNA 提取与文库构建。采用 Invitrogen 植物总 RNA 提取试剂盒提取叶片总 RNA，利用 Nanodrop2000 分光光度计检测所提 RNA 的浓度和纯度，琼脂糖凝胶电泳检测 RNA 完整性，Agilent2100 测定 RIN 值。单次建库要求 RNA 总量 1µg，浓度 ≥ 50ng/µL，$OD_{260/280}$ 介于 1.8~2.2。用带有 Oligo（dT）的磁珠富集得到完整 mRNA，加入 fragmentation buffer 使其随机断裂成 300bp 左右的小片段；再以此短片段为模板，在逆转录酶作用下，加入六碱基随机引物，反转合成单链 cDNA，然后加入缓冲液、dNTAs、RNase H 和 DNA polymerase I 合成 cDNA 第二链；而后进行末端修复、3′ 端加碱基 A 并加测序接头，再经琼脂糖凝胶电泳回收目的条带，最后进行 PCR 扩增完成测序文库构建。

（2）转录组测序与数据组装。利用 Illumina HiSeq 4000 SBS Kit（300 cycles）进行 2×150bp 测序。原始测序数据采用 SeqPrep 和 Sickle 软件去除接头序列、3′ 端低质量碱基、N（不确定碱基信息）率 >10% 读段、adapter 序列和长度 <30bp 的序列进行质量控制；而后用 Trinity 软件（Grabhcrr 等，2011）对所有质控数据进行从头组装，生成重叠群（contig）和单一序列（singleton），然后用 TransRate（Smith–Unna 等，2016）和 CD–HIT（Li，2006）软件对组装序列进行优化过滤，去除冗余、相似序列，最后用 BUSCO 软件（Simão 等，2015）对组装完整性进行再次评估。

（3）表达量和差异表达分析。用 RSEM 软件（Li 和 Dewey，2011）对转录本或 unigene 的表达水平进行定量分析，获得每个转录本或 unigene 的表达量 TPM（Conesa 等，2016）和 FPKM（Trapnell 等，2010）信息。而后对不同样本的表达情况进行相关性分析，并用 DESeq2 软件（Love 等，2014）进行样本间基因的差异表达分析，鉴定样本间差异表达基因，筛选差异基因的条件为：校正后 P 值即 FDR<0.05 且 |log2FC| ≥ 1。

（4）转录组功能注释和富集分析。用 Blast 软件将测序获得的转录本和 unigene 与 NR、Swiss–Prot、Pfam、COG/NOG、GO、KEGG 6 大数据库中的已知序列进行比对，获得在各数据库的注释信息。用 Goatools 软件（Tang 等，2015）和 R 语言编写脚本对基因集中的基因分别进行 GO 和 KEGG PATHWAY 富集分析，获得差异表达 unigene 主要具有的功能或主要参与的代谢通路。默认经过校正的 P 值（Pvalue_corrected）<0.05 时，认为此 GO 功能或 KEGG 通路存在显著富集情况。

二、结果与分析

1. 生长指标

表 5-1 表明，除根长在 Na150 胁迫下略有增加外，各生长指标均随着 NaCl 浓度提高而显著下降。Na150 与 Na300 下，叶片数、最大叶面积、新生根数、植株鲜质量分别比 CK 降低 14.59%、11.70%、60.46%、20.10% 和 34.74%、32.54%、88.39%、31.39%。说明盐胁迫显著抑制了黄花菜植株的生长，且盐胁迫浓度越大抑制程度也越大，同时盐胁迫对叶片扩展的抑制程度明显小于其他生长指标，对新根发生的抑制程度则明显大于其他生长指标。

表 5-1　植株生长

处理	叶片数（枚）	最大叶面积（cm²）	根长（cm）	新生根数（个）	植株鲜质量（g）
CK	18.22±1.28[a]	42.66±2.09[a]	22.21±1.07[a]	9.56±0.92[a]	68.11±3.92[a]
Na150	15.56±0.96[b]	37.67+2.68[b]	23.39±1.75[a]	3.78±0.45[b]	54.42±5.44[b]
Na300	11.89±1.34[c]	28.78+2.25[c]	18.44±1.33[b]	1.11±0.60[c]	46.73±4.00[c]

2. 测序数据质控与从头组装

原始数据质控表明，CK、Na150、Na300 下黄花菜叶片分别获得 54 060 445、54 473 732、52 608 301 条转录本序列，Q20 值均超过 98%，Q30 值均约 94%，GC 含量介于 44.88%~46.03%（表 5-2）。各样本的碱基测序错误率均低于 0.1%，碱基质量值 Q20 或 Q30 均大于 93%，满足数据分析对测序质量的要求，说明黄花菜各样本的文库构建和测序质量良好。

表 5-2　转录组测序数据质控结果

样品	序列条数	总碱基数	测序错误率（%）	碱基质量值 Q20（%）	碱基质量值 Q30（%）	GC 含量（%）
CK	54 060 445	8 083 899 795	0.024 9	98.15	94.12	45.94
Na150	54 473 732	8 139 358 950	0.025 0	98.13	94.05	46.03
Na300	52 608 301	7 867 560 475	0.025 1	98.06	93.90	44.88

黄花菜转录组无参考基因组，质控数据从头组装和优化过滤共获得 336 915 条转录本、193 337 个 unigene，转录本平均长度为 787.79bp、N50 长度为 1

154bp、GC 含量为 40.11%（表 5-3）。其中长度在 201~500bp 的 unigene 占比最高（58.95%），长度在 501~1 000bp 的 unigene 占 23.43%，长度在 1kb 以上的 unigene 仅占 17.62%。且每个样本比对到 Trinity 组装的参考序列上的 clean reads 均达到 70% 以上。说明转录组组装完整性较好，可用于后续基因表达、生物学功能分析。

表 5-3 转录组数据组装结果

评估项目	原始组装结果	优化组装结果
转录本总数	507 718	336 915
unigene 总数	240 690	193 337
转录本总碱基数	390 173 347	265 417 654
最长转录本长度（bp）	13 887	13 876
最短转录本长度（bp）	201	201
转录本平均长度（bp）	768.48	787.79
N50（bp）	1 234	1 154
GC 含量（%）	40.09	40.11

3. 表达量与差异表达分析

（1）表达量分析。将 unigene 按照表达量的不同，设 0~10、10~50、50~100、100~500、500~1 000、>1 000 TPM 6 个梯度进行统计。图 5-1 显示，3 个处理不同梯度 TPM 的 unigene 数目分布相似，绝大多数 unigene 的表达量在 50 TPM 以下，少数 unigene 的表达水平在 50~500 TPM，只有极少数 unigene 的表达量大于 500 TPM。从侧面说明黄花菜耐盐性很强，在盐胁迫下本身无需表达太多的基因调控蛋白或者代谢通路就能够适应或抵抗胁迫环境。

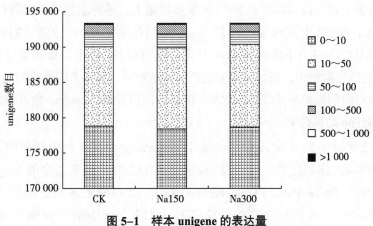

图 5-1 样本 unigene 的表达量

（2）样本间表达量相关性分析。表 5-4 表明，同一转录本或基因在不同样本中的表达量存在明显差异，且不同处理的样本间存在共有表达基因，也存在特有表达基因，不同样本转录本和基因的表达均存在显著相关性。相对而言，同一处理不同样本间差别最小，CK-Na150 间相关性 >CK-Na300 间相关性，CK-Na150 间相关性 >Na150-Na300 间相关性，Na150-Na300 间相关性 >CK-Na300 间相关性。说明本研究处理设置较合理，重复间变异符合试验预期，处理间 NaCl 浓度越接近，表达量相似度越高，相关性越好。

表 5-4　样本间表达量的相关性系数

样本	CK_1	CK_2	CK_3	Na150_1	Na150_2	Na150_3	Na300_1	Na300_2	Na300_3
CK_1	1	0.869 5	0.869 0	0.852 1	0.876 8	0.847 3	0.836 7	0.837 6	0.814 8
CK_2	0.869 5	1	0.870 1	0.863 8	0.877 8	0.835 5	0.827 6	0.834 0	0.805 9
CK_3	0.869 0	0.870 1	1	0.851 5	0.873 1	0.839 5	0.827 0	0.833 5	0.808 8
Na150_1	0.852 1	0.863 8	0.851 5	1	0.868 2	0.828 9	0.824 1	0.835 2	0.800 2
Na150_2	0.876 8	0.877 8	0.873 1	0.868 2	1	0.844 7	0.837 7	0.841 1	0.814 0
Na150_3	0.847 3	0.835 4	0.839 5	0.828 9	0.844 7	1	0.845 9	0.847 0	0.826 4
Na300_1	0.836 7	0.827 6	0.827 0	0.824 1	0.837 7	0.845 9	1	0.836 2	0.821 6
Na300_2	0.837 6	0.833 9	0.833 5	0.835 3	0.841 1	0.847 0	0.836 2	1	0.824 5
Na300_3	0.814 8	0.805 9	0.808 8	0.800 1	0.814 0	0.826 4	0.821 6	0.824 5	1

（3）样本间基因差异表达分析。分析发现，不同处理样本间存在 5 764 个差异表达显著的 unigene，其中 CK-Na150 间有 107 个差异 unigene，其中 89 个显著上调，18 个显著下调；Na150-Na300 间有 403 个差异 unigene，其中 83 个显著上调，320 个显著下调；CK-Na300 间有 5 647 个差异 unigene，其中 2 710 个显著上调，2 937 个显著下调。说明处理间 NaCl 浓度差距越大，差异表达的基因数目就越多；与 CK 相比，Na150 上调的 unigene 较多，说明黄花菜在 Na150 下激活的基因较多；与 Na150 相比，Na300 下调的 unigene 较多，说明在 Na150 下，黄花菜可通过激活相关基因而适应盐胁迫，在胁迫程度更高的 Na300 下，很多基因受到抑制而无法表达；CK-Na300 间的差异基因数非常多，但是上调和下调的 unigene 数目相差不大。

4. unigene 功能注释

图 5-2 显示，黄花菜共有 67 948 个 unigene 至少在 6 大数据库的其中 1 个数据库得到同源序列注释，仅占总 unigene 的 35.14%，还有更多的 unigene 未得到注释。NR、Swiss-Prot、Pfam、KEGG、GO、COG/NOG 6 大数据库各注释到 63 510、46 993、36 199、28 280、21 783、9 119 个 unigene，分别占总 unigene

数目的 32.85%、24.31%、18.72%、14.63%、11.27%、4.72%。

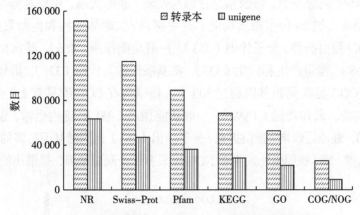

图 5-2 转录本和 unigene 在 6 大数据库注释概况

（1）NR 功能注释。uigene 注释到 NR 库的同源序列功能分布广泛，同源序列一致性和相似性较高。图 5-3 为黄花菜匹配到同源基因数量前 15 的物种，其中前 10 位的油棕、海枣、尖叶芭蕉、葡萄、苜蓿、菠萝、拟南芥、荷花、粳稻、木豆同源基因分别为 9 980、8 799、3 866、3 318、3 284、3 276、1 879、1 701、1 464、1 461 个，分别占注释总数的 15.71%、13.85%、6.09%、5.22%、5.17%、5.16%、2.96%、2.68%、2.31%、2.30%，同源序列均超过 1 000 条，与黄花菜的亲缘关系较近，且仅前 6 位物种注释的同源基因数目就占注释总数的 51.20%。

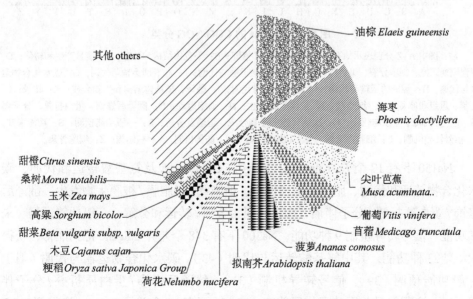

图 5-3 unigene 注释 NR 库的物种分布

（2）COG/NOG 功能注释。图 5-4 表明，unigene 在 COG、NOG 库分别得到 4 817、4 345 个同源基因，涉及信息存储与处理、新陈代谢、细胞过程与信号转导和其他功能 4 大类 24 种蛋白质功能。其中翻译 / 核糖体结构和生物发生（947）、翻译后修饰 / 蛋白折叠 / 分子伴侣（553）、一般功能预测（456）、碳水化合物运输和代谢（338）、能量产生和转化（336）、氨基酸运输与代谢（331）、信号转导机制（311）7 个 COG 类群同源基因超过 300 个，核结构在 COG 库只有 2 个同源基因，是最小的类群。未知功能（1 990）、一般功能预测（751）、胞内运输 / 分泌和囊泡运输（388）、翻译后修饰 / 蛋白折叠 / 分子伴侣（365）是同源基因最多的 4 个 NOG 类群，细胞壁 / 膜 / 被膜生物发生在 NOG 库只有 1 个同源基因，是最小的类群。

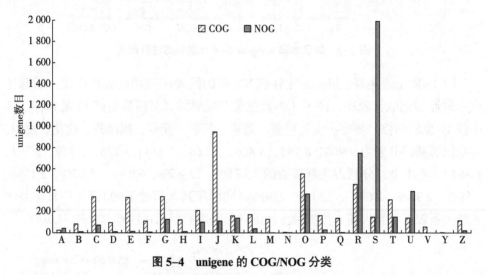

图 5-4　unigene 的 COG/NOG 分类

注：图中 A~Z 分别表示如下。A：RNA 加工和修饰；B：染色体结构和动态；C：能量产生和转化；D：细胞周期调控、细胞分裂、染色体分配；E：氨基酸运输与代谢；F：核苷酸运输与代谢；G：碳水化合物运输与代谢；H：辅酶的运输与代谢；I：脂质运输与代谢；J：翻译、核糖体结构和生物合成；K：转录；L：复制、重组和修复；M：细胞壁 / 膜 / 被膜生物发生；N：细胞运动；O：翻译后修饰、蛋白折叠、分子伴侣；P：无机离子运输与代谢；Q：次生代谢的生物合成、运输及分解；R：一般功能预测；S：功能未知；T：信号转导机制；U：细胞内运输、分泌和囊泡运输；V：防御机制；Y：核结构；Z：细胞骨架。

Na150 下有 17 个差异 unigene 注释到 COG 库，涉及氨基酸转运和代谢、碳水化合物转运和代谢、脂质转运和代谢、细胞壁 / 细胞膜 / 被膜生物发生、翻译后修饰 / 蛋白质折叠 / 分子伴侣、次生代谢物合成 / 转运和分解、一般功能预测、未知功能、信号转导机制 9 种功能；Na300 下有 348 个差异 unigene 得到注释，获得 4 大类 23 种功能，其中氨基酸转运与代谢（43）、碳水化合物运输与代谢（41）、一般功能预测（39）、信号转导机制（31）、翻译后修饰 / 蛋白质折叠 / 分子伴侣（30）注释差异基因数目位居前五。Na150 下有 12 个差异 unigene 注释到 NOG

库，涉及翻译后修饰/蛋白质折叠/分子伴侣、一般功能预测、未知功能、胞内运输/分泌和囊泡运输4种功能；Na300下注释到302个差异unigene，获得15种功能，其中未知功能（160）、一般功能预测（57）是注释差异基因最多的2个类群。Na300下注释的差异基因更多，说明盐胁迫浓度越大，需要有更多基因参与到抵抗盐胁迫的反应中，且这种反应涉及从结构到功能，再到代谢等诸多环节。

（3）GO功能注释。黄花菜共有21 783个unigene注释到GO库的生物过程（Biological Process，BP）、细胞组分（Cellular Component，CC）和分子功能（Molecular Function，MF）大类，其中BP下有20个二级功能，CC下有17个二级功能，MF下有15个二级功能。图5-5显示，Na150下有107个差异unigene得到GO注释，其中89个unigene注释到16种生物过程，43个unigene注释到11种细胞组分，31个unigene注释到6种分子功能；Na300下有5 647个差异unigene得到GO注释，其中2 245个unigene注释到19种生物过程，2 089个unigene注释到13种细胞组分，1 408个unigene注释到12种分子功能。Na150和Na300下，均以代谢过程（19、618）、细胞过程（16、541）、单一生物体过程（13、407）、细胞（10、444）、细胞部分（9、433）、催化活性（16、627）、结合活性（11、580）的差异基因最多。说明盐胁迫下黄花菜植株需要生物过程、细胞组分、分子功能3大类相关基因产物共同协调适应胁迫环境，抵抗胁迫伤害，且盐胁迫越严重，参与抗盐胁迫的GO功能就越多。

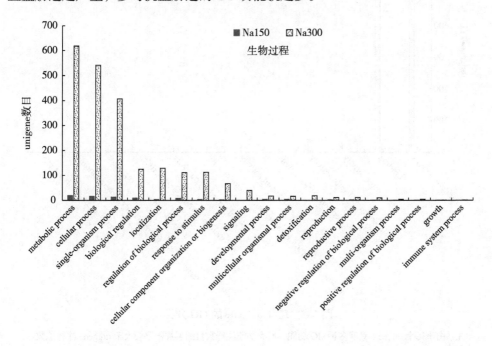

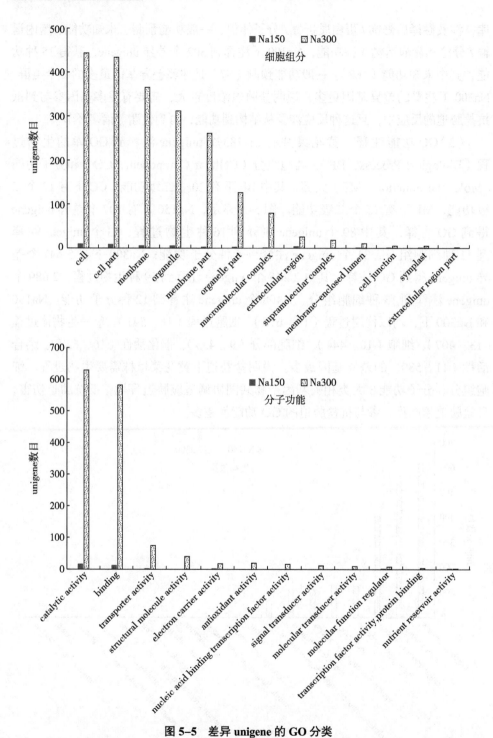

图 5-5 差异 unigene 的 GO 分类

注：由于每个 unigene 具有多种 GO 功能，所有功能注释数目的累加数字会大于 unigene 注释总数。

（4）KEGG 功能注释。图 5-6 表明，有 28 280 个 unigene 注释到 KEGG 库的新陈代谢（Metabolism, M）、遗传信息处理（Genetic Information Processing, G）、环境信息处理（Environmental Information Processing, E）、细胞过程（Cellular Processes, C）、生物体系统（Organismal System, O）和人类疾病（Human Diseases, H）6 大类 20 个二级通路。其中翻译（2 958）、碳水化合物代谢（2 459）、折叠 / 挑选和降解（1 993）、能量代谢（1 679）、氨基酸代谢（1 557）、运输和分解代谢（1 309）、脂质代谢（1 062）、核苷酸代谢（944）、信号转导（849）、转录（820）是注释 unigene 最多的 10 个二级代谢通路。

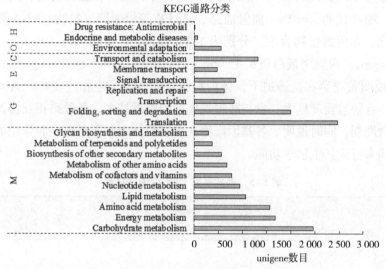

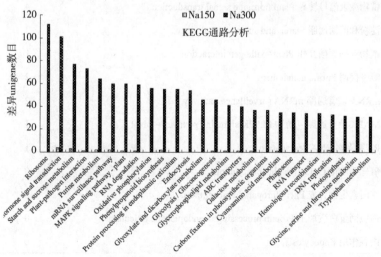

图 5-6　unigene KEGG 通路分析

Na150 下有 54 个差异 unigene 注释到 KEGG 的 40 条二级通路，新陈代谢、遗传信息处理、环境信息处理、生物体系统 4 大类通路分别注释到 40、5、6、3 个 unigene；Na300 下有 2 282 个差异 unigene 注释到 KEGG 库的 118 条二级通路，新陈代谢、遗传信息处理、环境信息处理、细胞过程、生物体系统、人类疾病 6 大类通路分别注释 1 348、519、218、107、84、3 个 unigene，其中注释差异基因超过 100 个的二级通路有翻译（171）、碳水化合物代谢（160）、氨基酸代谢（128）、能量代谢（125）、信号转导（120）、折叠 / 挑选和降解（110）等。图 5-6 和表 5-5 为 Na300 下注释 30 个以上差异 unigene 的 26 条具体代谢通路，注释数量前 10 的有核糖体、植物激素信号转导、淀粉和蔗糖代谢、植物 – 病原菌互作、嘌呤代谢、mRNA 监管通路、MAPK 信号通路 – 植物、RNA 降解、氧化磷酸化、苯丙素生物合成，分别为 112、101、77、73、64、60、60、59、56、55 个 unigene，内质网蛋白质加工（55）、内吞作用（54）注释 unigene 也均超过 50 个。说明黄花菜在盐胁迫下，体内相关代谢均会发生相应变化，共同应对胁迫伤害，且胁迫程度越大，参与胁迫响应的通路就越多，各通路相互协调共同完成其生命周期。同时说明，各基因产物在黄花菜体内并不是孤立起作用的，而是相互协调来行使其生物学功能。

表 5-5　差异基因 KEGG 通路注释

KEGG 通路 ID	具体通路名称	Na150 注释数目	Na300 注释数目
ko03010	核糖体 Ribosome	0	112
ko04075	植物激素信号转导 Plant hormone signal transduction	4	101
ko00500	淀粉和蔗糖代谢 Starch and sucrose metabolism	3	77
ko04626	植物 – 病原菌互作 Plant–pathogen interaction	1	73
ko00230	嘌呤代谢 Purine metabolism	2	64
ko03015	mRNA 监管通路 mRNA surveillance pathway	2	60
ko04016	MAPK 信号通路 – 植物 MAPK signaling pathway – plant	1	60
ko03018	RNA 降解 RNA degradation	1	59
ko00190	氧化磷酸化 Oxidative phosphorylation	0	56
ko00940	苯丙素生物合成 Phenylpropanoid biosynthesis	2	55
ko04141	内质网蛋白质加工 Protein processing in endoplasmic reticulum	0	55
ko04144	内吞作用 Endocytosis	0	54

续表

KEGG 通路 ID	具体通路名称	Na150 注释数目	Na300 注释数目
ko00630	乙醛酸和二羧酸代谢 Glyoxylate and dicarboxylate metabolism	0	46
ko00010	糖降解 / 糖异生 Glycolysis/Gluconeogenesis	1	46
ko00564	甘油磷脂代谢 Glycerophospholipid metabolism	1	41
ko02010	ABC 转运蛋白 ABC transporters	1	40
ko00052	半乳糖代谢 Galactose metabolism	1	37
ko00710	光合有机体碳固定 Carbon fixation in photosynthetic organisms	0	37
ko00460	氰基氨基酸代谢 Cyanoamino acid metabolism	1	35
ko04145	吞噬体 Phagosome		35
ko03013	RNA 转运 RNA transport	0	34
ko03440	同源重组 Homologous recombination	0	34
ko03030	DNA 复制 DNA replication	2	33
ko00195	光合作用 Photosynthesis		32
ko00260	甘氨酸、丝氨酸和苏氨酸代谢 Glycine，serine and threonine metabolism	1	31
ko00380	色氨酸代谢 Tryptophan metabolism	0	31

5. 差异基因富集分析

（1）GO 富集分析。表 5-6 显示 GO 富集分析部分结果，共有 30 个差异表达 unigene 富集到 GO 库的 3 大分支 84 个 GO 功能，其中有 18 个 unigene 富集到 57 个生物过程，其中生物调节、生物过程调节、碳水化合物代谢过程、多细胞生物体过程调节、发育过程调节、细胞碳水化合物代谢过程、单一生物体碳水化合物代谢过程、多细胞生物体发育调节、二糖代谢过程、寡糖代谢过程分别富集到 9、8、6、4、4、4、4、3、3、3 个差异 unigene；有 5 个 unigene 富集到 5 个细胞组分，胞外区域、细胞壁、外部封装结构、内质网腔、植物型细胞壁各富集到 4、3、3、1、1 个差异 unigene；有 11 个 unigene 富集到 22 个分子功能，其中蔗糖合酶活性、UDP- 葡萄糖基转移酶活性、糖基转移酶活性、UDP- 糖基转移酶活性、棉子糖 α- 半乳糖苷酶活性各富集到 2、2、2、2、1 个差异 unigene。这些 GO 功能涉及生长发育、开花繁殖、生理生化过程、大分子化合物代谢、细胞结构和组成、激素运输、糖代谢酶活性等许多方面。

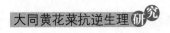
表 5-6 差异基因 GO 富集分析

GO ID	GO 分类	GO 功能描述	富集数目	富集的基因
GO：0065007	BP	生物调节	9	DN56096_c8_g1;DN52357_c4_g2;DN48066_c1_g3;DN63952_c0_g1;DN48739_c1_g4;DN48739_c1_g1;DN58161_c3_g3;DN53246_c0_g2;DN64476_c0_g1
GO：0050789	BP	生物过程调节	8	DN56096_c8_g1;DN52357_c4_g2;DN64476_c0_g1;DN48066_c1_g3;DN63952_c0_g1;DN48739_c1_g4;DN58161_c3_g3;DN53246_c0_g2
GO：0005975	BP	碳水化合物代谢过程	6	DN59939_c1_g2;DN63952_c0_g1;DN63200_c0_g4;DN59858_c5_g3;DN68241_c2_g1;DN52163_c0_g2
GO：0051239	BP	多细胞生物体过程调节	4	DN56096_c8_g1;DN63952_c0_g1;DN58161_c3_g3;DN48739_c1_g4
GO：0050793	BP	发育过程调节	4	DN56096_c8_g1;DN63952_c0_g1;DN58161_c3_g3;DN48739_c1_g4
GO：0044262	BP	细胞碳水化合物代谢过程	4	DN59939_c1_g2;DN63200_c0_g4;DN68241_c2_g1;DN52163_c0_g2
GO：0044723	BP	单一生物体碳水化合物代谢过程	4	DN52163_c0_g2;DN63200_c0_g4;DN68241_c2_g1;DN59858_c5_g3
GO：2000026	BP	多细胞生物体发育调节	3	DN56096_c8_g1;DN63952_c0_g1;DN58161_c3_g3
GO：0005984	BP	二糖代谢过程	3	DN63200_c0_g4;DN68241_c2_g1;DN52163_c0_g2
GO：0009311	BP	寡聚糖代谢过程	3	DN63200_c0_g4;DN68241_c2_g1;DN52163_c0_g2
GO：0005576	CC	胞外区域	4	DN59939_c1_g2;DN58161_c3_g3;DN47391_c0_g3;DN63952_c0_g1
GO：0005618	CC	细胞壁	3	DN63952_c0_g1;DN58161_c3_g3;DN47391_c0_g3
GO：0030312	CC	外部封装结构	3	DN63952_c0_g1;DN58161_c3_g3;DN47391_c0_g3
GO：0005788	CC	内质网腔	1	DN54329_c0_g2
GO：0009505	CC	植物型细胞壁	1	DN63952_c0_g1
GO：0016157	MF	蔗糖合酶活性	2	DN68241_c2_g1;DN52163_c0_g2
GO：0035251	MF	UDP-葡萄糖基转移酶活性	2	DN68241_c2_g1;DN52163_c0_g2
GO：0046527	MF	糖基转移酶活性	2	DN68241_c2_g1;DN52163_c0_g2

续表

GO ID	GO 分类	GO 功能描述	富集数目	富集的基因
GO：0008194	MF	UDP- 糖基转移酶活性	2	DN68241_c2_g1;DN52163_c0_g2
GO：0052692	MF	棉子糖 α - 半乳糖苷酶活性	1	DN63952_c0_g1
GO：0004557	MF	α - 半乳糖苷酶活性	1	DN63952_c0_g1
GO：0008429	MF	脑磷脂结合	1	DN56096_c8_g1

（2）KEGG 富集分析。表 5-7 显示，共有 31 个差异 unigene 富集到 KEGG 的 36 条通路，其中 17 个 unigene 富集到 31 条代谢通路，3 个 unigene 富集到 2 条环境信息处理通路，3 个 unigene 富集到 2 条生物体系统通路，1 个 unigene 富集到 1 条遗传信息处理通路。这些 KEGG 通路涉及碳水化合物代谢（7）、氨基酸代谢（4）、脂质代谢（4）、其他次生代谢产物生物合成（4）、多糖生物合成和代谢（2）、辅助因子和维生素代谢（2）、核苷酸代谢（1）、其他氨基酸代谢（1）、能量代谢（1）、萜类和聚酮化合物代谢（1）、环境适应（3）、信号转导（3）、复制和修复（1）13 个二级代谢通路。

表 5-7 差异基因 KEGG 富集分析

通路 ID	通路名称	富集数目	富集的基因	二级代谢通路
ko00941	类黄酮生物合成	2	DN59214_c1_g1;DN59214_c1_g4	其他次生代谢产物生物合成
ko00945	芪类、二芳基庚烷和姜辣素生物合成	2	DN59214_c1_g1;DN59214_c1_g4	其他次生代谢产物生物合成
ko00940	苯丙素生物合成	2	DN59214_c1_g1;DN59214_c1_g4	其他次生代谢产物生物合成
ko00261	单杆菌素生物合成	1	DN61318_c1_g3	其他次生代谢产物生物合成
ko00960	莨菪烷类、哌啶、吡啶生物碱生物合成	1	DN55289_c0_g1	其他次生代谢产物生物合成
ko00130	泛醌和其他萜醌的生物合成	2	DN59214_c1_g1;DN59214_c1_g4	辅助因子和维生素代谢
ko00360	苯丙氨酸代谢	2	DN59214_c1_g1;DN59214_c1_g4	氨基酸代谢

通路 ID	通路名称	富集数目	富集的基因	二级代谢通路
ko00300	赖氨酸生物合成	1	DN61318_c1_g3	氨基酸代谢
ko00250	丙氨酸、天冬氨酸和谷氨酸代谢	1	DN62384_c2_g1	氨基酸代谢
ko00260	甘氨酸、丝氨酸和苏氨酸代谢	1	DN61318_c1_g3	氨基酸代谢
ko00270	半胱氨酸和蛋氨酸代谢	1	DN61318_c1_g3	氨基酸代谢
ko00500	淀粉和蔗糖代谢	3	DN63200_c0_g4;DN68241_c2_g1;DN52163_c0_g2	碳水化合物代谢
ko00040	戊糖和葡萄糖醛酸互变	1	DN58137_c1_g2	碳水化合物代谢
ko00562	磷酸肌醇代谢	1	DN55855_c1_g4	碳水化合物代谢
ko00052	半乳糖代谢	1	DN63952_c0_g1	碳水化合物代谢
ko00620	丙酮酸代谢	1	DN59858_c5_g3	碳水化合物代谢
ko00010	糖降解 / 糖异生	1	DN59858_c5_g3	碳水化合物代谢
ko00603	鞘糖脂生物合成 – 环球和异球系列	1	DN63952_c0_g1	多糖生物合成和代谢
ko00511	其他多糖降解	1	DN51012_c2_g2	多糖生物合成和代谢
ko00430	牛磺酸和亚牛磺酸代谢	1	DN58888_c2_g1	其他氨基酸代谢
ko00460	氰基氨基酸代谢	1	DN58888_c2_g1	其他氨基酸代谢
ko00480	谷胱甘肽代谢	1	DN58888_c2_g1	其他氨基酸代谢
ko00905	油菜素内酯生物合成	1	DN62711_c2_g1	萜类和聚酮化合物代谢
ko00600	鞘脂类代谢	1	DN63952_c0_g1	脂质代谢
ko00100	类固醇生物合成	1	DN53010_c0_g1	脂质代谢
ko00590	花生四烯酸代谢	1	DN58888_c2_g1	脂质代谢
ko00565	醚脂类代谢	1	DN55855_c1_g4	脂质代谢
ko00561	甘油酯代谢	1	DN63952_c0_g1	脂质代谢
ko00564	甘油磷脂代谢	1	DN55855_c1_g4	脂质代谢
ko00196	光合作用 – 天线蛋白	1	DN63696_c3_g3	能量代谢
ko00230	嘌呤代谢	1	DN59858_c5_g3	核苷酸代谢

续表

通路 ID	通路名称	富集数目	富集的基因	二级代谢通路
ko04712	昼夜节律 – 植物	2	DN56096_c8_g1;DN58839_c4_g2	环境适应
ko04626	植物 – 病原菌互作	1	DN49656_c1_g2	环境适应
ko04075	植物激素信号转导	2	DN59939_c1_g2;DN64476_c0_g1	信号转导
ko04016	MAPK 信号通路 – 植物	1	DN49656_c1_g2	信号转导
ko03030	DNA 复制	1	DN50203_c6_g6	复制和修复

三、讨论与结论

大多数植物的生长和产量在盐胁迫下会显著降低（Muuns，2002）。本研究中，叶片数、叶面积、根长、新生根数和植株鲜质量在盐胁迫下显著降低，且在 300mmol/L NaCl 胁迫下比 150mmol/L NaCl 胁迫下降低幅度大得多。说明盐胁迫显著抑制了黄花菜植株生长，且对新根发生的影响更大，这是盐胁迫导致的离子毒害、渗透胁迫、氧化胁迫、营养亏缺等（韩志平等，2020）共同作用造成的结果。

高通量 RNA 测序是基因表达分析、发现新转录因子和鉴定差异表达基因的有效技术，并能用于非模式生物的研究（Bhatnagar–Mathur 等，2008；Tombuloglu 等，2015；Clouse 等，2016；Sui 等，2018）。研究表明，植物在干旱、盐胁迫、低氧等逆境条件下均存在许多差异表达基因，这些基因在胁迫环境下的上调或下调是植物对胁迫环境的应答反应（梁玉青等，2017；Sui 等，2018；徐晓阳等，2019）。孙凯等（2019）发现，水稻在耐低氧萌发过程可能受到逆境胁迫、光合作用相关基因的调控，在 13 个候选基因中有 3 个基因对氧气表现敏感，在低氧和有氧条件之间表达量存在显著差异。张丽丽和张富春（2018）对短期盐胁迫下盐穗木同化枝进行了转录组测序，也筛选出一些渗透调节和活性氧清除相关的基因，认为与盐穗木的耐盐性关系密切。

本研究对盐胁迫下黄花菜叶片进行转录组测序，从头组装获得了 336 915 条 clean reads 和 193 337 个 unigene，发现不同处理间均存在差异表达显著的基因，其中 CK–Na150、Na150–Na300、CK–Na300 分别鉴定到 107、403、5 647 个差异显著的 unigene，这些基因均有可能与黄花菜的耐盐性关系密切。热图分析也表明，NaCl 胁迫浓度越大，差异表达基因就越多，说明在盐胁迫下这些基因的差异表达是黄花菜对盐胁迫的响应；而且在 150mmol/L NaCl 胁迫下上调的基因较多，说明黄花菜在较低浓度盐胁迫下可通过激活部分基因而适应胁迫环境；在300mmol/L NaCl 胁迫下上调和下调的基因数目相近，说明在高盐胁迫下既有很多基因被激活以抵抗盐胁迫，也有很多基因受到抑制而无法表达，这可能是植株在高盐胁迫下生长严重受抑制甚至死亡的内在原因。

赵阳阳等（2019）对不同发育时期文冠果果实进行转录组测序，功能注释获得了文冠果转录组同源基因的物种分布、54 个 GO 功能分类和 127 个 KEGG代谢通路。张丽丽和张富春（2018）注释获得了短期盐胁迫下盐穗木同化枝转录组 uingene 的 47 个 GO 功能小类和 118 个 KEGG 通路。有关番茄（Zhang 等，2018）、花生（Sui 等，2018）、黄秋葵（姚运法等，2018）、火龙果（魏开发和李艺宣，2019）、茶树（郑知临等，2019）等的研究，也均通过功能注释获得了本物种不同组织或器官具有的，或在发育过程或胁迫条件下表达的蛋白质功能、生物学特征和代谢通路。本研究中，黄花菜叶片转录组共有 67 948 个 unigene在 6 大数据库得到功能注释，仅占全部 unigene 的 35.14%，还有大量 unigene 未得到注释。其中 NR 库注释了 63 510 个 unigene，且注释的同源基因分布于很多物种，仅注释到油棕、海枣、尖叶芭蕉、葡萄、苜蓿的 unigene 就占注释总数的46.04%，且这 5 个物种的抗盐性均较强，可能这些物种与黄花菜的抗盐性机制相似，为下一步研究提供了思路。

150mmol/L NaCl 胁迫下分别有 17、12 个差异基因注释到 COG 库、NOG 库，涉及代谢、细胞过程与信号转导、其他功能 3 大类 10 种蛋白质功能；300mmol/L NaCl 胁迫下分别有 348、302 个差异基因注释到 COG 库、NOG 库，涉及信息存储与处理、代谢、细胞过程与信号转导、其他功能 4 大类 23 种蛋白质功能。其中氨基酸运输和代谢、碳水化合物运输和代谢、脂质运输和代谢、信号转导机制、翻译后修饰 / 蛋白折叠和分子伴侣、能量产生和转换等注释的差异基因较多，说明这些物质代谢、能量转换及信号转导在黄花菜对盐胁迫的响应过程中发挥着重要作用，且盐胁迫浓度越大，抵抗盐胁迫需要表达的差异基因越多。

150mmol/L NaCl 胁迫下有 107 个差异基因得到 GO 注释，涉及 16 个生物过程、11 种细胞组分、6 种分子功能；300mmol/L NaCl 胁迫下有 5 647 个差异基因得到 GO 注释，涉及 19 个生物过程、13 种细胞组分、12 种分子功能，其中代谢过程、细胞过程、单一生物体过程、细胞、细胞部分、细胞膜、催化活性、结合活性等注释的差异基因较多。有 30 个差异基因富集到 84 个 GO 功能，涉及生长发育、开花繁殖、生理生化过程、大分子化合物代谢、激素运输、细胞结构和组成、糖代谢酶活性、离子结合等许多方面。说明黄花菜在盐胁迫下有关细胞活动、代谢活动的基因表达丰度较高，这些生命活动和代谢过程在黄花菜抗盐性中具有重要作用，它们共同协调变化应对胁迫伤害，且盐胁迫越严重，参与抵抗盐胁迫的 GO 功能就越多。

150mmol/L NaCl 胁迫下有 54 个差异基因注释到 40 条 KEGG 通路，其中仅新陈代谢通路注释到 40 个差异基因；300mmol/L NaCl 胁迫下有 2 282 个差异基因注释到 118 条 KEGG 通路，其中新陈代谢、遗传信息处理、环境信息处理 3 大类通路分别注释 1 348、519、218 个差异基因，且翻译、碳水化合物代谢、氨基酸代谢、能量代谢、信号转导、折叠 / 挑选和降解、运输和分解、脂质代谢、环境适应等二级通路注释的差异基因均超过 80 个。300mmol/L NaCl 胁迫下参与核糖体、植物激素信号转导、淀粉和蔗糖代谢、植物 – 病原菌互作等通路的差异基因较多。富集分析也发现，31 个差异基因富集到 36 条 KEGG 通路，涉及碳水化合物代谢、氨基酸代谢、脂肪酸代谢、其他次生代谢物生物合成、环境适应、信号转导等通路。说明这些通路对黄花菜抵抗盐胁迫所起作用更大，同时盐胁迫下需要体内各方面通路发生相应变化，各自行使其生物学功能，共同响应胁迫，完成其生命过程。相关通路及其基因的表现在前人的研究中也有类似报道（Hundertmark 和 Hincha，2008；Duan 和 Cai，2012；Checker 等，2012；梁玉青等，2017；高慧兵等，2019）。

总之，本研究构建了黄花菜叶片转录组数据库，获得了黄花菜转录本和 unigene 序列，分析了盐胁迫下差异基因表达情况，富集得到了盐胁迫下差异基因主要具有的功能和参与的代谢通路。今后，应深入研究这些差异表达基因在黄花菜耐盐性中所起的作用，特别是要重视碳水化合物代谢、信号转导、氨基酸代谢、脂类代谢等通路相关差异基因的作用。

第二节　盐胁迫下黄花菜转录因子和基因结构分析

黄花菜是我国特有的蔬菜作物，在国外主要是作为园林观赏之用。营养价值较高，含有 60%、14%、2% 的碳水化合物、蛋白质、脂肪，氨基酸、维生素、纤维素及 Ca、Fe、Zn、P 等矿质元素含量也高于其他蔬菜（洪亚辉等，2003；傅茂润等，2006；毛建兰，2008；陈宵娜等，2021）；药用价值也很高，含有较多的卵磷脂、黄酮类、抗氧化物质（Robert 等，2002；Zhang 等，2004；邢宝龙，2022）。因此，黄花菜是少有的集食用、药用、观赏、水土保持等功效于一身的花卉植物。

黄花菜对环境的适应性强，对光、温、水、土等生长条件要求不严，在我国各地均有栽培（张振贤，2008；段九菊等，2021）。大同市云州区光能充沛、气候冷凉干燥、昼夜温差很大、土壤肥沃富硒，有利于作物进行光合作用和碳水化合物积累，造就了大同黄花菜的良好品质（韩志平等，2020）。大同盆地盐碱地面积大，其中轻度盐碱地占盐碱地总面积的 50%~60%，盐分组成以苏打为主，盐渍化区可供开发的地下水资源较为丰富（刘宝和刘振明，2017）。研究证明，黄花菜耐盐性很强，可通过渗透调节、抗氧化、离子区域化等适应盐胁迫环境（韩志平等，2018，2020）。但黄花菜抗盐的分子机制至今尚未见报道，基于转录组的基因表达、生物学功能和代谢通路在其响应盐胁迫中的作用尚不清楚。

转录组学是从整体转录水平系统研究基因转录图谱，揭示复杂生物学通路和性状调控网络分子机制的学科（崔凯等，2019）。转录因子（TFs）是一类可与基因 5′ 端上游特定序列特异性结合调控基因表达的蛋白质分子，一般有 1 个或多个与 DNA 结合的结构域（Mun 等，2017；Kumar 等，2017；李罡等，2019）。转录因子能够保证目的基因在特定时间和空间以特定的强度表达，在植物生长发育和应对胁迫过程中具有重要的调控作用（Lakra 等，2015；何丽娜等，2019）。研究证明，bZIP、NAC、MYB、WRKY 等转录因子家族在植物生长发育发挥着重要作用（Golldack 等，2011；何平等，2019），在应对环境胁迫刺激的复杂信号网络中也具有独特的作用，是培育耐胁迫作物的重要候选基因（Nakashima 等，2012；Satheesh 等，2014；Wang 等，2016；Kumar 等，2017；张丹和马玉花，2019；崔荣秀等，2019）。

植物生理状况的变化与基因结构的改变有关，对基因结构进行鉴定和分析有利于阐明植物的抗盐碱性。CDS 是 mRNA 中可以编码蛋白质的一段序列，是真正的转录区域，通过 CDS 获得的序列可用于进一步验证基因功能（陈朗等，2020；陈嘉源等，2020）。单核苷酸多态性（SNP）是一种通过同源基因对比得到的 DNA 序列多态性，由基因组水平上的单个核苷酸变异引起，是基因组中最丰富的变异位点（朱秀志等，2005）。碱基的替换和突变是物种多样性和生物进化的根本原因之一。根据同一位点上的 reads 碱基类型是否相同，SNP 可分为纯合型、杂合型两类。在一个物种中单碱基变异的频率 <1% 或者只在一个个体中发现且频率未知，就是单核苷酸位点突变（SNV），包括转换、颠换等（唐立群等，2012）。

本试验对盐胁迫下大同黄花菜叶片转录组测序数据对比得到的转录因子和基因结构进行分析，为从分子水平初步阐明大同黄花菜抗盐机制，为进一步预测黄花菜抗盐基因的表达机制奠定基础。

一、材料与方法

1. 供试材料

试验地点、供试黄花菜同第二章第四节。

2. 试验方法

幼苗移栽、缓苗期管理同第四章第二节，处理设置、处理方法、取样方法及转录组测序方法同本章第一节。

3. 转录因子和基因结构分析

（1）转录因子分析。优化组装得到的序列与数据库 PlantTFDB 4.0（Jin 等，2017）对比，得到同源的转录因子序列，并依据结合结构域的不同进行分类，而后对与耐盐性高度相关的 MYB_superfamily 的基因表达情况进行分析。

（2）基因结构分析。CDS 序列预测与分析：优化组装的转录组序列与 Blast、Pfam、Nr、Swissprot 等数据库进行对比，提取同源序列的位置识别 CDS；将未比对上的序列以 Fasta 文件格式在 Transdecoder 软件（https://github.com/TransDecoder/TransDecoder）中运行，提取长度至少为 100 个氨基酸的开放阅读框（ORF），预测可能的编码区域，而后统计最终获得的 CDS 序列长度。

SSR 位点挖掘与分析：将 unigene 在 MISA 软件（http://pgrc.ipk-gatersleben.de/misa/）进行 SSR 检测，利用 Primer 3.0 软件对转录组序列进行 SSR 位点引物设计，并经过 PCR 扩增获得长度多态性信息。

SNP 位点预测与分析：将 unigene 与各样本数据进行比对，统计每个位点的碱基分布情况，用 SAMtools（http://samtools.sourceforge.net/）和 BCFtools 软件（https://github.com/samtools/bcftools）搜索候选 SNP。分别测量每个样本在 7 种测序深度下的 SNP 位点数，根据测序深度、碱基质量值、比对质量值和基因型质量值等综合判断纯合 SNP 和杂合 SNP，并根据单个碱基突变类型对 SNP 位点进行分析。

二、结果与分析

1. 转录因子分析

（1）转录因子家族。表 5-8 表明，黄花菜转录组与 PlantTFDB 4.0 比对，筛选得到 1 392 个 unigene 同源的转录因子序列，依据结合结构域的不同可归类为 33 个转录因子家族。其中 MYB_superfamily 家族的转录因子最多，占总数的 14.66%，这与 MYB 结构复杂有关；C2C2 和 AP2/ERF 家族的转录因子也均超过 100 个，分别占 8.55% 和占 7.97%；B3_superfamily、NAC、bHLH、bZIP 4 个家族的转录因子均达到 80 以上，占比分别为 6.25%、6.18%、6.03%、5.96%；S1Fa-like 和 Whirly 家族的转录因子最少，均只有 1 个。

表 5-8　转录因子家族信息

家族	数目	比例（%）	家族	数目	比例（%）	家族	数目	比例（%）
MYB_superfamily	204	14.66	LBD（AS2 LOB）	60	4.31	Nin-like	10	0.72
C2C2	119	8.55	C2H2	45	3.23	E2F_TDP	8	0.57
AP2/ERF	111	7.97	MADS	33	2.37	CAMTA	8	0.57
B3_superfamily	87	6.25	HSF	25	1.80	BBR-BPC	8	0.57
NAC	86	6.18	TCP	23	1.65	CPP	7	0.50
bHLH	84	6.03	GeBP	20	1.44	BES1	7	0.50
bZIP	83	5.96	LOB	19	1.36	NF-Y	6	0.43
GRAS	68	4.89	GRF	18	1.29	SRS	5	0.36
WRKY	67	4.81	SBP	17	1.22	NF-X1	3	0.22
FAR1	67	4.81	EIL	14	1.01	S1Fa-like	1	0.07
C3H	66	4.74	ZF-HD	12	0.86	Whirly	1	0.07

（2）耐盐性相关的转录因子家族。研究表明，MYB_superfamily、AP2/ERF、NAC、bHLH、bZIP、WRKY 等转录因子家族与植物耐盐性关系密切（Yokotani 等，2009；Saad 等，2013；Liu 等，2014a；Tak 等，2017；周鸿慧等，2017；An 等，2018；崔荣秀等，2019；Kumar 等，2017；潘凌云等，2022）。图 5-7 显示，上述 6 个转录因子家族涉及的转录因子数量均较多，其中 MYB 家族的 204 个转录因子基因中，有 63 个表达上调，83 个表达下调，58 个表达没有变化。说明这 6 个转录因子家族可能参与了黄花菜对盐胁迫的适应性调节，黄花菜通过调节 MYB 转录因子家族的部分基因增强了对盐胁迫的抗性，且不同转录因子成员调控基因表达不同的功能。

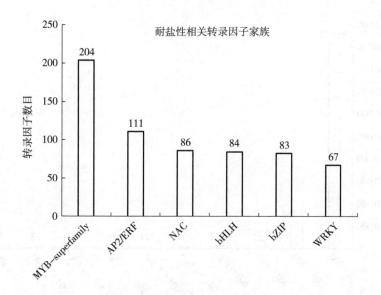

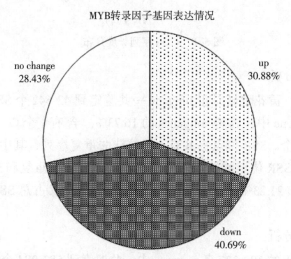

图5-7 耐盐性相关转录因子家族及 MYB 转录因子基因表达统计

2. CDS 分布

图5-8表明，黄花菜转录组序列与数据库对比得到108 662个CDS序列，随CDS序列长度增长，其数目迅速减少。其中长度在0~200bp区间的CDS序列数目最多，占序列总数的84.31%；序列长度超过200bp时，数目显著减少；长度在201~400bp的CDS序列数目占比只有10.37%；长度超过400bp的CDS序列一共只有5 787个，仅占5.33%。

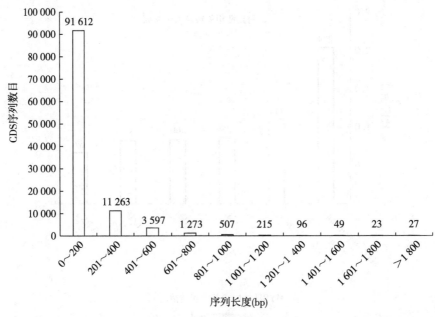

图 5-8　CDS 序列长度分布

3. SSR 特征分析

图 5-9 显示，黄花菜转录组 unigene 一共鉴定到 42 642 个 SSR 位点，包含在 32 352 个 unigene 中，占总 unigenes 的 16.73%，含有 1 个以上 SSR 位点的 unigene 有 4 915 个。SSR 位点一共有 6 种核苷酸重复序列，其中单核苷酸重复数量最多，占总 SSR 位点数的 48.49%；其次为二核苷酸重复和三核苷酸重复，分别占 26.82% 和 21.23%；六核苷酸重复数量最少，仅占总 SSR 位点数量的 0.50%。

4. SNP 特征分析

黄花菜转录组的 193 337 条 unigene 中，共搜索到 583 984 个 SNP 位点，存在于 73 925 条 unigene 中，平均每条 unigene 含有 7.9 个 SNP 位点，发生频率即含 SNP 位点的 unigene 占总 unigene 的比例为 38.24%。CK、Na150 和 Na300 处理分别含有 525 516、508 919、514 101 个 SNP 位点，均超过 50 万个。图 5-10 显示，含有 SNP 位点数量超过 100 个的 unigene，其中 TRINITY_DN68939_c11_g2 的 SNP 位点最多，有 214 个；其次是 TRINITY_DN68973_c23_g1，SNP 位点也有 211 个，其他超过 100 个 SNP 位点的 unigene 还有 24 个。

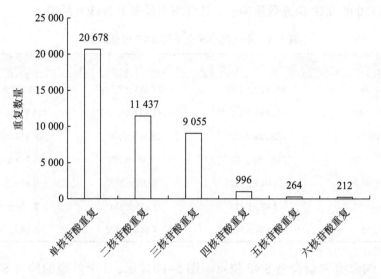

图 5-9 SSR 位点类型数量分布

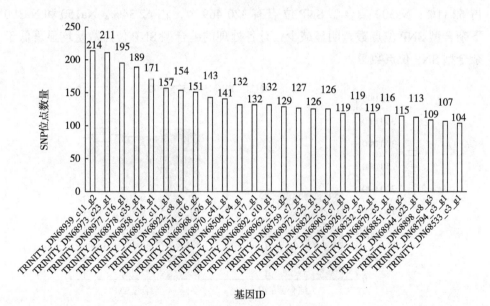

图 5-10 含有 SNP 位点的基因

（1）不同测序深度的 SNP 位点。表 5-9 表明，不同处理的 SNP 位点数量均随其测序深度增加而显著减少，测序深度 ≤ 30 时，SNP 位点最多，且在该深度下 CK 的 SNP 位点最多，Na150 下 SNP 位点数量显著减少；测序深度超过 30 时，

CK 与 Na150 的 SNP 位点数量接近，二者均明显多于 Na300 胁迫下。

表 5-9　不同测序深度下的 SNP 位点数量

测序深度	CK	Na150	Na300
≤ 30	392 622±1 733[a]	377 383±7 329[b]	388 287±669[ab]
31~100	132 894±3 475[a]	131 537±1 633[a]	125 814±7 044[a]
101~200	28 328±605[a]	28 346±808[a]	26 548±2 032[a]
201~300	10 154±408[a]	10 581±525[a]	9 379±947[a]
301~400	5 015±192[a]	5 101±273[a]	4 570±749[a]
401~500	2 972±155[a]	2 955±231[a]	2 531±440[a]
>500	7 134±342[a]	7 446±480[a]	5 745±880[b]

（2）纯合型和杂合型 SNP 位点。图 5-11 显示，3 个处理的纯合 SNP 位点数量几乎一致，均为 193 000 个左右；杂合型 SNP 位点数量差异较大，CK 的杂合型 SNP 位点为 331 807 个，占 63.14%；Na150 杂合型 SNP 位点有 316 105 个，占 62.11%；Na300 杂合型 SNP 位点有 320 469 个，占 62.34%。Na150 和 Na300 下杂合型 SNP 位点数量明显减少，且各处理的纯合型 SNP 位点数量均显著低于杂合型 SNP 位点数量。

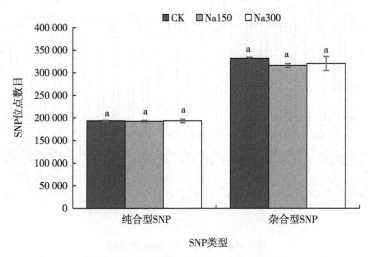

图 5-11　纯合型和杂合型 SNP 位点数量

（3）转换型和颠换型 SNP。表 5-10 表明，黄花菜转录组转换型 SNP 位点有 C-T、A-G 2 种，颠换型 SNP 位点有 A-T、A-C、T-G、C-G 4 种；CK、

Na150、Na300 处理均表现为转换型 SNP 位点数目远多于颠换型 SNP，转换 / 颠换比均约 1.5；其中转换型 SNP 位点占比约为 60.1%，且 C–T 与 A–G 数目接近，占比分别约为 29.9% 和 30.2%；颠换型 SNP 位点占比约为 39.9%，其中 A–T 数目最多，约占 14.1%，C–G 数目最少，约占 7.2%，A–C 和 T–G 数目居中，分别占 9.2% 和 9.4%；且 3 种处理的 6 种 SNP 位点，均以 CK 数目最多，Na150 数目最少，Na300 数目略多于 Na150。

表 5–10　转换型和颠换型 SNP 位点数量

处理	转换		颠换				转换 / 颠换	总计
	C–T	A–G	A–T	A–C	T–G	C–G		
CK	110 468	112 043	52 055	34 115	34 609	26 414	1.51	369 704
Na150	105 910	107 615	49 689	32 725	33 175	25 493	1.51	354 607
Na300	107 145	108 617	50 863	33 200	33 675	25 723	1.50	359 223

三、讨论与结论

随着工业化和城市化的快速发展，土壤盐渍化持续加剧，已经成为限制全球农业生产的一个重要的非生物胁迫因素。盐碱地含有高浓度盐分，会破坏植物体内的离子平衡和渗透平衡，影响其生理代谢，抑制其生长发育，甚至导致植株死亡（兰岚，2015）。但在生物演化进程中，形成了许多能够适应盐胁迫的植物。我国有约 500 多种盐生植物至少可以在含有 70mmol/L 单价盐的盐渍土壤中生活（葛瑶等，2021）。本研究中，150mmol/L NaCl 胁迫下，黄花菜植株可以正常生长，300mmol/L NaCl 胁迫下则有植株死亡。说明黄花菜耐盐性很高，但高盐胁迫仍会制约其生长，甚至造成死亡。

研究发现，当植物受到逆境胁迫威胁时，转录因子可以调节与胁迫相关基因的表达，从而改变植物的性状，使其得以适应并生存下来（Song 等，2011；Oh 等，2013；Liu 等，2014b；Han 等，2015；Wang 等，2017；李罡等，2019；潘凌云等，2022）。MYB_superfamily、AP2/ERF、NAC、bHLH、bZIP、WRKY 等家族的转录因子在各种植物中均显示出与盐胁迫有较高的相关性，是公认的逆境响应调控因子（Bhatnagar–Mathur 等，2008；王凤涛等，2010；Tang 等，2012；Li 等，2014；Wang 等，2015；Hong 等，2016；梁玉青等，2017；徐晓阳等，2019），能够增强不同基因的表达，从而提高植物对盐胁迫和干旱胁迫的抗性（Chen 等，2007；Chen 等，2009；Jin 等，2010；Wang 等，2010；Wang 等，2011；Li

等，2013；Mao 等，2014；Xu 等，2015；An 等，2018；Zhang 等，2019）。 其中 MYB_superfamily、NAC、bZIP、WRKY 等家族的转录因子可以通过介导脱落酸（ABA）等相关激素信号通路而影响植物的耐盐性（Zhao 等，2014；Wang 等，2016；Banerjee 和 Roychoudhury，2017；张丹和马玉花，2019；张慧珍等，2019）。植物受高盐环境威胁时，胁迫信号可通过 ABA 通路传递给下游的转录因子，诱导盐胁迫相关基因的表达，调节体内的水分平衡，抵抗高盐环境造成的渗透胁迫（Zhang 等，2012；Xu 等，2014；张昆等，2017）。本研究中，响应盐胁迫的转录因子家族达到 33 个，其中 MYB-superfamily、C2C2、AP2/ERF、B3-superfamily、NAC、bHLH、bZIP、WRKY 等转录因子家族响应盐胁迫的转录因子基因数目较多，说明其与黄花菜的耐盐性关系密切，可能参与了黄花菜对盐胁迫的适应性调节，具体调节机制有待今后深入研究。

在黄花菜响应盐胁迫的转录因子家族中，MYB、WRKY、NAC 三类转录因子可以介导 ABA、茉莉酸、水杨酸等信号转导通路（苟艳丽等，2020）。MYB 转录因子是一类多功能蛋白，许多 MYB 家族的蛋白与植物的耐盐性调控有密切联系，可通过增加植物对 ABA 的敏感度、增强 ABA 合成途径等提高植株抗盐能力（陈娜等，2015）。全基因组分析表明，水稻和拟南芥中至少分别含有 155、197 个 MYB 基因，且在盐胁迫下分别有 14、69 个 MYB 基因上调（Katiyar 等，2012）。本试验中，黄花菜转录组中含有 204 个 MYB 基因，其中 63 个在盐胁迫下表达上调、83 个下调，说明 MYB 基因在黄花菜抵抗盐胁迫中发挥着重要作用，MYB 基因上调可能会提高其耐盐性。WRKY 转录因子家族可以与不同蛋白间相互作用而参与不同的信号转导途径，*TaWRKY33* 可以受盐胁迫诱导表达，增强转基因拟南芥和小麦的抗盐能力（张惠媛等，2018）。玉米 *ZmSNAC1*、小麦 *TaNAC2* 和拟南芥植株 NAC 基因 *ATAF1* 可以受盐胁迫诱导表达（Lu 等，2012；Mao 等，2012）。盐害可以诱导 AP2/ERF 转录因子家族的 *GmERF089* 基因表达，且 *GmERF3* 在转基因烟草中过量表达可以增加其抗盐能力（苟艳丽等，2020）。bZIP 类转录因子是真核生物中分布最广泛、最保守的一类蛋白，当植物受到高盐胁迫时可以形成特定二聚体、蛋白质发挥多功能调节作用（陈娜等，2016），*FtSnRK2.6* 可以与苦荞 *FtbZIP5* 互作，调控 ABA 信号途径降低转基因拟南芥在盐胁迫下的氧化损伤（Li 等，2020）。本试验中，黄花菜转录组中含有 67 个 WRKY 家族转录因子、86 个 NAC 家族转录因子、83 个 bZIP 类转录因子，今后可针对这几个转录因子调控黄花菜的抗盐性机制进行研究。

研究表明，生物的基因结构具有很强的特异性，SSR 正是由于此特点成为遗传多样性及基因定位首选的标记（唐露等，2018）。本试验发现，黄花菜 SSR 位点出现频率高于百合（王晖，2012）等物种，且与许多植物不同，SSR位点类型以单核苷酸重复为主。不同物种转录组中SNP的出现频率各不相同，如桑葚转录组为1/474（王晖等，2020）、葡萄转录组为1/117（Lijavetzky等，2007）、桉树转录组为1/192（Novaes等，2008），说明SNP的频率具有物种特异性。本试验中，CK、Na150、Na300处理的黄花菜转录组序列中SNP位点的出现频率分别为1/103、1/107、1/101，高于上述3个物种。既证明SNP位点出现的物种特异性，也说明同一物种在不同的环境条件下，SNP出现频率并不相同，但是不同处理下SNP位点出现频率相近，说明SNP位点相对稳定。

研究发现，测序深度≤30时，SNP位点数目在盐胁迫下明显减少；不同处理的纯合SNP数目差异很小，但是盐胁迫下杂合型SNP位点数目明显少于CK，其中Na150的杂合型SNP数目显著少于CK，可能是黄花菜在150mmol/L NaCl胁迫下可以通过改变自身性状，适应盐胁迫环境正常生长；Na300出现死苗情况，且杂合型SNP位点数目略多于Na150，说明黄花菜在300mmol/L盐胁迫下，已经难以通过改变基因结构及表达而适应高盐环境。已经研究过的物种，其SNP位点的转换类型多于颠换类型，原因是SNP位点的转换型突变在蛋白编码过程中会出现同义突变（王晖等，2020）。王晖等（2020）报道，桑葚转录组数据中转换型SNP位点和颠换型SNP位点分别为61%、38%；对太平洋白虾（Yu等，2014）、桉树（Mantello等，2014）等的转录组研究也发现，转换型、颠换型SNP位点的占比基本都为60%、40%。本研究中，黄花菜转录组的转换型、颠换型SNP位点分别为60.2%、39.8%，也说明SNP类型及各类型的占比在不同植物中是相对稳定的。黄花菜转换型和颠换型SNP位点也均出现盐胁迫下明显少于CK，且Na300多于Na150的规律。说明盐胁迫对单核苷酸多态性具有明显影响。

总之，黄花菜在盐胁迫下可以通过调节转录因子相关基因的表达和改变其基因结构，改变自身生理状况以适应胁迫环境；植株在300mmol/L NaCl胁迫下出现死苗，且SNP数目明显下降，但是下降幅度低于150mmol/L NaCl胁迫，推测300mmol/L NaCl已经达到黄花菜耐盐的极限。本研究为黄花菜分子标记开发提供了资料，对于加快黄花菜种质资源鉴定、品种选育等工作具有重要意义。

第三节　盐胁迫下黄花菜 *CYP716A* 基因表达分析

黄花菜繁殖方法简单，一般采用母株分株繁殖，栽培上对土壤类型和酸碱度要求不严（张振贤，2008），既可食用，又可入药，开花时还具有观赏价值，在我国各地广泛栽培。山西大同是全国目前种植规模最大的黄花菜主产区，自明代起就有"黄花之乡"的盛誉（朱旭等，2016）。大同市云州区气候冷凉干燥、光照充足、昼夜温差大，有利于碳水化合物的合成和积累，加上土壤肥沃疏松，所产的大同黄花菜品质优良，还是大同市首个国家地理标志商标保护产品（韩志平，2018）。

"十二五"以来，大同市和云州区政府出台了一系列文件鼓励和扶持黄花菜产业的发展，使大同黄花菜在 2019 年种植规模就达到 26 万亩，加工销售龙头企业达到 15 家，系列产品逐渐热销（韩志平等，2020）。2020 年 5 月，习近平总书记对云州区有机黄花种植基地的视察和讲话进一步推动了大同黄花菜产业的快速发展（任勇，2020）。截至 2022 年底，大同黄花菜种植面积达到 26.5 万亩，精深加工形成四大系列几十个产品，配套服务业也不断发展，产业链不断完善，已经成为全国黄花菜产业发展最好的产区（邢宝龙等，2022）。

但是黄花菜种植和加工过程也出现了一些难以解决的问题。花期过于集中，采摘期正逢雨季，采收时人工成本过高；种植业发展过快，引进外地品种来不及选育，品种遗传多样性没有丰富，花期没有延长，反而使病虫害不断增加；多年来不断研发，但到目前仍没有一款适宜田间推广应用的采摘机械；一些新研发生产的精深加工食品市场推广难度较大等。这些问题制约着大同黄花菜产业的高质量发展。从种植角度出发，大同黄花菜规模已经难以进一步扩大，需要开发其他作物不适宜栽培的地块，如山地、丘陵、盐碱地等，否则就要占用其他主栽作物的土地面积。但山地、丘陵普遍没有水源，难以满足生长的需求，盐碱地则对作物生长不利。黄花菜对环境条件的适应性特别强，具有耐寒、耐旱、耐贫瘠的特点（范学钧，2006）。大同境内分布有大量盐碱地，植物修复是治理改良盐碱地的有效措施（朱楚馨，2015）。

近年来，一些学者研究了黄花菜生长生理对盐胁迫的响应，发现黄花菜耐盐性很强，能够依靠形态适应、渗透调节、离子区域化等机制适应盐胁迫环境，在 150mmol/L 以上浓度的单盐胁迫下仍能正常生长（韩志平等，2018；韩志平等，2020；耿晓东等，2021）。但是有关黄花菜抵抗盐胁迫的分子机制，如耐盐相关基因的结构、功能及表达调控等方面的研究，至今尚未见报道。随着对黄花菜耐盐性研究的不断深入，阐明其耐盐的分子机制，探索抗逆性相关基因的结构及其表达调控已成为迫切需要解决的问题之一。

转录组测序技术（RNA-seq）是利用高通量测序技术针对 RNA 反转录得到的 cDNA 进行测序分析的技术，已经成为现代生物学分子研究的基础（Tariq 等，

2011；Sangwan 等，2013；汤海港等，2016；崔凯等，2019）。通过高通量测序手段获得的数据可以对某物种特异时空下的 mRNA 进行精准分析，能够使得人们对于目的基因的转录组水平有所了解，也能进一步分析其理化性质，预测其结构和功能（Li 等，2013；Darwish 等，2015；穆彩琴等，2016；倪伟等，2017；李和平等，2018）。既可以与已知的基因组数据比对匹配，也可以用于获取大量未测序物种的序列信息，为后续的基因发现和分析提供基础数据，是转录组水平上分析基因时空表达的首选方法（纪薇等，2019；魏开发和李艺宣，2019；张娜等，2019）。

本研究基于盐胁迫下大同黄花菜叶片转录组数据，筛选在盐胁迫下表达显著上调的基因 *CYP716A*，对其进行序列组成和特征、酶切位点、编码蛋白理化性质、结构预测、亚细胞定位等研究，从基因结构角度分析黄花菜抗盐性的分子机制，为深入研究黄花菜抗盐分子机制奠定基础。

一、材料与方法

1. 供试材料

试验地点、供试黄花菜同第二章第四节。

2. 试验方法

幼苗移栽、缓苗期管理同第四章第二节，处理设置、处理方法、取样方法及转录组测序方法同本章第一节。

3. 基因序列来源

黄花菜转录组原始数据经优化组装得到高质量转录组序列，用 RSEM 软件（Li 和 Dewey，2011）分析得到在盐胁迫下差异表达显著的基因，从中选择表达显著上调的细胞色素基因超家族 P450（CYP450s）（Ma 等，2021）下亚族基因 *CYP716A*（基因组序列号：NC_003076.8），通过查询 NCBI 数据库（http://www.ncbi.nlm.nih.gov/）得到两个同源基因 *CYP716A1* 和 *CYP716A2*，其序列信息见表5–11。

表 5–11　*CYP716* 序列信息

序号	基因名称	核酸序列号	氨基酸序列号	轨迹标记号
1	*CYP716A1*	NM_123002.2	NP_198460.1	AT5G36110
2	*CYP716A2*	NM_123005.2	NP_198463.1	AT5G36140

4. 生物信息学分析

（1）基因序列的组成和特征。用 BIOEDIT 软件对 *CYP716A* 两个同源基因的 A、T、C、G 数量、整体结构长度和质量进行鉴定。

（2）核酸开放阅读框（ORF）。用 ORF Finder 软件（http://www.ncbi.nlm.nih.gov/gorf/orfig.cgi）分析 *CYP716A* 序列的 ORF，确定转录蛋白在基因片段上的起始点与终点，寻找蛋白质编码区。

（3）基因的酶切图谱。用在线 NEBcutter V2.0 程序（http://tools.neb.com/NEBcutter2/）进行酶切图谱分析，获知 *CYP716A* 基因的各个酶切位点。

（4）蛋白质序列理化性质。用 EXPASY 在线工具（http://web.expasy.org/protparam/）分析氨基酸的组成数量特征、转录蛋白的分子量大小、氨基酸溶解平衡时等电点大小、不稳定性指数及亲水性指数等基本理化性质（王小敏等，2021）。

（5）基因编码蛋白的结构。用在线工具 Translate（http://web.expasy.org/translate/）、Antheprot、Swiss-Model（http://swissmodel.expasy.org/）分别进行氨基酸序列翻译、二级结构和三级结构预测。

（6）亚细胞定位。用在线亚细胞定位工具 PSORT，预测 *CYP716A* 基因编码蛋白质的功能。

二、结果与分析

1. 基因序列的组成和特征

CYP716A1 基因序列的组成和特征分析结果为：

NM_123002.2：22-1455 *Arabidopsis thaliana* cytochrome P450，family 716，subfamily A，polypeptide 1（*CYP716A1*）

Length = 1 434 base pairs

Molecular Weight = 435 174.00 Daltons，single stranded

Molecular Weight = 870 303.00 Daltons，double stranded

G+C content = 44.00%

A+T content = 56.00%

Nucleotide	Number	Mol%
A	408	28.45
C	312	21.76
G	319	22.25
T	395	27.55

CYP716A2 基因序列的组成和特征分析结果为：

NM_123005.2 *Arabidopsis thaliana* cytochrome P450，family 716，subfamily A，polypeptide 2（*CYP716A2*）

Length = 1 029 base pairs

Molecular Weight = 312 579.00 Daltons，single stranded

Molecular Weight = 624 503.00 Daltons，double stranded

G+C content = 43.93%

A+T content = 56.07%

Nucleotide Number Mol%

  A   292   28.38

  C   232   22.55

  G   220   21.38

  T   285   27.70

分析结果表明，*CYP716A1* 基因的核苷酸序列总长为 1 434bp，单链分子量为 435 174Dal，双链分子量为 870 303Dal；其中 CG 碱基对占比 44.00%，AT 碱基对占比 56.00%，腺嘌呤占比 28.45%，胞嘧啶占比 21.76%，鸟嘌呤占比 22.25%，胸腺嘧啶数量占比 27.55%。*CYP716A2* 基因的核苷酸序列总长为 1 029bp，单链分子量为 312 579Dal，双链分子量为 624 503Dal；其中 CG 碱基对占比 43.93%，AT 碱基对占比 56.07%，腺嘌呤占比 28.38%，胞嘧啶占比 22.55%，鸟嘌呤占比 21.38%，胸腺嘧啶占比 27.70%。说明两个同源基因总长度虽然不同，但是 CG 碱基对、AT 碱基对占比基本一致，4 种碱基核苷酸的数量占比大致相同，说明其理化性质相似。

2. 核酸开放阅读框（ORF）

分析发现，*CYP716A1* 的开放阅读框存在 11 种可能，其中可能性最大的是 ORF1，*CYP716A1* 的翻译读框是从 1 至 1 434 的读框，方向是 5′→3′ 正向，翻译框内碱基数量是 1 434bp（表 5–12）。*CYP716A2* 的开放阅读框存在 7 种可能，其中可能性最大的是 ORF2，*CYP716A2* 的翻译读框是从 35 至 991 的读框，方向是 5′→3′ 正向，翻译框内碱基数量是 957bp（表 5–13）。

表 5–12 CYP716A1 ORF

序号	方向	起点	终点	碱基数量
ORF1	+	1	1 434	1 434
ORF8	−	782	510	273

续表

序号	方向	起点	终点	碱基数量
ORF9	−	425	165	261
ORF5	+	495	677	183
ORF7	−	1 088	927	162
ORF10	−	1 249	1 103	147
ORF11	−	1 036	299	138
ORF6	−	183	364	120
ORF2	+	449	556	108
ORF3	+	866	964	99
ORF4	+	225	305	81

表 5–13　*CYP716A2* ORF

序号	方向	起点	终点	碱基数量
ORF2	+	35	991	957
ORF5	−	804	532	273
ORF6	−	447	235	213
ORF1	+	517	699	183
ORF7	−	505	386	120
ORF3	+	471	578	108
ORF4	+	888	965	78

3. 基因的酶切图谱

将待查询的序列提交至 NEBcutter 的程序主页，选择环形图谱类型、内切酶数据库 NEB Enzymes 进行酶切分析，获得酶切图谱。图 5–12 和图 5–13 显示，*CYP716A1* 共有 37 个酶切位点，*CYP716A2* 共有 39 个酶切位点，其中常用酶切位点的信息见表 5–14。

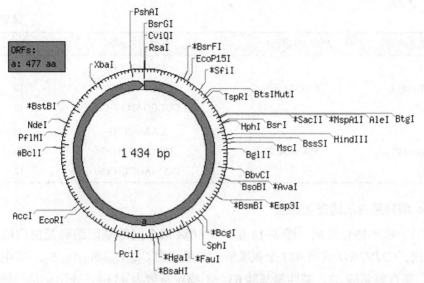

图 5-12 CYP716A1 酶切图谱

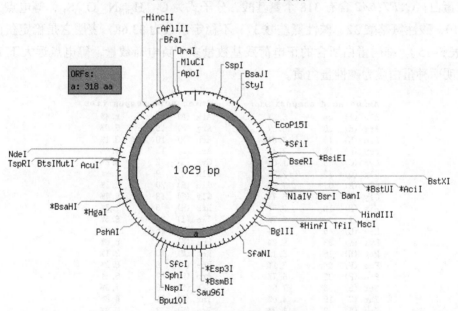

图 5-13 CYP716A2 酶切图谱

表 5-14 常见核酸内切酶

名称	切割位点	寡核苷酸序列	链长
		GGAATTCC	8
EcoR I	5′ G^AATTC 3′	CGGAATTCCG	10
		CCGGAATTCCGG	12

名称	切割位点	寡核苷酸序列	链长
		CGGATCCG	8
BamH I	5′ G^GATCC 3′	CGGGATCCCG	10
		CGCGGATCCGCG	12
		CAAGCTTG	8
Hind III	5′ A^AGCTT 3′	CCAAGCTTGG	10
		CCCAAGCTTGGG	12

4. 编码蛋白质的理化性质

（1）基本理化性质。图 5-14 是 *CYP716A* 两个同源基因编码蛋白质的氨基酸组成，*CYP716A1* 含有 477 个氨基酸，分子式为 $C_{2505}H_{3893}N_{663}O_{682}S_{20}$，等电点为 9.18，酸性氨基酸 53，碱性氨基酸 63，不稳定系数为 45.64，表明它是一种不稳定蛋白；*CYP716A2* 含有 318 个氨基酸，分子式为 $C_{1660}H_{2611}N_{425}O_{453}S_{12}$，等电点为 9.10，酸性氨基酸 32，碱性氨基酸 37，不稳定系数为 33.68，表明它是稳定蛋白（表 5-15）。编码蛋白所含的正电荷残基数量多于负电荷数量，等电点远大于 7，说明两种蛋白质为碱性蛋白质。

```
Amino acid composition          Amino acid composition
Ala (A)   24    5.0%            Ala (A)   14    4.4%
Arg (R)   30    6.3%            Arg (R)   16    5.0%
Asn (N)   18    3.8%            Asn (N)   10    3.1%
Asp (D)   16    3.4%            Asp (D)   12    3.8%
Cys (C)    5    1.0%            Cys (C)    2    0.6%
Gln (Q)   13    2.7%            Gln (Q)    9    2.8%
Glu (E)   37    7.8%            Glu (E)   20    6.3%
Gly (G)   27    5.7%            Gly (G)   18    5.7%
His (H)   12    2.5%            His (H)    8    2.5%
Ile (I)   32    6.7%            Ile (I)   27    8.5%
Leu (L)   45    9.4%            Leu (L)   35   11.0%
Lys (K)   33    6.9%            Lys (K)   21    6.6%
Met (M)   15    3.1%            Met (M)   10    3.1%
Phe (F)   34    7.1%            Phe (F)   26    8.2%
Pro (P)   32    6.7%            Pro (P)   17    5.3%
Ser (S)   36    7.5%            Ser (S)   25    7.9%
Thr (T)   19    4.0%            Thr (T)   21    6.6%
Trp (W)    8    1.7%            Trp (W)    3    0.9%
Tyr (Y)   12    2.5%            Tyr (Y)    5    1.6%
Val (V)   29    6.1%            Val (V)   19    6.0%
Pyl (O)    0    0.0%            Pyl (O)    0    0.0%
Sec (U)    0    0.0%            Sec (U)    0    0.0%

(B)    0    0.0%               (B)    0    0.0%
(Z)    0    0.0%               (Z)    0    0.0%
(X)    0    0.0%               (X)    0    0.0%

         A                              B
```

图 5-14　*CYP716A1*（A）和 *CYP716A2*（B）的氨基酸组成

表 5-15 *CYP716A* 编码蛋白理化性质

蛋白质名称	负电荷残基数	正电荷残基数	分子式	等电点	不稳定系数	亲水性系数
CYP716A1	53	63	$C_{2505}H_{3893}N_{663}O_{682}S_{20}$	9.18	45.64	−0.224
CYP716A2	32	37	$C_{1660}H_{2611}N_{425}O_{453}S_{12}$	9.10	33.68	0.063

（2）疏水性。利用 BIOEDIT 软件对 *CYP716A* 两个同源基因编码蛋白质的疏水性分析显示，CYP716A1 整体数据偏向于均线下方，预测平均疏水性为 −0.224，说明其为亲水性蛋白（图 5-15）；CYP716A2 整体数据偏向于均线上方，预测平均疏水性为 0.063，说明其为疏水性蛋白（图 5-16）。

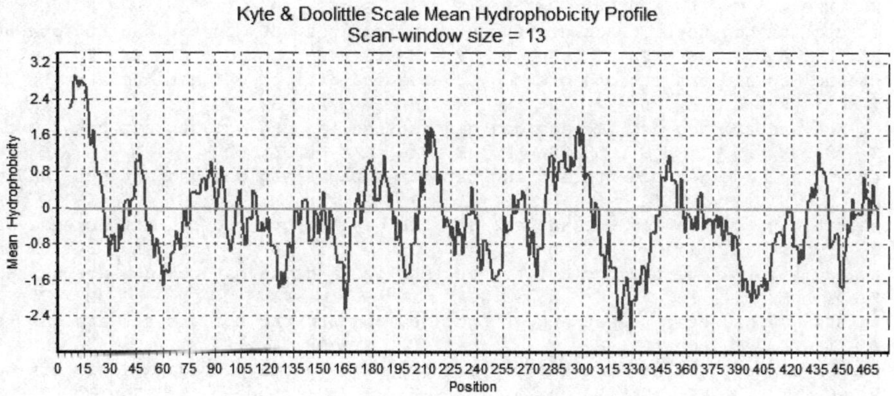

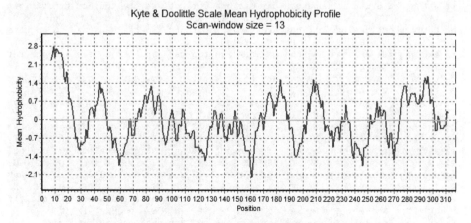

图 5-15 CYP716A1 疏水性分析

图 5-16 CYP716A2 疏水性分析

5. 编码蛋白质的结构

（1）氨基酸序列。利用 translate tools 将基因转录生成氨基酸序列。结果表明，CYP716A1 蛋白 ATG 为起始密码子，从 1~1 434 的 ORF1 编码框共有 1 434bp，翻译 477 个氨基酸，直到 TGA 出现，作为终止密码子结束翻译（图 5-17）；CYP716A2 蛋白 ATG 为起始密码子，从 35~991 的 ORF2 为编码框共 957bp，翻译 318 个氨基酸，直到 TAA 出现，作为终止密码子结束翻译（图 5-18）。

```
 M   Y   M   A   I   M   I   I   L   F   L   S   S   I   L   L   S   L   L   L
tc  ctt aga aaa cat ttg tca cac ttc tcc tat ccc aac ctt cct ccc gga aat acc ggc
 L   L   R   K   H   L   S   H   F   S   Y   P   N   L   P   P   G   N   T   G
tt  ccc tta atc gga gag agt ttc tcc ttc ctc tct gct ggc cgt caa ggc cat cca gag
 L   P   L   I   G   E   S   F   S   F   L   S   A   G   R   Q   G   H   P   E
ag  ttc atc act gac cga gtt cgt cgc ttc tcc tcc tca tgt gtc ttc aag acc
 K   F   I   T   D   R   V   R   R   F   S   S   S   S   C   V   F   K   T
ac  ctc ttt ggg tct ccc acc gcg gtg gtg act ggt gca tct ggg aac aag ttt cta ttc
 H   L   F   G   S   P   T   A   V   V   T   G   A   S   G   N   K   F   L   F
ct  aac gag aac aag ctt gtg gtc tcg tgg tgg cca gat tcc gtt aat aag atc ttc cct
 T   N   E   N   K   L   V   V   S   W   W   P   D   S   V   N   K   I   F   P
ct  tca atg cag acg agc tcc aaa gaa gaa gcc agg aag ctg agg atg ctt ctt tcg cag
 S   S   M   Q   T   S   S   K   E   E   A   R   K   L   R   M   L   L   S   Q
tc  atg aag ccc gag gct ttg agg agg tat gtt ggt gtt atg gat gag att gct caa aga
 F   M   K   P   E   A   L   R   R   Y   V   G   V   M   D   E   I   A   Q   R
at  ttt gag acg gaa tgg gcc aat caa gat caa gtc att gtc ttc cct ctt acc aaa aag
 H   F   E   T   E   W   A   N   Q   D   Q   V   I   V   F   P   L   T   K   K
tc  acg ttt tca ata gca tgc cgt tcg ttc ctg agc atg gaa gat ccc gca aga gta agg
 F   T   F   S   I   A   C   R   S   F   L   S   M   E   D   P   A   R   V   R
aa  cta gaa gag caa ttc aac gta gcg gta gcg gta ggg atc ttc tca atc cca ata gac tta
 Q   L   E   E   Q   F   N   T   V   A   V   G   I   F   S   I   P   I   D   L
ca  gga aca cgg ttt aac cga gcc atc aag gcg tcg agg tta ctc aga aaa gag gtt tcc
 P   G   T   R   F   N   R   A   I   K   A   S   R   L   L   R   K   E   V   S
ct  atc gta agg cag agg aaa gaa gag ctc aaa gcc ggg aaa gca tta gag gag cac gac
 A   I   V   R   Q   R   K   E   E   L   K   A   G   K   A   L   E   E   H   D
ta  tta tct cac atg ttg atg aat ata gga gag acc aaa gac gag gat ttg gct gat aaa
 I   L   S   H   M   L   M   N   I   G   E   T   K   D   E   D   L   A   D   K
tt  att gga ttg tta atc gga gga cat gac aca gct agt atc gta tgc act ttc gtt gtc
 I   I   G   L   L   I   G   G   H   D   T   A   S   I   V   C   T   F   V   V
at  tat ctt gct gaa ttc cct cat gtc tac caa cgt gta cta caa gag caa aag gag ata
 N   Y   L   A   E   F   P   H   V   Y   Q   R   V   L   Q   E   Q   K   E   I
ta  aag gag aaa aaa gaa aag gaa gga tta agg tgg gag gac att gag aaa atg aga tat
 L   K   E   K   K   E   K   E   G   L   R   W   E   D   I   E   K   M   R   Y
ca  tgg gtt gca tgt gaa gtg atg aga att gtt cct cct ctt ggc act ttt cgt
 S   W   N   V   A   C   E   V   M   R   I   V   P   P   L   S   G   T   F   R
ag  gcc att gat cac ttc tct ttt aag ggt ttt tac att ccc aaa gga tgg aag tta tat
 E   A   I   D   H   F   S   F   K   G   F   Y   I   P   K   G   W   K   L   Y
gg  agt gcc acc gcg aca cat atg aat cca gac tac ttc cca gaa cca gag aga ttt gag
 W   S   A   T   A   T   H   M   N   P   D   Y   F   P   E   P   E   R   F   E
ca  aac cgt ttc atg gga agt ggt ccg aag cct tat acc tat gtt cca ttt gga gga gga
 P   N   R   F   M   G   S   G   P   K   P   Y   T   Y   V   P   F   G   G   G
ca  aga atg tgt cca gga aaa gag tat gct agg ctt gag att ctt ata ttc atg cac aat
 P   R   M   C   P   G   K   E   Y   A   R   L   E   I   L   I   F   M   H   N
tt  gtt aat aga ttt aag tgg gaa aaa gtg ttt cca aat gaa aat aaa ata gtt gtt gat
 L   V   N   R   F   K   W   E   K   V   F   P   N   E   N   K   I   V   V   D
cc  tta cca ata cca gac aaa ggt ctc cct ata aga att ttt cct caa tct tga
```

图 5-17 *CYP716A1* 基因翻译氨基酸序列

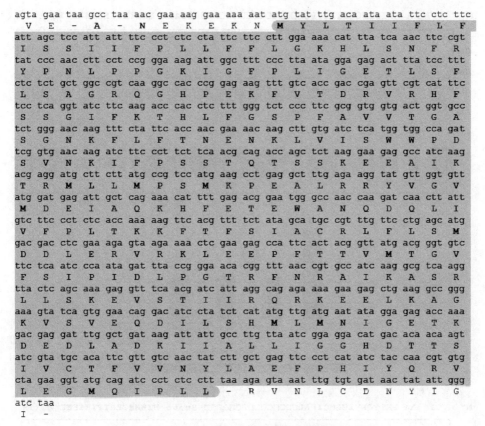

图 5-18 *CYP716A2* 基因翻译氨基酸序列

（2）二级结构预测。蛋白质的碳链构象形成的二级结构总共有 4 种：α 螺旋、β 折叠、β 转角、无规则卷曲。当 α 螺旋含量大于 45%，β 折叠含量小于 5% 时为 all-alpha 型；α 螺旋含量小于 5%，β 折叠含量大于 45% 时为 all-beta 型；当 α 螺旋含量大于 30%，β 折叠含量小于 20% 时为 alpha-beta 型；其他情况为 mixed 型。图 5-19 显示，CYP716A1 的螺旋结构含量高于 40%，折叠数量低于 20%，说明 CYP716A1 为 alpha-beta 型。图 5-20 表明，CYP716A2 的螺旋结构含量高于 40%，折叠数量高于 20%，说明 CYP716A2 为 mixed 类型。

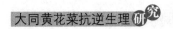

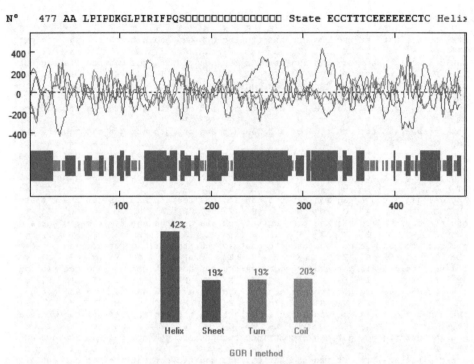

图 5–19　CYP716A1 的二级结构预测

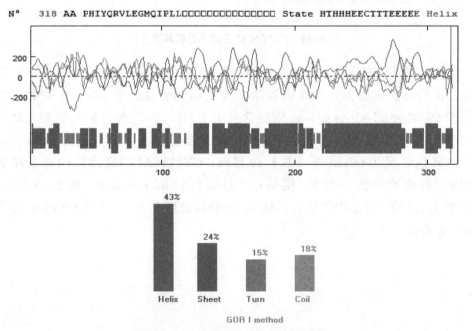

图 5–20　CYP716A2 的二级结构预测

（3）三级结构预测。图 5-21 显示，*CYP716A1* 和 *CYP716A2* 编码的两种蛋白的三级结构中，各种二级结构通过组合变形，共同构成了蛋白质的三维结构。

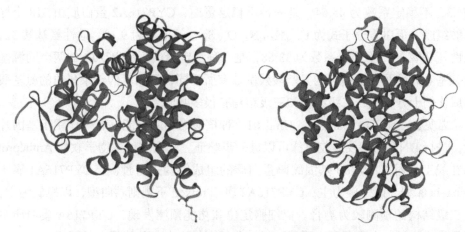

图 5-21　CYP716A1 和 CYP716A2 蛋白的三级结构

（4）亚细胞定位。表 5-16 和表 5-17 表明，CYP716A1 和 CYP716A2 两种蛋白质均主要出现于内质网、质膜和过氧化物酶体中，二者作为信号肽的概率均最大，预测值分别为 0.854 2 和 0.603 1。推测 CYP716A 编码蛋白主要作为信号肽，在分泌蛋白的形成中起重要作用。

表 5-16　CYP716A 蛋白质位点预测

序列	内质网膜值	质膜值	过氧化物酶体值	内质网管腔值
CYP716A1	0.820	0.514	0.375	0.100
CYP716A2	0.820	0.514	0.385	0.100

表 5-17　蛋白质功能预测

序列	信号肽值	线粒体转移肽值	叶绿体转移肽值	类囊体腔转移肽值	其他值
CYP716A1	0.854 2	0.020 1	0.004 9	0.002 4	0.118 4
CYP716A2	0.603 1	0.007 8	0.015 8	0.004 1	0.369 2

三、讨论与结论

本文利用生物信息学分析技术对黄花菜转录组中在盐胁迫下显著上调的 *CYP716A* 基因的组成和特征、序列编码区 ORF、酶切图谱、编码蛋白质的理化性质及其结构进行分析和预测。结果发现，CYP716A1 蛋白质由 477 个氨基酸组成，分子式为 $C_{2505}H_{3893}N_{663}O_{682}S_{20}$，等电点为 9.18，酸性氨基酸 53，碱性氨基酸 63，不稳定系数为 45.64，是一种不稳定蛋白；CYP716A2 蛋白质由 318 个氨基酸组成，蛋白质分子式为 $C_{1660}H_{2611}N_{425}O_{453}S_{12}$，等电点为 9.10，酸性氨基酸 32，碱性氨基酸 37，不稳定系数为 33.68，是一种稳定蛋白。*CYP716A* 的两个同源基因碱基对数量及其所编码的氨基酸残基数有所不同，但二者的转录蛋白的氨基酸构成比例十分相似，二级结构和三级结构有很多共同之处。

常见的 EcoR I、BamH I、Hind III 3 种核酸内切酶都能够有效作用于基因片段，进行 DNA 酶切及凝胶电泳可以进一步验证。采用本地生物学软件 Antheprot 和在线工具对 *CYP716A* 基因编码蛋白质的组成结构进行预测，CYP716A1 属于 alpha-beta 型，以螺旋为主；CYP716A2 属于 mixed 不规则卷曲型，以螺旋为主，与三级结构的预测较为吻合。亚细胞定位和功能预测发现，CYP716A 蛋白质主要是作为信号肽在内质网、质膜、过氧化物酶体中参与分泌蛋白的形成。

植物细胞色素 P450（CYP450s）超基因家族在植物生长发育及胁迫响应调节机制中扮演着重要角色，作为加氧酶参与代谢反应（Yang 等，2020；崔会婷等，2020；Lucy 等，2021）。已经研究的 200 多种植物的有关 *CYP716* 的进化分析显示，*CYP716* 家族主要参与三萜的生物合成，其中 *CYP716A* 亚家族已被证实能催化三萜的生物合成（朱灵英等，2019）。大约 20 种 *CYP716A* 具有三萜类化合物香树脂醇 / 羽扇豆醇的 C28- 氧化酶的活性，这些 *CYP716As* 中的大多数催化香树脂醇 / 羽扇豆醇骨架的连续三步氧化反应（田荣等，2021）。三萜皂苷类化合物是固醇类化合物生物合成的关键前体物质，也是一种防御性化合物（Tian 等，2021；徐子娴等，2021）。本研究选择的 *CYP716A* 基因在盐胁迫下表达显著上调，说明其参与的代谢反应有利于黄花菜抵抗盐胁迫。

总之，本研究分析了盐胁迫下黄花菜叶片显著上调的细胞色素基因超家族 P450 下亚族基因 *CYP716A* 及其编码蛋白的结构和功能，为深入研究该基因在黄花菜抗盐性中的调控机制奠定了理论基础，对于阐明黄花菜抗盐的分子机制具有重要意义。

第六章 大同黄花菜水分胁迫及铜胁迫生理研究

第一节 大同黄花菜对水分胁迫的生长生理响应

水分在植物的生长发育过程中扮演着极其重要的作用（张立军和刘新，2011；刘亚丽，2011；蔡庆生，2014）。细胞内的生理代谢过程均需要在水溶液中进行，水分缺乏时的干旱或水分过多时的涝害均会对植物的生长发育造成不利影响（王莺璇，2012；王三根和宗学凤，2015）。全球干旱、半干旱地区面积约占陆地总面积的35%，干旱、半干旱耕地面积占世界总耕地面积的43%（武维华，2018）。我国是世界上主要的干旱国家之一，干旱、半干旱耕地面积约占全国总耕地面积的52%（张立军和刘新，2011；武维华，2018）。华北部分地区和西北大部分地区降雨量少、干旱频发，华南和华东地区则夏秋季雨水天气持续，经常发生涝害。其中干旱是最严重的自然灾害之一，对人类生产生活有重大影响，具有频率高、范围广、时间长的特点（董杰和贾学峰，2004；邓振镛等，2009）。干旱的发生与持续，不但会造成农业生产的巨大经济损失，还会带来很多生态、环境问题，如水资源短缺、荒漠化加剧和沙尘暴频繁等（邹旭恺和张强，2008）。随着现代工业的发展，人类社会经济水平不断提升，水资源短缺现象越来越严重，导致干旱程度加深，已经成为全球关注的重大资源和农业问题之一。

大同市位于山西省最北部，晋冀蒙三省（区）交汇处，属于黄土高原重半干旱区，年平均降雨量仅400mm（卢映书，2000；袁瑞强等，2015）。境内水资源缺乏，仅有的6条河流水量很小，且几乎都是季节性河流，地下矿产的过量开采又使地下水位普遍下降，再加上风沙天气较多，干旱频发，对农业生产造成严重威胁（周晋红，2010）。近10几年来，区域内城市化建设进程加快，同时各级政府特别重视植树造林，绿化覆盖面积不断增加，空气污染状况明显改善，但降雨量未见增加。而且区域内灌溉设施落后，作物生产主要依靠自然降雨，因此干旱胁迫仍然是影响本地农业生产的重大因素（李效珍等，2009；庞鑫，2017）。

黄花菜（*Hemerocallis citrina* Bar.）耐寒、耐旱、耐贫瘠（安志信和李素文，2010），对土壤类型和酸碱度要求不严，适合各种土地栽培，对光照的适应范围也非常广，可与其他高大植物套作（张振贤，2008）。而且繁殖方法简单，一般采用母株分株繁殖，成活率高。还具有较高的营养价值，既可食用，又可入药，具有较高的经济价值（毛建兰，2008；邢宝龙等，2022）。因此，在全国各地均有黄花菜栽培。大同黄花菜苗大薹繁、角长肉厚、七蕊色黄、脆嫩清口，营养价值极高，是山西省和大同市名优农产品，在全国独树一帜（高洁，2013；韩志平等，2020）。

当前，有关黄花菜的研究多集中在栽培和繁殖技术、品种遗传多样性、功能成分提取与利用、精深加工工艺研究等方面（杨玉凤等，2004；胡明文，2008；陈志峰，2014；李云霞，2014；郑家祯等，2018；李勇等，2019），对于黄花菜水分胁迫抗性生理方面的研究尚未见报道。黄花菜对环境条件的适应性很强，利用丘陵旱地种植黄花菜，既不会影响耕地面积，又可以大幅度提高黄花菜产量，还有利于水土保持、避免荒漠化、改善种植区小气候环境，有利于黄花菜产业的可持续发展。本节研究了基质不同含水量对盆栽砂培黄花菜生长和生理特性的影响，探索黄花菜对水分胁迫的耐性及其生理机制，对于大同黄花菜的产业发展和大同地区的生态文明建设具有重要意义。

一、材料与方法

1. 供试材料

试验地点、供试黄花菜同第二章第四节。

2. 试验方法

幼苗移栽同第二章第四节。缓苗期每 2d 浇 1/2 Hoagland 营养液 500mL/盆，提供充足的养分和水分。1 周后开始不同基质含水量处理。试验设 5 个处理：基质饱和持水量的 15%（重旱，T1）、30%（中旱，T2）、60%（正常灌水，T3）、115%（中涝，T4）和 230%（重涝，T5）。基质饱和持水量为 0.703kg/盆，重复 3 次。试验期间每 3d 浇 1 次水，中涝和重涝处理的栽培盆，通过增加浇水频率保证基质含水量。处理后第 0d、第 10d、第 20d、第 30d 在早 7:00 取展开叶测定生理指标，试验结束时每处理取 8 株植株测定生长指标。

3. 测定项目及方法

生长指标：株高、叶片数、最大叶面积的测定方法同第二章第一节，根长、新生根数、地上部和根系的鲜质量、干质量和含水量的测定方法同第二章第四节。

生理指标：光合色素、MDA 含量和质膜透性的测定方法同第二章第四节，抗坏血酸、脯氨酸、可溶性糖和可溶性蛋白含量的测定方法同第二章第三节，POD 活性的测定方法同第三章第二节。

数据整理、方差分析和作图方法同第二章第二节。

二、结果与分析

1. 植株生长

（1）形态指标。表 6-1 表明，水分胁迫后 30d 时，随基质含水量的增加，株高、叶片数、最大叶长、最大叶宽、最大叶面积和新根数基本呈现"升高 - 降低"的规律，各形态指标均在基质含水量为饱和持水量的 60% 即正常灌水下达到最大。重旱和重涝下，株高、叶片数、最大叶面积、新根数分别比正常灌水降低 9.10%、17.26%、5.99%、32.65% 和 8.23%、24.85%、23.63%、15.23%。说明黄花菜在基质含水量 60% 时形态生长最好，基质含水量过多或过少都会抑制植株的形态建成，且胁迫程度越大，抑制程度就越重。

表 6-1　形态指标

处理	株高 （cm）	叶片数 （N）	最大叶长 （cm）	最大叶宽 （cm）	最大叶面积 （cm^2）	新根数 （N）
T1	40.67±0.67^b	11.12±0.72^{bc}	40.97±0.79^{ab}	1.22±0.06^a	27.01±0.87^{ab}	12.87±0.64^c
T2	40.02±1.47^b	12.33±0.70^{ab}	39.96±1.41^b	1.20±0.06^a	25.22±1.41^b	19.00±0.79^a
T3	44.34±1.81^a	13.44±0.42^a	42.90±1.20^a	1.27±0.06^a	28.73±1.67^a	19.11±0.80^a
T4	42.21±1.47^{ab}	11.40±0.40^b	42.66±1.27^a	1.20±0.05^a	26.18±1.46^{ab}	17.40±0.70^{ab}
T5	40.69±1.60^{ab}	10.10±0.39^c	39.95±1.43^b	1.01±0.04^b	21.94±0.76^c	16.20±0.44^b

（2）生物量和含水量。表 6-2 显示，随基质含水量增加，叶片鲜质量和干质量、根系鲜质量均表现"增加 - 降低"的规律，在正常灌水下达到最大值；根系干质量逐渐降低，但仅中涝和重涝下显著低于重旱和中旱处理，其他处理间没有显著差异；各处理的地上含水量相对稳定，根系含水量逐渐增加，

但仅重旱和中旱下显著低于其他3个处理。重旱和重涝下，叶片鲜质量和干质量、根系鲜质量分别比正常灌水时降低22.45%、19.51%、23.37%和35.39%、34.76%、27.03%。说明黄花菜生物量积累最适的基质含水量是饱和持水量的60%，干旱和涝害都会影响生物量积累，且胁迫程度越重，生物量积累越少，但植株地上部含水量几乎不受灌水量的影响，根系含水量则随基质含水量提高而增加，说明黄花菜植株在水分胁迫下具有通过促进根系吸收水分，减轻胁迫伤害的能力。

表6-2 生物量和含水量

处理	叶片			根系		
	鲜质量（g）	干质量（g）	含水量（%）	鲜质量（g）	干质量（g）	含水量（%）
T1	7.67±0.59[bc]	1.32±0.10[bc]	82.71±0.32[a]	19.02±1.24[bcd]	4.93±0.32[a]	74.07±0.49[c]
T2	7.56±0.40[bc]	1.29±0.10[bc]	83.12±0.52[a]	21.58±1.67[ab]	4.86±0.43[a]	77.66±0.34[b]
T3	9.89±0.47[a]	1.64±0.11[a]	83.45±0.55[a]	24.82±1.39[a]	4.46±0.24[ab]	81.98±0.36[a]
T4	8.07±0.56[b]	1.35±0.09[ab]	83.19±0.57[a]	21.19±1.39[bc]	3.94±0.25[bc]	81.33±0.59[a]
T5	6.39±0.43[c]	1.07±0.07[c]	83.24±0.32[a]	18.11±0.96[d]	3.23±0.30[c]	82.45±0.67[a]

2. 光合色素含量

表6-3表明，叶片各光合色素含量在水分胁迫下均呈"增加－降低"的规律，不同处理时间规律略有不同；处理后10和20d时，各光合色素含量在中涝下达到最大值，涝害下均高于干旱下；处理后30d时各光合色素含量在正常灌水下达到最大值，中涝、重涝下分别高于中旱、重旱下。结果说明，黄花菜叶片光合色素代谢明显受到水分胁迫的影响，且光合色素代谢与水分胁迫时间和胁迫程度有关，胁迫时间较短时，增加灌水量有利于光合色素的合成，随着胁迫时间的延长，不管是干旱还是涝害胁迫程度增大，均会抑制光合色素的合成而促进其分解，比较而言，干旱对黄花菜叶片光合色素代谢的影响要明显大于同等程度的涝害。

表6-3 光合色素含量 （μg/cm²）

光合色素种类	处理	0d	10d	20d	30d
	T1	20.15±0.54[ab]	19.35±0.45[c]	18.88±0.57[d]	17.11±0.49[d]
叶绿素a	T2	19.25±0.45[b]	20.56±0.76[bc]	20.56±0.51[c]	18.64±0.50[c]
	T3	19.75±0.59[b]	21.33±0.31[b]	21.87±0.34[b]	20.97±0.40[a]

续表

光合色素种类	处理	0d	10d	20d	30d
	T4	20.15±0.68ab	22.57±0.38a	23.07±0.38a	19.73±0.56b
	T5	20.65±0.18a	21.91±0.83ab	20.36±0.43c	18.66±0.37c
	T1	7.04±0.41a	6.60±0.29b	6.53±0.32c	5.59±0.36d
	T2	6.96±0.36a	6.72±0.27b	7.25±0.37b	6.17±0.15c
叶绿素 b	T3	6.71±0.52a	7.49±0.45a	7.82±0.36ab	7.17±0.25a
	T4	6.97±0.05a	7.49±0.42a	8.28±0.61a	6.72±0.22b
	T5	7.11±0.56a	7.31±0.29a	7.40±0.26a	5.99±0.45a
	T1	13.82±0.30a	12.25±0.51c	11.88±0.13b	10.87±0.34c
	T2	12.72±0.47b	12.58±0.53bc	12.67±0.47a	11.84±0.53b
类胡萝卜素	T3	13.09±0.39ab	13.02±0.28b	13.13±0.48a	13.26±0.41a
	T4	13.07±0.48ab	13.70±0.35a	13.14±0.32a	12.40±0.50ab
	T5	13.81±0.59a	13.16±0.43ab	12.26±0.69a	11.43±0.66b

3. 膜脂过氧化

图 6–1 表明，叶片质膜透性随基质含水量增加表现"降低–增加"的规律，在正常灌水下最低，干旱或涝害均使质膜透性显著高于正常灌水；处理后 10d 时质膜透性在重旱下最大，处理后 20d 和 30d 时均在重涝下最大。抗坏血酸含量随基质含水量增加表现"降低–升高"的规律，正常灌水时含量最低，但相邻处理间差异均不显著，重旱和重涝下显著高于正常灌水。随基质含水量提高，POD 活性在处理后 10d 时表现"降低–增加"的规律，正常灌水下最小；在处理后 20d 和 30d 时 POD 活性呈"增加–降低"的规律，在正常灌水下最大，且干旱或涝害均使 POD 活性显著降低。说明干旱和涝害都能造成黄花菜植株的膜脂过氧化伤害，且膜脂过氧化伤害程度随胁迫程度增加而加大；抗坏血酸含量在各处理间变化幅度不大，POD 活性在短期胁迫下增加而长期胁迫下降低，说明黄花菜在水分胁迫下，主要不是依靠抗坏血酸或 POD 来清除活性氧，可能是通过其他抗氧化物质或抗氧化酶来清除自由基，从而减轻膜脂过氧化伤害。

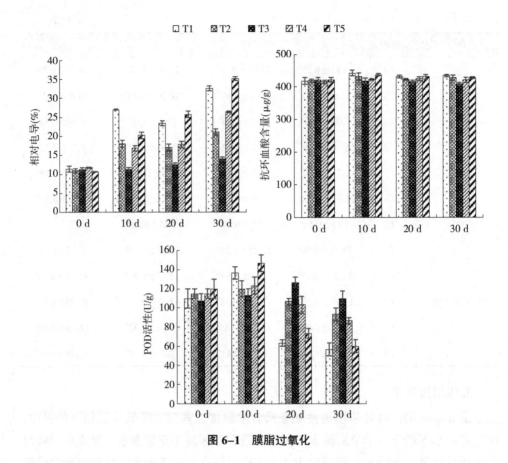

图 6-1　膜脂过氧化

4.渗透调节物质含量

图 6-2 显示，叶片脯氨酸含量随基质含水量的增加呈现"降低－升高"的规律，在正常灌水下最低，干旱或涝害均使脯氨酸含量显著增加，相对而言干旱下增加幅度更大。可溶性糖含量随基质含水量增加，逐渐显著增加，处理后 10d 时仅在重旱和重涝下与正常灌水间存在显著差异，处理后 20d 时仅在重旱下显著低于正常灌水，处理后 30d 时在重旱、中涝和重涝下均与正常灌水间存在显著差异。可溶性蛋白含量在处理后 10d 时在中涝和重涝下显著高于正常灌水，处理后 30d 时在重旱下显著高于正常灌水，处理后 20d 时各处理间没有显著差异。说明干旱或涝害都会促进黄花菜植株体内脯氨酸的合成和积累，调节水分胁迫造成的渗透压，抵抗胁迫环境；干旱下可溶性糖被消耗而含量降低，涝害下则可溶性糖合成被促进而含量有所增加；可溶性蛋白在黄花菜水分胁迫下的渗透调节中基本不起作用。

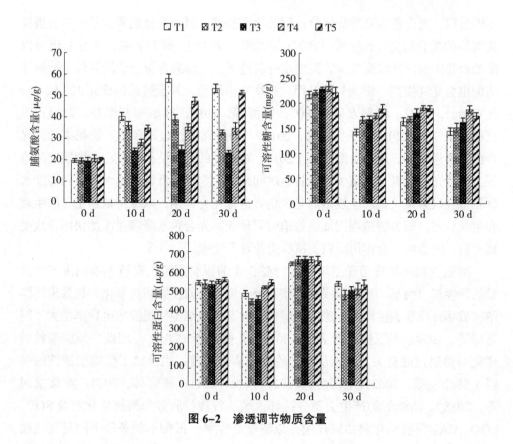

图6-2 渗透调节物质含量

三、讨论与结论

在长期的进化过程中，一些植物形成了特殊的形态结构以适应外界的不利环境，减少水分散失，从而形成复杂的耐旱机制（Giordano 等，1993；陈珂等，2009；王三根和宗学凤，2015）。植物在干旱下发生的形态变化，如根系深扎、根冠比提高、叶片卷曲，有利于提高吸水能力、减少蒸腾，增强生命力（张立军和刘新，2011；蔡庆生，2014）。植物在干旱、涝害下还会发生一系列生理变化以适应外界环境，从而更好地生存（马稀和王彩云，2001）。大多数植物在干旱或涝害下，生长发育会被显著抑制，产量和品质明显降低，严重时导致植株死亡（Shilpim 和 Narendra，2005；文瑛，2012；Sharma 等，2017；朱雨晴和杨再强，2018）。本研究中，基质缺水或灌水量过多，都会抑制黄花菜植株的生长，且抑制程度随胁迫程度的增大而加重。本试验条件下，基质含水量为饱和持水量的60% 时植株生长状况最好，说明 60% 是黄花菜生长的适宜基质含水量。

光合作用是绿色植物用来生产碳水化合物以供给生命活动所需物质的重要

生理过程，光合色素是进行光合作用的物质基础，因而光合色素含量可以直接反映植物的光合能力（Nijs 等，1997；武维华，2018）。研究表明，水分胁迫可以降低植物体内的叶绿素含量，重度水分胁迫下，叶绿素含量会急剧降低，叶绿体结构也会受到损害，影响气孔开闭、损伤叶肉细胞，甚至造成植株死亡（Lawlor 和 Cornic，2002；韩瑞宏等，2007；郑海等，2014；林琨和张鼎华，2014；王三根和宗学凤，2015；王嘉楠等，2018）。本研究中，短期轻涝下黄花菜叶片光合色素含量增多，这与詹海仙等（2011）对小麦的研究结果一致；长期重度胁迫下，叶片光合色素含量减少，且胁迫时间越长，含量降低幅度越大。说明轻度水分胁迫会刺激黄花菜产生较多的光合色素进行光合作用，以维持植物正常的生理和生长状态，随着胁迫程度加剧胁迫时间延长，光合色素降解速度加快而合成受到抑制，使植物光合作用减弱，植株生长发育变缓。

细胞质膜是植物遭受逆境胁迫时受伤害的原初部位，逆境下细胞内产生大量的活性氧自由基，攻击质膜的磷脂双分子层，从而使膜脂过氧化，导致细胞膜结构破坏，质膜透性增大，胞内电解质外渗，以致细胞浸提液的电导率增大（阎秀峰等，1999；王三根和宗学凤，2015；张曼义等，2017）。因此，质膜透性的变化与胁迫强度有关，可以反映植物受伤害的程度，也反映了植物抗逆性的强弱（韩蕊莲等，2002；王霞等，2002；张弢，2011；曹弈等，2014；罗桑卓玛等，2015）。活性氧的产生会诱导抗坏血酸、谷胱甘肽等非酶抗氧化剂及 SOD、POD、CAT 等抗氧化酶协同作用，以清除活性氧，抵御不利条件下的过氧化伤害（刘旻霞和马建组，2010；罗桑卓玛等，2015）。本研究中，叶片质膜透性在水分胁迫下增大，且随着胁迫程度加大和胁迫时间延长，质膜透性不断增大。同时抗坏血酸含量在水分胁迫下有所增加，POD 活性在短期胁迫下增加，而在长期胁迫下降低。说明水分胁迫导致黄花菜体内产生大量的活性氧自由基，造成膜脂过氧化伤害，且胁迫程度越大，过氧化伤害也越重。植株可通过激活抗氧化酶活性和合成抗氧化剂来清除体内产生的部分活性氧，减轻水分胁迫对植株的伤害程度，维持正常的生理状态；但抗坏血酸含量的增加无法抵御重旱或重涝造成的过氧化伤害，在抵抗水分胁迫伤害中作用不大，POD 在长期重度水分胁迫下活性降低更多地表明植物在胁迫下的受伤害程度，可能黄花菜在水分胁迫下主要靠其他抗氧化物质来清除自由基，而不是抗坏血酸和 POD。

在干旱或涝害下，细胞内水分状况异常，根系吸水困难，对植物造成渗透胁迫（杜磊等，2010）。植物体可以通过合成和积累脯氨酸、甜菜碱、可溶性糖、可溶性蛋白等小分子有机溶质来调节细胞渗透势，以适应胁迫环境、维持生命活动（王霞等，2002；刘景辉等，2009；张弢，2011；赵坤，2011；罗桑卓玛等，2015）。植物体合成和积累脯氨酸、甜菜碱等物质，还有清除活性氧、稳定细胞膜结构的作用（Waldren 等，1974；陈珂等，2009；张保青等，2011；Azymi 等，2011）。本研究中，叶片脯氨酸含量在水分胁迫下显著增加，可溶性糖含量在干旱下减少，而在涝害下增加，可溶性蛋白含量基本保持稳定。说明在干旱或涝害下，黄花菜主要通过合成和积累脯氨酸进行渗透调节，这与小麦（Waldren 等，1974）、大豆（Karamanos 等，1985）上的研究结果一致；作为光合作用的初始产物、植株体的骨架和能量来源，可溶性糖在干旱下会被大量消耗，用于维持植株生长，适应缺水条件，涝害下植株体内则合成和积累可溶性糖，用以调节渗透压，减轻胁迫伤害；可溶性蛋白对水分胁迫下的渗透调节基本不起作用。

总之，随着水分胁迫程度的加剧和胁迫时间的延长，黄花菜叶片光合色素代谢紊乱，植株膜脂过氧化伤害加重，生长受到显著抑制。黄花菜可以通过自身的一些生理生化反应适应这种胁迫，主要表现为积累有机渗透调节物质特别是脯氨酸、激活抗氧化酶（如 POD）活性、消耗可溶性糖等。但是随着胁迫程度的加剧，植株的渗透调节能力和抗氧化能力的提高，就难以抵抗水分胁迫造成的过氧化伤害和渗透胁迫，导致光合色素降解、膜脂过氧化加剧，植株受到严重伤害，生长被显著抑制。在本试验条件下，植株并未出现死苗情况，说明黄花菜植株能够抵抗一定程度的干旱和涝害，具有较强的抗旱和抗涝能力，对于在不同水分状况的土壤中推广种植黄花菜具有重要的现实意义。

第二节　水分胁迫下大同黄花菜光合特性的变化

水是生命之源，是植物养分吸收、运输、分配及产量形成的动力源泉，对植物生长发育具有关键性作用（张立军和刘新，2011；王迎，2013），是影响农业生产的主要环境因子，干旱和涝害均会对植物的生长产生负面影响（刘锐敏，2019）。一方面，气候变化导致干旱频发，植物叶片失水萎蔫，叶绿素合成受到抑制，光合作用受到严重影响，即使呼吸速率不变，净光合速率也会降低（Lawlor 和 Cornic，2002；韩瑞宏等，2007；陈珂等，2009；郑海等，2014）。作物生物量积累减少，既影响植物的生长发育，也无法提供开花和结果所需的营养物质和充足的能量，造成作物产量损失（Sharma 等，2017；王菊秋，2018；崔颖等，2020）；另一方面，水涝灾害导致植物根系淹水、缺氧，只能进行无氧呼吸，降低糖的利用，减少 ATP 的合成，阻碍同化产物的运输，使细胞出现"中毒"现象，造成根系不发达，叶片黄化，植株矮小（蔡庆生，2014）。因此，土壤水分缺乏或过量均对农业生产具有显著的影响，并会产生巨大的经济损失。但是植物可以在一定程度的干旱或者水涝胁迫下，通过体内一系列生理代谢调节，或改变物质代谢，减弱其带来的影响，从而生存下去（王三根和宗学凤，2015；武维华，2018；韩志平等，2019；李银等，2019）。

大同市地处山西省最北部，高纬度、高海拔，河流较少且均为季节性河流，夏季水量暴涨，平时水量极少，地表水量极不稳定。该地区属典型的温带大陆性季风气候，四季鲜明，气候干冷，常年刮大风。年均降水量仅380~400mm，且夏季东南沿海刮来湿润的季风，带来季节性降水，主要集中在7—8月，该时期降水量可达到200mm左右，占全年降水量的50%以上，而6月和9月年均降水量仅分别为48.9mm和50.6mm（卢映书，2000；高洁，2013；袁瑞强等，2015；庞鑫，2017）。地表水资源和降雨量的分布不均导致旱涝灾害频发，给农业生产带来了极大影响。加上区域内引水调水措施不完善，水资源利用率低，多依赖自然降雨进行农业生产，导致当地的农业发展很不稳定（李效珍等，2009；周晋红，2010）。

黄花菜对光照、水分和土壤要求不严，且耐干旱、抗盐碱，种植简便，分布广泛（张振贤，2008；邢宝龙等，2022）。不仅具有很高的食用价值，还具有健脑、降压、抗抑郁、促睡眠等药用价值，自古以来就深受人们喜爱（韩志平等，2013）。大同市气候干燥，光照充足，昼夜温差大，有利于光合产物的大量积累，故而大同黄花菜苗大薹繁、角长肉厚，富含糖、硒和锌，营养价值极高，品质享誉国内外，是我国黄花菜主产区之一（韩志平等，2020）。

有关黄花菜的研究目前主要集中在组织培养、引种栽培和遗传多样性等方面（陈志峰，2014；韩志平等，2018；周玲玲等，2020），黄花菜水分胁迫方面的研究尚未见报道。大同地区旱涝灾害频发，研究水分胁迫对大同黄花菜的影响具有重要意义。因此，本节研究了水分胁迫下大同黄花菜生物量和光合特性的变化，为阐明黄花菜适应水分胁迫的生理机制奠定基础，为黄花菜栽培中的水分精准管理提供参考，对于大同黄花菜产业的高质量发展具有重要意义。

一、材料与方法

1. 供试材料

试验地点、供试黄花菜同第二章第四节。

2. 试验方法

植株移栽及缓苗期间管理同本章第一节。缓苗 1 周后，开始水分胁迫处理。适宜黄花菜生长的基质含水量为基质饱和持水量的 70%，换算成灌水量为 785mL/ 盆。试验设 7 个处理，分别为基质饱和持水量的 10%（重旱，W1）、35%（中旱，W2）、55%（轻旱，W3）、70%（正常灌水，CK）、85%（轻涝，W4）、105%（中涝，W5）、130%（重涝，W6）。重复 3 次，每盆 4~5 株。胁迫期间每 2~3d 浇 1 次 1/2 Hoagland 营养液或清水，中涝和重涝处理将栽培盆置于能盛水的圆柱形塑料盆中，每天浇水多次以保证基质含水量。处理后第 0d、第 7d、第 14d、第 21d、第 28d 上午 9:00 取植株第 3 片展开叶测定叶绿素含量和光合特性指标，试验结束时测定生长指标。

3. 测量指标及方法

（1）生物量及含水量。叶片和根系的鲜质量、干质量和含水量的测定方法同第二章第四节。

（2）叶绿素含量及光合特性。叶绿素含量：选生长良好、表皮鲜亮的叶片，用 SPAD 叶绿素检测仪测定 SPAD 值，表示叶绿素含量。

光合特性：在晴朗无风、阳光较强的正午时段，一般为 11:00—14:00，用光合测定仪在大气 CO_2 浓度为 350μmol/L 条件下，测量代表性叶片的净光合速率（Pn）、气孔导度（Gs）、胞间 CO_2 浓度（Ci）和蒸腾速率（Tr），同时按公式计算气孔限制值（Ls），Ls（%）=（大气 CO_2 浓度 Ca– 胞间 CO_2 浓度 Ci）/Ca×100。测量时要保证光线充足稳定，空气无风。

数据整理、方差分析及作图方法同第二章第二节。

二、结果与分析

1. 植株生物量

表 6–4 表明，随基质含水量增加，叶片和根系的鲜质量、干质量和含水量均表现"增加 – 降低"的规律，除叶片和根系的含水量在轻度水分胁迫下与 CK 差异不显著外，CK 各生物量及含水量均显著高于各水分胁迫处理。轻旱、中旱、重旱下，叶片鲜质量、干质量和含水量分别比 CK 降低 36.59%、78.73%、97.76%，31.60%、72.18%、96.86% 和 9.14%、34.45%、46.20%；根系鲜质量、干质量和含水量分别降低 50.08%、74.77%、88.63%，47.43%、72.49%、85.91% 和 6.17%、11.31%、29.06%。轻涝、中涝、重涝下，叶片鲜质量、干质量和含水量分别比 CK 降低 47.04%、72.44%、77.28%，43.89%、70.07%、73.73% 和 6.52%、

9.64%、17.64%；根系鲜质量、干质量和含水量分别降低38.10%、70.30%、76.39%、34.24%、68.02%、74.86%和7.40%、9.05%、7.87%。说明水分胁迫严重抑制了黄花菜植株的生物量积累及根系对水分的吸收和向上运输，在本试验中，除轻旱对叶片生物量和根系含水量的抑制作用小于轻涝的抑制作用外，不同程度干旱对叶片和根系生物量和含水量的抑制作用均明显大于相应程度涝害的抑制作用；且除轻旱对叶片鲜质量、轻旱和中旱对叶片干质量，以及重涝对叶片干质量、轻涝对叶片含水量的抑制作用小于对根系的抑制外，不同程度干旱和涝害对叶片生物量和含水量的抑制作用明显大于对根系的抑制。

表6-4　植株生物量

处理	叶片			根系		
	鲜质量（g）	干质量（g）	含水量（%）	鲜质量（g）	干质量（g）	含水量（%）
W1	1.86 ± 0.26^f	1.38 ± 0.15^f	25.27 ± 2.45^e	7.75 ± 0.64^f	5.26 ± 0.31^f	32.02 ± 1.62^c
W2	17.64 ± 1.41^e	12.22 ± 1.19^{de}	30.79 ± 1.20^d	17.19 ± 2.31^{de}	10.27 ± 0.95^{de}	40.02 ± 2.71^b
W3	52.60 ± 4.84^b	30.05 ± 1.56^b	42.68 ± 3.70^{abc}	34.02 ± 1.67^c	19.62 ± 1.30^c	42.35 ± 1.05^{ab}
CK	82.95 ± 4.91^a	43.93 ± 1.08^a	46.97 ± 1.84^a	68.15 ± 4.69^a	37.33 ± 1.32^a	45.13 ± 2.22^a
W4	43.93 ± 1.29^c	24.65 ± 1.04^c	43.91 ± 0.74^{ab}	42.19 ± 2.66^b	24.55 ± 1.49^b	41.79 ± 1.68^{ab}
W5	22.86 ± 1.07^d	13.15 ± 0.38^d	42.44 ± 1.52^{bc}	20.24 ± 0.89^d	11.94 ± 0.69^d	41.04 ± 1.82^b
W6	18.85 ± 1.07^e	11.54 ± 0.19^e	38.68 ± 2.51^c	16.09 ± 1.33^e	9.38 ± 0.51^e	41.58 ± 1.87^{ab}

2. 叶绿素含量

图6-3显示，随基质含水量增加，叶片叶绿素含量呈"增加-降低"的规律，不同处理时间均在CK下SPAD值最高；但在处理后14d和21d时，除在21d时重涝下显著低于其他处理外，不同处理间SPAD值差异不显著；处理后7d和28d时，除在28d时轻旱、轻涝和中涝下与CK差异不显著外，不同胁迫处理的SPAD值均显著低于CK；且多数时间轻旱和中旱下叶绿素含量的降低幅度大于轻涝和中涝，重旱下降低幅度小于重涝。随胁迫时间延长，不同胁迫处理下SPAD值也呈"增加-降低"的趋势，在处理后14d时出现最高峰，在胁迫后28d时均显著降低。说明水分胁迫造成黄花菜叶片叶绿素合成减少，分解增加，但在轻度水分胁迫下叶绿素合成几乎不受影响，且干旱胁迫对叶绿素合成的影响大于涝害。

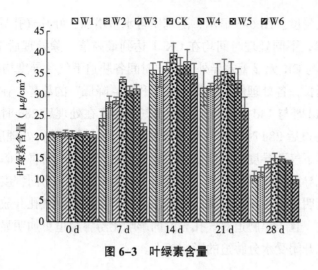

图 6-3 叶绿素含量

3. 光合特性

（1）净光合速率。图 6-4 表明，叶片净光合速率随基质含水量增加呈现"增加 - 降低"的规律，不同处理时间均在 CK 下达到最高值，且 CK 净光合速率均显著大于其他各胁迫；随胁迫时间延长，各处理净光合速率也呈"升高 - 降低"的趋势，除 CK 在处理后 14d 时最大外，其他处理均在处理后 7d 时达到最大，之后各处理净光合速率逐渐显著降低。除处理后 7d 时中旱和重旱下与中涝和重涝下无显著差异外，其他时间不同程度涝害下净光合速度的降低幅度均明显小于相应程度的干旱胁迫。说明水分胁迫使黄花菜叶片净光合速率显著降低，且干旱胁迫对净光合速率的抑制程度明显大于涝害，且胁迫时间越长，植株净光合速率受水分胁迫的影响越大。

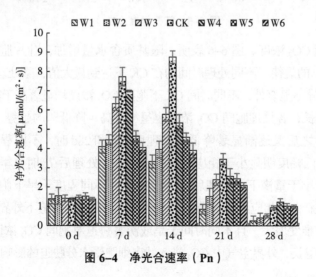

图 6-4 净光合速率（Pn）

（2）气孔导度。图 6-5 显示，随基质含水量增加，叶片气孔导度呈"增加 - 降低"的规律，不同处理时间均在 CK 下达到最高值，除处理后 14d 时轻涝下、28d 时轻涝下与 CK 无显著差异外，不同时间各胁迫下气孔导度均显著低于 CK；随胁迫时间延长，各处理气孔导度也呈"升高 - 降低"的趋势，在处理后 14d 时达到最大，21d 时与 14d 时相近，各处理气孔导度在处理后 28d 时均显著低于处理前期。除胁迫后 28d 时轻涝下气孔导度显著大于轻旱外，处理后 7d 和 28d 时不同程度干旱下气孔导度的降低幅度明显小于相应程度的涝害；除处理后 14d 时在轻旱下气孔导度与轻涝相近外，处理后 14d 和 21d 时，不同程度干旱下气孔导度的降低幅度明显大于相应程度的涝害。说明黄花菜叶片气孔开放在水分胁迫下受到严重影响，且干旱胁迫对气孔导度的影响比涝害胁迫更加明显，胁迫时间越长，叶片气孔开闭受水分胁迫的影响越大。

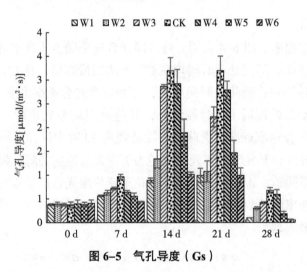

图 6-5　气孔导度（Gs）

（3）胞间 CO_2 浓度。图 6-6 表明，随基质含水量增加，叶片胞间 CO_2 浓度呈"增加 - 降低"的规律，不同处理时间均在 CK 下达到最大值，除处理后 21d 时，轻涝下与 CK 差异不显著外，不同时间 CK 下胞间 CO_2 浓度均显著高于其他胁迫处理；随胁迫时间延长，各处理胞间 CO_2 浓度也呈"升高 - 降低"的趋势，在处理后 14d 时达到最大，之后又逐渐显著降低。处理后 14d 和 28d 时，不同程度干旱下胞间 CO_2 浓度的降低幅度明显小于相应程度的涝害；除处理后 7d 时重旱下胞间 CO_2 浓度的降低幅度小于重涝下，处理后 7d 和 21d 时，不同程度干旱下胞间 CO_2 浓度的降低幅度均明显大于相应程度的涝害。说明黄花菜在水分胁迫下外界空气中 CO_2 进入叶肉细胞的难度增大，且不同时间干旱或涝害胁迫对胞间 CO_2 浓度的影响不同，同时胁迫时间越长，外界空气中 CO_2 进入叶肉细胞受水分胁迫的影响就越大。

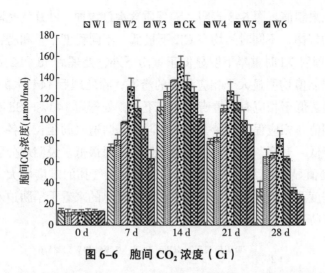

图 6-6 胞间 CO_2 浓度（Ci）

（4）蒸腾速率。图 6-7 显示，随基质含水量增加，叶片蒸腾速率逐渐显著增加，不同程度干旱下均显著低于 CK，涝害下则仅处理后 7d、14d 和 21d 时重涝下显著高于 CK，其他程度涝害下不同时间蒸腾速率均与 CK 无显著差异；不同时间在不同程度干旱下蒸腾速率均显著低于相应程度的涝害。随胁迫时间延长，各处理蒸腾速率也呈"升高 – 降低"的趋势，在胁迫后 14d 时达到最高值，之后各处理蒸腾速率显著降低。说明黄花菜叶片蒸腾速率主要受基质含水量的影响，短期胁迫下基质含水量越多，蒸腾速率就越大，长时间涝害胁迫下也会导致叶片蒸腾速率降低，说明基质含水量超过一定程度后，根系对水分的吸收和叶片的蒸腾均会受到限制。

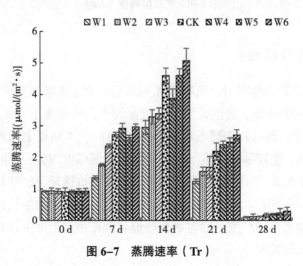

图 6-7 蒸腾速率（Tr）

（5）气孔限制值。图 6-8 表明，随基质含水量增加，叶片气孔限制值呈"降低－增加"的规律，不同时间均在 CK 下最低，不同程度干旱和涝害下均显著高于 CK；除处理后 7d 时重旱下明显低于重涝下外，处理后 7d 和 21d 时不同程度干旱下气孔限制值均明显大于相应程度的涝害；除处理后 14d 时重旱下、28d 时中旱下分别显著低于相应时间重涝、中涝下外，处理后 14d 和 28d 时不同程度干旱下气孔限制值与相应程度的涝害基本相同。随胁迫时间延长，各处理下气孔限制值也呈"降低－升高"的趋势，在处理后 14d 时最低。说明水分胁迫下黄花菜叶片气孔限制值显著增大，外界空气中 CO_2 进入气孔的难度增大，与胞间 CO_2 浓度随胁迫程度及胁迫时间的变化规律相符，且总的来看干旱胁迫对气孔限制的影响大于涝害胁迫。

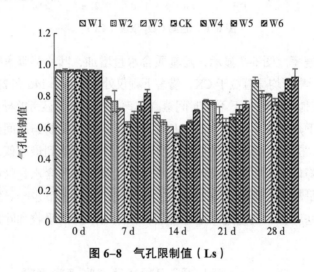

图 6-8　气孔限制值（Ls）

三、讨论与结论

土壤发生干旱或涝害时，植物根系对水分的吸收和向地上部的运输会受到严重影响，导致植株地上部生长缓慢，植株矮小，叶片缩小（张永清和苗果园，2006；Sharma 等，2017；朱雨晴和杨再强，2018）。本研究中，水分胁迫下植株生物量显著降低，且随胁迫程度加强，生物量降低幅度增大，不同程度干旱下生物量的降低幅度明显大于相应程度的涝害，重旱下植株矮小、叶片枯黄，少数植株生长停滞，濒临死亡。说明水分胁迫严重抑制了黄花菜的生长，且干旱比涝害对植株生长的危害更加严重；同时水分胁迫对黄花菜地上部生长的抑制程度明显大于对根系生长的抑制。

环境中水分过多或过少均会对植物造成水分胁迫，影响叶绿素的合成，还会加速原有叶绿素的分解，最终影响到叶片的光合作用（Nijs 等，1997；蔡庆生，2014；王嘉楠等，2018；李彦霞等，2021）。本研究中，水分胁迫下叶片叶绿素含量明显降低，与干旱胁迫下相比，涝害下叶绿素含量的降低幅度明显更小，说明水分胁迫抑制了黄花菜叶绿素的合成，且胁迫程度越大、时间越长，叶绿素合成越少，而分解越多，同时干旱对叶绿素合成的影响比涝害更大，处理后 15d 时重旱下叶片黄化，处理后 20d 时中旱和重涝下叶片黄化、重旱下叶片开始枯黄，处理后 25d 时中旱下叶片枯黄、重旱下半数叶片枯黄、重涝下也有约半数叶片黄化，这是黄花菜对水分胁迫特别是干旱胁迫的适应性反应，这种现象与叶绿素含量的变化规律相符，也与前人的研究结果一致（Zhang 等，2006；李倩等，2013）。

植物通过光合作用制造自身生长所需要的物质，所有逆境都会导致光合速率降低，造成植株生长缓慢，产量降低（王三根和宗学凤，2015；张继波等，2019）。绝大多数植物在水分胁迫下，叶片减小，气孔阻力增大，叶绿素含量减少，叶绿体结构遭到破坏，光合酶活性降低，使光合速率降低（Lawlor 和 Cornic，2002；韩瑞宏等，2007；郑海等，2014）。叶片净光合速率降低主要有气孔限制和非气孔限制两种因素引起，判定依据主要是胞间 CO_2 浓度和气孔导度的变化方向（关义新等，1995；朱新广和张其德，1999）。本试验中，叶片各光合参数均随水分胁迫程度加重而相应发生明显变化，胞间 CO_2 浓度和气孔导度同时显著降低，而气孔限制值不同程度显著增加，净光合速率随之显著降低，蒸腾速率在干旱下显著降低而在涝害下逐渐增加；研究还发现，干旱对光合作用的影响比涝害更为严重。说明水分胁迫主要通过影响叶片的气孔开放，空气中 CO_2 从气孔扩散进入叶肉细胞的阻力增大，致使净光合速率降低，即气孔限制是水分胁迫下黄花菜叶片净光合速率降低的主要因素。研究同时说明，水涝胁迫达到一定程度后，黄花菜蒸腾速率不会随基质含水量增加而继续增加，可能是由于基质水分过多，根系有氧呼吸减弱，水分吸收困难，使其生理代谢和生长发育受阻，最终导致其蒸腾速率降低（王三根和宗学凤，2015），具体原因有待进一步研究。水分胁迫下光合速率降低导致光合产物减少，这是黄花菜植株生物量降低的主要原因之一，这与李倩等（2013）在新麦草、Ghotbi-Ravandi 等（2014）在大麦、张曼义等（2017）在黄瓜上的研究结论一致。

总之，水分胁迫造成黄花菜叶片光合色素含量和光合作用显著降低，且干旱对其影响比涝害更加明显。干旱限制了植株对水分和养分的吸收及光合产物的合成和积累，造成植株生物量下降；涝害下基质水分过多导致根系缺氧，有氧呼吸受阻，阻碍光合产物运输，使得植物生长困难，生物量严重降低（王三根和宗学凤，2015；韩羽等，2019）。但是，本试验设置的水分胁迫范围内，植株并没有出现死苗，说明黄花菜对水分胁迫的抗性很强，在轻度胁迫下可以通过自身调节缓解水分胁迫的不利影响，维持其生长，长时间重度胁迫下，细胞结构受到破坏，叶绿素合成和光合作用严重降低，生长显著抑制，重旱下叶片枯黄，面临死亡威胁。轻度水分胁迫下黄花菜植株调节适应机制，及重度水分胁迫下植株生长停滞的原因仍需进一步研究。本研究为大同黄花菜的抗旱栽培提供了试验依据，为黄花菜生产中水分精准管理提供了参考，为形成黄花菜旱地种植模式奠定了基础，有利于促进大同黄花菜产业的高质量发展。

第三节　铜胁迫对大同黄花菜生长和生理指标的影响

随着城市化和工业化进程的不断推进，产生了大量的生活垃圾和工业"三废"，这些垃圾的丢弃和"三废"的排放，对空气、土壤、水体造成严重污染，影响人们的正常生活（刘小红，2005；王三根和宗学凤，2015）。其中重金属污染问题极大影响了土壤的种植与水体的使用，越来越引起人们的重视。重金属污染主要源于采矿、冶炼、印染、化工等类型企业，城市污泥、污水，以及农业上畜肥、杀菌剂、杀虫剂等的不合理施用（Ramos，2006；蔡庆生，2014；陈晓亚和薛红卫，2012）。环境中常见的重金属污染物有铜、铅、锌、铁、镉、铬、汞、镍、砷等，这些重金属一旦进入环境中，就会长期留存、积累或迁移，而不能被降解，超过一定浓度时就会对植物造成毒害，使体内生理代谢发生紊乱，生长发育受阻，严重时导致植株死亡（江行玉和赵可夫，2001；黄永东等，2011；蔡庆生，2014）。

铜（Cu）是动植物生长发育必需的微量元素，是多种氧化酶的组分及某些酶的活化剂，参与植物的许多生理代谢过程，对作物的生长发育、产量品质具有重要作用（黄建国，2004；张立军和刘新，2011；潘瑞炽，2012；杨丽丽，2013；武维华，2018）。但是土壤中富集的 Cu 超过一定浓度，会造成农作物水分、光合、呼吸、营养吸收等代谢过程紊乱，长势不良以致减产（胡筑兵等，2006；Xiong 等，2006；李红，2009；肖志华等，2012）。李崇等（2008）研究发现，沈阳市街道灰尘中一些重金属含量较高，其中铜含量达到 46.96~204.29mg/kg，平均值为 81.33mg/kg，是当地土壤背景值的 3.31 倍，达到中度污染水平。由于铜污染日益增加，土壤中铜含量已超过正常值，远远超出环境的承载能力，不仅威胁动植物的正常生长，也会危害人体健康（王松华等，2003；李红，2009）。如用含铜废水浇灌农田，会导致大麦、水稻等作物积累大量 Cu，通过食物链传递，进到动物和人类体内，达到一定含量时，使内脏结构功能受到损伤，导致代谢紊乱等不良症状（孙权等，2007；张艳英，2009）。

黄花菜是中国特有的食用花卉植物（范学钧，2006），蕾长肉厚、味道鲜美，营养含量高，叶丛繁茂、花朵艳丽，根系发达，具有很高的食用、药用、观赏等价值，吸水固土作用很强，还有较强的抗逆性（韩志平，2018；邢宝龙等，2022）。大同市云州区黄花菜种植已有 600 年历史，当地地理、气候和土壤条件优越，十分适宜黄花菜的生长，所产大同黄花菜品质优良，具有"中国黄花之乡"的美誉（朱旭等，2016）。近 10 年来，大同黄花菜种植规模不断扩大，对当地农业产值和农民增收的贡献越来越大，对于当地脱贫致富和全面建成小康社会发挥了举足轻重的作用。但是周边医药园区等的发展使云州区黄花菜产区的重金属污染逐渐增加，已经影响到大同黄花菜产业的发展。本节研究了铜胁迫对砂培黄花菜生长和生理特性的影响，为揭示 Cu 污染对黄花菜的毒害机理提供试验依据。

一、材料与方法

1. 试验材料

试验地点、供试黄花菜同第二章第四节。

2. 试验方法

植株移栽及缓苗期管理同本章第一节。缓苗 1 周后，开始浇灌分析纯 $CuSO_4$ 配制的铜胁迫处理液。试验设 7 个处理：清水，500μmol/L、1 000μmol/L、2 000μmol/L、3 500μmol/L、5 000μmol/L、7 000μmol/L $CuSO_4$ 溶液，分别表示为 CK、Cu1、Cu2、Cu3、Cu4、Cu5、Cu6，重复 3 次，每盆 4~5 株。处理期间，每 3d 上午浇灌 1/2 Hoagland 营养液 500mL/ 盆，每天下午在基质上喷施处理液 150mL/ 盆。

处理后第 0d、第 7d、第 14d、第 21d、第 28d 早上 7:00 取叶片，测定生理指标，处理后第 30d 测定生长指标。

3. 测定项目及方法

生长指标：株高、叶片数、最大叶面积的测定方法同第二章第一节，最长根长、新生根数的测定方法同第二章第四节，最大叶长、叶宽的测量方法同本章第一节。植株用蒸馏水洗净并吸干表面水分后剪断分成根系、短缩茎、叶片 3 部分，鲜质量和干质量测量方法同第二章第四节。

生理指标：光合色素含量、质膜透性的测定方法同第二章第四节，抗坏血酸、可溶性糖、可溶性蛋白含量的测定方法同第二章第三节。

数据整理、方差分析和作图方法同第二章第二节。

二、结果与分析

1. 植株生长

（1）形态指标。表6-5表明，随Cu浓度增加，株高、叶片数、最大叶长、根长均表现为"升高－下降"的规律，均在1 000μmol/L Cu胁迫下达到最大值；最大叶面积和新根数随Cu浓度提高逐渐显著降低。株高、最大叶长在3 500μmol/L以上浓度Cu胁迫下低于CK，叶片数和根长在2 000μmol/L浓度以上Cu胁迫下低于CK。处理30d时，7 000μmol/L Cu胁迫下植株形态矮小、叶色发黄。说明除新生根数外，2 000μmol/L以下浓度Cu胁迫对黄花菜形态生长几乎没有影响，甚至略有促进作用，3 500μmol/L以上浓度Cu胁迫则会抑制其形态生长，且Cu胁迫浓度越高，对形态生长的抑制作用也越明显。

表6-5　形态指标

处理	株高（cm）	叶片数（N）	最大叶长（cm）	最大叶面积（cm²）	根长（cm）	新根数（N）
CK	34.75±2.60[abc]	11.33±1.00[a]	47.94±3.79[a]	65.03±5.72[a]	18.94±1.68[abc]	111.67±6.43[a]
Cu1	36.07±2.94[ab]	11.90±1.26[a]	48.56±3.17[a]	64.50±5.73[ab]	19.17±1.42[ab]	84.67±5.43[b]
Cu2	36.68±1.31[a]	12.22±1.34[a]	50.25±4.56[a]	62.66±5.15[ab]	20.31±1.42[a]	83.33±6.34[b]
Cu3	35.22±3.47[abc]	10.33±1.00[a]	49.61±4.73[a]	63.67±3.86[a]	18.39±1.53[abc]	58.67±4.64[c]
Cu4	34.33±1.97[abc]	9.88±1.27[ab]	47.11±4.70[a]	54.51±4.37[bc]	17.89±1.28[abc]	47.33±1.70[d]
Cu5	32.53±1.50[bc]	8.11±0.84[bc]	47.56±2.24[a]	46.97±3.79[c]	17.61±1.06[bc]	28.33±2.62[e]
Cu6	31.92±1.20[c]	7.55±0.95[c]	44.44±3.61[a]	38.13±2.99[d]	16.00±1.56[c]	20.67±2.37[f]

（2）生物量积累。表6-6显示，随Cu浓度增加，根、茎和叶鲜质量和干质量均呈"升高－下降"的规律，其中根系鲜质量和干质量在2 000μmol/L Cu胁迫下达到最大值，茎和叶的鲜质量和干质量均在1 000μmol/L Cu胁迫下达到最大值；根和叶的鲜质量和干质量在500μmol/L和3 500μmol/L浓度以上Cu胁迫下明显低于CK，茎的鲜质量和干质量仅在500μmol/L和7 000μmol/L Cu胁迫下低于CK。结合形态指标数据说明，低浓度Cu处理可促进黄花菜生长，高浓度Cu胁迫则会抑制其生长，且Cu胁迫浓度越高，抑制程度越大。

表 6-6　生物量积累　　　　　　　　　　　　（g）

| 处理 | 根系 | | 短缩茎 | | 叶片 | |
	鲜质量	干质量	鲜质量	干质量	鲜质量	干质量
CK	30.29±3.10[ab]	5.47±0.56[a]	4.38±0.64[bc]	1.02±0.13[abc]	21.39±2.40[ab]	4.57±0.47[ab]
Cu1	29.74±3.21[ab]	5.36±0.50[a]	4.13±0.44[bc]	0.97±0.11[bc]	21.08±2.14[ab]	4.29±0.44[ab]
Cu2	31.24±2.96[a]	5.76±0.80[a]	5.70±0.61[a]	1.32±0.18[a]	23.99±2.32[a]	4.79±0.55[a]
Cu3	32.11±3.92[a]	5.80±0.53[a]	4.80±0.52[ab]	1.17±0.10[ab]	22.54±2.07[ab]	4.42±0.36[ab]
Cu4	26.75±2.42[ab]	4.97±0.60[ab]	4.64±0.70[ab]	1.11±0.18[abc]	19.76±2.59[ab]	3.96±0.54[ab]
Cu5	25.10±2.66[bc]	4.77±0.48[ab]	4.50±0.63[abc]	1.09±0.15[abc]	18.62±2.36[b]	3.73±0.46[b]
Cu6	20.25±2.75[c]	4.17±0.52[b]	3.43±0.50[c]	0.86±0.12[c]	14.81±1.15[c]	3.02±0.23[c]

2. 光合色素含量

表 6-7 显示，随 Cu 浓度提高，叶片各光合色素含量均表现"增加 - 降低"的规律，处理后 7d 和 14d 时均在 3 500μmol/LCu 胁迫下达到最大值；除 500μmol/L Cu 处理与 CK 无差异外，处理后 7d 时其他浓度 Cu 胁迫下光合色素含量均显著高于 CK；处理后 14d 时，各光合色素含量在 5 000μmol/L 和 7 000μmol/L Cu 胁迫下低于 CK，其他浓度 Cu 胁迫下均高于 CK；处理后 21d、28d 时分别在 1 000μmol/L、500μmol/L Cu 胁迫下达到最大值，各光合色素含量在 2 000μmol/L 浓度以上 Cu 胁迫下显著低于 CK，其他浓度 Cu 胁迫下均高于 CK。结果说明，低浓度 Cu 处理在短期内对黄花菜光合色素合成有促进作用，胁迫时间越长促进光合色素合成的 Cu 处理浓度越低；高浓度 Cu 则会抑制光合色素的合成、促进其分解，胁迫时间越长促进分解的 Cu 处理浓度越低，但在整个胁迫期间，500μmol/L Cu 处理均对黄花菜光合色素合成有促进作用。

表 6-7　光合色素含量　　　　　　　　　　　（μg/cm²）

光合色素种类	处理	0d	7d	14d	21d	28d
	CK	25.52±0.39[c]	20.02±0.92[c]	18.38±1.16[abc]	23.02±1.22[b]	21.76±0.64[bc]
	Cu1	25.88±0.44[abc]	20.60±0.76[c]	18.58±0.98[abc]	23.52±0.96[b]	25.96±0.13[a]
	Cu2	25.10±0.71[c]	24.21±1.25[b]	19.09±0.70[ab]	25.72±1.06[a]	22.54±1.04[b]
叶绿素 a	Cu3	25.85±0.34[bc]	24.91±0.87[b]	19.81±1.21[a]	21.06±0.62[c]	20.77±0.72[cd]
	Cu4	26.52±0.23[a]	27.67±0.32[a]	20.05±0.73[a]	18.66±1.31[d]	19.45±0.70[d]
	Cu5	26.07±0.22[abc]	24.56±0.73[b]	17.53±0.92[bc]	17.90±0.36[d]	16.47±0.96[e]
	Cu6	26.37±0.22[ab]	24.26±0.48[b]	17.42±0.55[c]	17.61±0.51[d]	15.87±0.68[e]

光合色素种类	处理	0d	7d	14d	21d	28d
	CK	8.01±0.46[ab]	5.42±0.34[d]	7.01±0.41[ab]	7.49±0.43[ab]	5.75±0.38[b]
	Cu1	7.25±0.47[abc]	5.61±0.35[d]	7.03±0.30[ab]	7.61±0.68[ab]	7.18±0.17[a]
	Cu2	7.16±0.49[bc]	6.95±0.39[abc]	7.17±0.39[ab]	8.31±0.53[a]	6.00±0.47[b]
叶绿素 b	Cu3	8.03±0.32[a]	7.12±0.39[ab]	7.35±0.33[a]	6.72±0.61[bc]	5.45±0.52[b]
	Cu4	7.18±0.46[bc]	7.93±0.64[a]	7.37±0.33[a]	5.85±0.29[c]	5.19±0.36[b]
	Cu5	6.97±0.36[c]	6.67±0.41[bc]	6.78±0.45[ab]	5.58±0.53[d]	4.46±0.29[c]
	Cu6	7.85±0.36[ab]	6.44±0.25[c]	6.69±0.33[b]	5.47±0.26	4.09±0.26[c]
	CK	17.41±0.53[a]	12.88±0.46[c]	12.23±0.99[a]	13.86±0.38[b]	13.56±0.59[b]
	Cu1	16.93±0.56[ab]	13.42±0.76[c]	12.33±0.46[a]	14.12±0.94[b]	15.81±0.63[a]
	Cu2	16.34±0.50[b]	15.62±0.77[b]	12.74±0.22[a]	15.87±0.71[a]	13.84±0.98[b]
类胡萝卜素	Cu3	17.47±0.59[a]	15.91±0.59[b]	13.28±1.08[a]	12.86±0.77[bc]	12.86±0.87[b]
	Cu4	18.04±0.58[a]	17.40±0.73[a]	13.19±0.75[a]	11.59±0.99[cd]	12.04±0.93[b]
	Cu5	16.04±0.60[b]	15.31±0.53[b]	12.01±0.54[a]	11.10±0.76[d]	9.93±0.50[c]
	Cu6	16.90±0.60[ab]	15.13±0.59[b]	11.90±0.44[a]	10.86±0.57[d]	9.49±0.57[c]

3. 膜脂过氧化

表 6-8 表明，随 Cu 浓度提高，叶片质膜透性和抗坏血酸含量均呈"增加 –降低"的规律，各浓度 Cu 胁迫下均大于 CK；质膜透性在处理后 7d、14d、21d 和 28d 时分别在 2 000μmol/L、3 500μmol/L、3 500μmol/L 和 5 000μmol/L Cu 胁迫下达到最大值，除处理后 7d 时 500μmol/L、5 000μmol/L 和 7 000μmol/L Cu 胁迫下与 CK 无显著差异外，各浓度 Cu 胁迫下质膜透性均显著大于 CK；抗坏血酸含量在处理后 7d、14d、21d 和 28d 时分别在 1 000μmol/L、5 000μmol/L、2 000μmol/L 和 2 000μmol/L Cu 胁迫下达到最大值，除处理后 7d 时在 500μmol/L、3 500~7 000μmol/L，14d 时在 500μmol/L 和 1 000μmol/L，21d 时在 500μmol/L，28d 时在 5 000μmol/L 和 7 000μmol/L Cu 胁迫下与 CK 无显著差异外，其他各浓度 Cu 胁迫下抗坏血酸含量均显著大于 CK。说明 Cu 胁迫导致黄花菜体内活性氧大量产生，对细胞造成过氧化伤害，但不同处理时间过氧化伤害的程度不同，呈现出短时间较低浓度 Cu 胁迫下过氧化伤害较轻，胁迫浓度越大、时间越长，过氧化伤害越重的规律；同时黄花菜可以通过促进体内抗坏血酸合成在一定程度上减轻过氧化伤害，但抗坏血酸表现出在短时间较低浓度 Cu 胁迫下抗氧化作用较

大，胁迫越重时间越长，其抗氧化作用逐渐减小的趋势。

表6-8 膜脂过氧化指标

指标	处理	0d	7d	14d	21d	28d
质膜透性（%）	CK	30.04±3.11[a]	29.18±2.67[d]	32.72±1.84[d]	34.89±2.21[e]	40.20±1.76[d]
	Cu1	35.13±3.09[a]	31.89±3.62[cd]	37.42±2.75[bc]	44.10±1.69[cd]	49.95±3.45[c]
	Cu2	29.47±3.35[a]	36.87±3.15[bc]	38.19±3.16[abc]	49.08±3.99[bc]	68.46±3.57[b]
	Cu3	30.13±3.51[a]	50.75±4.10[a]	39.56±2.28[abc]	53.90±2.62[b]	72.52±4.75[ab]
	Cu4	35.59±3.29[a]	42.29±3.31[b]	44.74±3.42[a]	64.07±3.14[a]	75.10±5.01[ab]
	Cu5	29.03±2.02[b]	34.48±3.03[cd]	39.24±0.85[b]	52.68±2.47[b]	81.22±5.17[a]
	Cu6	31.89±3.29[a]	32.91±3.35[cd]	37.08±1.07[c]	40.66±2.65[d]	80.73±5.59[a]
抗坏血酸含量（μg/g）	CK	585.71±9.52[b]	466.75±26.45[b]	651.30±41.69[c]	499.21±11.53[e]	519.17±8.65[b]
	Cu1	604.65±5.70[a]	491.22±13.45[b]	670.18±22.98[c]	517.56±19.21[de]	544.58±16.56[a]
	Cu2	593.57±7.07[ab]	542.36±24.40[a]	691.22±36.42[c]	557.68±11.20[bc]	550.69±19.53[a]
	Cu3	601.43±4.81[a]	539.40±24.64[a]	766.01±11.59[b]	591.35±22.48[a]	572.26±29.23[a]
	Cu4	607.68±4.82[a]	492.63±7.79[b]	817.16±47.78[b]	573.81±12.92[ab]	561.38±34.66[a]
	Cu5	610.91±11.98[a]	485.91±17.97[b]	908.69±31.27[a]	577.17±21.22[abc]	531.94±23.84[ab]
	Cu6	588.73±10.48[ab]	484.49±13.26[b]	894.71±29.54[a]	541.69±15.03[cd]	559.83±34.23[ab]

4. 小分子碳氮化合物

表6-9显示，随Cu浓度增加，叶片可溶性糖含量在处理后7d时表现"增加–降低"的规律，在1 000μmol/L Cu胁迫下达到最大值，其他处理时间可溶性糖含量均表现逐渐显著降低的规律；除处理后7d时在500~2 000μmol/L、14d和21d时在500μmol/L和1 000μmol/L Cu胁迫下与CK无显著差异外，各浓度Cu胁迫下可溶性糖含量均显著低于CK，但处理后7d时在3 500μmol/L浓度以上、14d和21d时在2 000μmol/L浓度以上Cu胁迫下相邻处理间差异很小。叶片可溶性蛋白含量在处理后7d和21d时不同处理间均无差异，14d和28d时随Cu浓度增加表现"增加–降低"的规律，均在2 000μmol/L Cu胁迫下达到最大值，且在1 000~3 500μmol/L Cu胁迫下显著高于CK，其他浓度Cu胁迫下也均高于CK。说明Cu胁迫对黄花菜体内可溶性糖代谢影响较大，且存在明显的时间效应和浓度效应，低浓度短时间Cu胁迫对可溶性糖含量几乎没有影响，甚至可促进糖的合成，但高浓度长时间Cu胁迫会导致可溶性糖含量显著降低，且胁迫浓度越大时间越长可溶性糖含量越低；Cu胁迫对可溶性蛋白的影响不大，总体

上 Cu 胁迫可在一定程度上诱导可溶性蛋白的合成，且表现出明显的浓度效应，1 000~3 500μmol/L Cu 胁迫对可溶性蛋白合成的作用较大。

表 6-9　小分子碳氮化合物含量

指标	处理	0d	7d	14d	21d	28d
可溶性糖含量（mg/g）	CK	98.58±3.19[ab]	107.30±7.35[a]	151.30±9.99[a]	164.80±6.95[a]	200.14±13.01[a]
	Cu1	97.92±3.41[ab]	118.75±6.89[a]	141.53±7.89[a]	150.08±7.93[a]	151.53±3.95[b]
	Cu2	103.75±3.78[ab]	115.30±7.12[a]	132.47±10.38[ab]	154.03±8.37[a]	144.31±10.17[bc]
	Cu3	97.75±2.36[ab]	105.97±7.42[a]	119.69±4.89[b]	133.86±8.10[b]	140.47±11.51[bcd]
	Cu4	96.75±3.05[ab]	88.53±5.39[b]	117.30±7.42[b]	128.92±9.55[b]	138.97±6.77[c]
	Cu5	101.25±4.12[ab]	82.47±4.93[b]	115.47±7.61[b]	130.86±7.96[b]	118.64±6.21[e]
	Cu6	95.42±3.05[b]	83.25±7.16[b]	115.30±7.27[b]	129.86±5.90[b]	122.31±6.72[de]
可溶性蛋白含量（mg/g）	CK	46.60±1.75[a]	55.67±3.28[a]	55.35±2.73[b]	44.84±2.99[a]	50.31±2.40[d]
	Cu1	43.27±0.63[b]	56.89±3.95[a]	59.67±4.65[ab]	45.11±3.31[a]	55.73±3.82[bcd]
	Cu2	44.00±0.67[ab]	54.22±3.98[a]	62.84±4.00[a]	46.31±1.81[a]	62.04±2.61[b]
	Cu3	42.73±1.53[b]	53.91±3.70[a]	67.07±4.65[a]	45.82±3.69[a]	69.87±4.13[a]
	Cu4	43.73±1.12[ab]	54.29±3.29[a]	64.02±4.29[a]	45.24±2.90[a]	58.00±2.53[bc]
	Cu5	45.73±1.32[a]	53.60±4.05[a]	61.82±4.19[ab]	46.58±3.08[a]	54.04±2.46[cd]
	Cu6	43.87±1.12[ab]	54.55±3.61[a]	59.04±4.17[ab]	47.96±1.84[a]	52.27±3.48[cd]

三、讨论与结论

20 世纪 80 年代我国各城市的调查显示，重金属污染已逐渐在城郊菜地发生（梁称福和刘明月，2002）。近 20 年来城市化和工业化的推进，扩大了重金属污染的范围并加重了其程度。环境中越来越多的重金属对植物生长和生理造成严重的伤害，使其生长发育受阻，产量品质下降，甚至导致物种消失（江行玉和赵可夫，2001；代全林，2006；薛艳等，2006）。研究表明，蔬菜对 Cu 的毒性响应比其他重金属敏感（宋玉芳和龚平，2003；杨志军等，2003；黄建国，2004）。虽然 Cu 是某些氧化酶类的组分，但高浓度 Cu 易引起个体矮小，生物量降低，最终导致植株死亡（徐磊，2003；袁霞等，2008；曹成有等，2008；公勤等，2018）。

　　不同植物对铜的需求量存在差异，在铜胁迫下生长受抑制的程度也不相同（简敏菲等，2004；李红，2009）。不同浓度 Cu 对植物生长和生理的影响也存在差异，低浓度 Cu 有利于植物的生长发育和生理代谢，高浓度 Cu 则会使植株生长迟缓，植株矮小、叶片数减少、叶面积缩小，生物量降低，结实率也降低（胡筑兵等，2006；Xiong 等，2006；公勤等，2018）。本研究中，低浓度 Cu 对黄花菜植株生长略有促进，3 500μmol/L 以上高浓度 Cu 胁迫明显抑制了植株生长，表现为植株矮小，叶片数减少、叶面积减小、叶片发黄，新根发生减少，生物量降低。进一步证明铜是植物生长的必需元素，缺铜容易导致某些生理病害，铜过量则会造成植物中毒（黄建国，2004；蔡庆生，2014）。

　　叶绿素具有吸收和传递光能的作用，还起光反应中心的作用，类胡萝卜素是光反应中心和光传导途径的关键物质，既可吸收和传递光能，还能保护叶绿素，维持光合机能，二者的含量能够反映植物光合作用的能力（马俊莹和程炳嵩，1997；袁敏等，2005；武维华，2018）。研究表明，高 Cu 胁迫下植物叶绿素合成受阻，类囊体结构破坏，光系统反应活性降低，光合作用受到严重抑制，光合产物减少（林义章等，2008；王瑞刚等，2010；陈晓亚和薛红卫，2012）。Cu 胁迫程度逐渐增强会导致叶绿体酶失去生物活性，且 Cu 毒害会抑制光合电子转移，破坏 PS Ⅱ 作用中心，从而影响光合作用（李红，2009）。本试验中，低浓度 Cu 短期内使黄花菜叶片光合色素含量增加，这与王友保等（2001）、韩志平等（2015）的研究结果类似，胁迫时间越长，光合色素增加的 Cu 浓度越低，在整个胁迫期间，500μmol/L Cu 均使光合色素含量增加；高浓度 Cu 胁迫使光合色素含量降低，且胁迫时间越长，光合色素减少的 Cu 浓度越低。低浓度 Cu 促进光合色素合成，证明铜元素是光合色素合成所必需的，这与 Cu 是叶绿素合成中某些酶的活化剂有关（张立军和刘新，2011；潘瑞炽，2012）；高浓度 Cu 胁迫抑制光合色素的合成而促进其分解，可能是由于高 Cu 胁迫导致叶绿素酶活性提高，加快了叶绿素分解（Pätsikkä 等，2002；涂俊芳等，2006；陈晓亚和薛红卫，2012），加上 Cu 介导的叶绿体膜过氧化的累加效应（储玲，2004；Hattab 等，2009），且这种效应随胁迫时间延长而逐渐显现。光合色素的减少影响了光合作用和正常生长（Chettri 等，1998；Bibi 和 Hussain，2005；曹成有等，2008），使黄花菜植株矮小、叶片变黄。

　　研究表明，重金属胁迫能引起植物细胞中自由基的产生及脂质过氧化，使细胞膜系统结构和功能受损，植物可以被诱导提高防御酶活性及通过消耗抗氧化物质减轻膜脂过氧化，但防御酶系统只能在低浓度重金属和短时间内起保护作用（唐咏，2006；陈晓亚和薛红卫，2012）。环境中 Cu 浓度过高时，细胞内活性氧大量增加，导致细胞膜脂和蛋白质的过氧化，使细胞膜结构破坏，选择透性丧失，电解质大量外渗，影响细胞的生物功能（Lombardi 和 Sebastiani，2005；Drazkiewicz 等，2004；代全林，2006；翟福勤，2007；Wannaz 等，2011；公勤等，2018）。为避免细胞受活性氧的伤害，植物可通过增强自身的抗氧化系统，提高抗逆性，减轻过氧化伤害（周长芳等，2002；Drazkiewicz 等，2004；涂俊芳等，2006；Tewari 等，2006；公勤等，2018）。本研究中，低浓度 Cu 使叶片质膜透性和抗坏血酸含量明显增加，随着 Cu 胁迫浓度增大和胁迫时间的延长，叶片质膜透性增加幅度更大，抗坏血酸含量则有所减少。说明 Cu 胁迫引起黄花菜体内活性氧大量产生，对细胞造成过氧化伤害，破坏了细胞膜结构，导致电解质外渗，但短时间较低浓度 Cu 胁迫下过氧化伤害较轻，胁迫浓度越大、时间延长，过氧化伤害加重；同时黄花菜可以通过促进抗坏血酸合成清除活性氧，保护细胞减轻过氧化伤害，但抗坏血酸在短时间较低浓度 Cu 胁迫下能够发挥这种作用，胁迫越重时间越长，其抗氧化作用逐渐减小。这一结果与前人的研究结果一致（唐咏，2006）。

重金属通过影响土壤微生物的活性及相关酶的活性，影响土壤中某些有益元素的释放和有效态的数量，同时重金属与某些有益元素之间存在拮抗作用，影响根系对某些元素的吸收，最终影响植物体内营养元素的同化及再分配（陈晓亚和薛红卫，2012）。植物体内进入大量重金属还会干扰离子间原有的平衡，造成正常离子的吸收、运输、转化和调节等方面障碍，使代谢过程紊乱（蔡庆生，2014）。研究表明，重金属胁迫下，植物体内碳氮代谢紊乱，一些特定的氨基酸（如脯氨酸）含量显著增加（Sharma 和 Dietz，2006）。环境中矿质元素含量过高还会对细胞造成渗透胁迫，植物需要主动提高细胞内小分子物质，增强渗透调节能力。本试验中，低浓度 Cu 短时间对叶片可溶性糖含量几乎没有影响，高浓度长时间 Cu 胁迫则会导致可溶性糖含量显著降低，且胁迫浓度越大、时间越长，可溶性糖含量越低；Cu 胁迫对可溶性蛋白的影响不大，总体上表现为对可溶性蛋白合成的诱导，且 1 000~3 500μmol/L Cu 胁迫诱导可溶性蛋白合成的作用较大，低铜和更高浓度铜胁迫对可溶性蛋白几乎没有影响。说明铜胁迫使黄花菜体内碳氮代谢发生紊乱，Cu 胁迫下可溶性糖含量降低，可能是因为铜胁迫使黄花菜光合作用减弱，光合产物减少导致可溶性糖含量下降；可溶性蛋白仅在一定浓度范围内增加，低铜和高铜胁迫下几乎没有变化，可能是植株体内的一些金属结合蛋白与 Cu 结合，产生金属络合物使蛋白变性或活性降低（蔡庆生，2014），抑制了细胞内可溶性蛋白的合成，也可能是 Cu^{2+} 增强了一些酶类活性，使一些蛋白质水解，导致体内蛋白质含量没有明显变化。Cu 胁迫对黄花菜体内可溶性糖和可溶性蛋白的影响均具有明显的时间效应和浓度效应。

总之，2 000μmol/L 以下浓度 Cu 处理在一定程度上可促进黄花菜生长，2 000μmol/L 以上浓度 Cu 胁迫则会使光合色素合成受阻、分解加快，细胞膜脂过氧化伤害加剧，碳氮代谢紊乱，细胞代谢失调，从而抑制了黄花菜植株生长。黄花菜本身的抗氧化能力及代谢调节难以抵抗高铜胁迫的伤害，胁迫浓度越大、时间越长，对植株的毒害越重。但 Cu 胁迫对黄花菜伤害的机理原因并未完全阐明，需进一步深入研究。

参考文献

安志信，李素文，2010.《诗经》中蔬菜的演化与发展［J］.中国蔬菜（9）：20-24.

白雪松，杜鹃，谢巧英，2012.黄花菜中总黄酮超声提取工艺研究［J］.吉林医药学院学报，33（1）：3-5.

白英俊，李国瑞，黄凤兰，等，2017.活性氧与抗氧化系统研究进展［J］.安徽农业科学，45（36）：9-11.

鲍士旦，2000.土壤农化分析［M］.3 版.北京：中国农业出版社.129-131.

毕银丽，郭晨，王坤，2020.煤矿区复垦土壤的生物改良研究进展［J］.煤炭科学技术，48（4）：52-59.

蔡庆生，2013.植物生理学实验［M］.北京：中国农业大学出版社，41-42.

蔡庆生，2014.植物生理学［M］.北京：中国农业大学出版社，34-54，306-313，323-338.

曹成有，高菲菲，邵建飞，等，2008.铜对三种豆科植物萌发及早期生长发育的抑制效应［J］.东北大学学报（自然科学版），29（8）：1183-1186.

曹辉，于晓英，邱收，等，2007.盐胁迫对萱草生长及其相关生理特性的影响［J］.湖南农业大学学报（自然科学版），33（6）：690-693.

曹弈，曾春蕴，刘小波，等，2014.PEG 模拟干旱胁迫下 4 种苔藓植物的生理指标变化及其耐旱性评价［J］.西北林学院学报，29（4）：33-39.

曾玲玲，季生栋，王俊强，等，2009.植物耐盐机理的研究进展［J］.黑龙江农业科学（5）：156-159.

常海伟，任文杰，刘鸿雁，等，2015.磺化石墨烯对小麦幼苗生长及生理生化指标的影响［J］.生态毒理学报，10（4）：123-128.

车文峰，李帅，穆光远，2012.山西省盐碱地资源调查研究及其开发利用［J］.科技情报开发与研究，22（8）：106-109.

陈嘉源，施劲松，丘栋安，等，2020.2019 新型冠状病毒基因组的生物信息学分析［J］.生物信息学，18（2）：96-102.

陈金寿，叶爱贵，2012.黄花菜品种"冲里花"栽培技术［J］.福建农业科技（1）：37-38.

陈珂，焦娟玉，尹春英，2009.植物对水分胁迫的形态及生理响应［J］.湖南农业科学，48（4）：992-995.

陈朗，彭帅，彭乔烽，等，2020.大通牦牛 DQA2 基因 CDS 区序列分析［J］.中国奶牛（2）：29-34.

陈娜，程果，王冕，等，2016.参与植物盐胁迫调控的转录因子研究进展（英文）［J］.花生学报，45（3）：44-52.

陈娜，迟晓元，潘丽娟，等，2015.MYB 转录因子在植物盐胁迫调控中的研究进展［J］.植物生理学报，51（9）：1395-1399.

陈培玉，孔德政，2013.盐碱胁迫对紫穗槐种子萌发的影响［J］.河南农业科学，42（5）：150-152.

陈鹏，苏菊，李荣，1992.大同盆地井灌种麦改良盐碱地［J］.农田水利与小水电（9）：21-22.

陈宵娜，赵瑛瑛，贾敏，2021.大同黄花质量标准的建立［J］.现代食品（3）:1-3.

陈晓亚，汤章城，2007.植物生理与分子生物学［M］.3 版.北京：高等教育出版社，533-551.

陈晓亚，薛红卫，2012.植物生理与分子生物学［M］.4 版.北京：高等教育出版社，632-640，679-694.

陈阳春，许伟，陈集双，2016.不同品种半夏组培苗对盐胁迫的生理响应［J］.江苏农业科学，44（6）：314-316.

陈志峰，2014.不同品种黄花菜秋水仙碱含量比较及其亲缘关系鉴定［D］.晋中：山西农业大学.

储玲，2004.铜尾矿废弃地重金属污染对三叶草幼苗生长和植物－土壤酶系统影响的研究［D］.芜湖：安徽师范大学.

崔会婷，蒋旭，张铁军，等，2020.植物 CYP450 家族研究进展［J］.中国草地学报，42（5）：173-180.

崔凯，吴伟伟，刁其玉，2019.转录组测序技术的研究和应用进展［J］.生物技术通报，35（7）：1-9.

崔荣秀，张议文，陈晓倩，等，2019.植物 bZIP 参与胁迫应答调控的最新研究进展［J］.生物技术通报，35（2）：143-155.

崔颖，李芊夏，刘彬，等，2020.干旱胁迫对地果幼苗形态与生理特性的影响

［J］.西北林学院学报，35（6）：82-88，227.

代全林，2006.重金属对植物毒害机理的研究进展［J］.亚热带农业研究，13（2）：49-53.

邓放明，尹华，李精华，等，2003.黄花菜应用研究现状与产业化开发对策［J］.湖南农业大学学报（自然科学版），29（6）：529-532.

邓振镛，倾继祖，黄蕾诺，2009.干旱对农业危害的特点及其减灾技术［J］.安徽农业科学，37（32）：16177-16179.

丁顺华，邱念伟，杨洪兵，等，2001.小麦耐盐型生理指标的选择［J］.植物生理学通讯，37（2）：98-102.

丁新天，朱静坚，丁丽玲，等，2004.大棚黄花菜生长特点及优质高效栽培技术研究［J］.中国农学通报，20（1）：83-85.

董杰，贾学峰，2004.全球气候变化对中国自然灾害的可能影响［J］.聊城大学学报，17（2）：58-62.

窦俊辉，喻树迅，范术丽，等，2010.SOD与植物胁迫抗性［J］.分子植物育种，8（2）：359-364.

杜磊，赵尊练，巩振辉，等，2010.水分胁迫对线辣椒叶片渗透调节作用的影响［J］.干旱地区农业研究，28（3）：188-198.

段金省，李宗奎，周忠文，2008.保护地栽培对黄花菜生长发育的影响［J］.中国农业气象，29（2）：184-187.

段九菊，宋卓琴，贾民隆，等，2021.大同市黄花菜产业发展历程、现状及对策［J］.中国种业（1）：17-19.

范学钧，2006.黄花菜产业开发［M］.兰州：甘肃科学技术出版社，3-9.

傅茂润，茅林春，2006.黄花菜的保健功能及化学成分研究进展［J］.食品发酵工业，32（10）：108-112.

高慧兵，郁培义，孙宇靖，等，2019.铅锌胁迫下蓖麻叶糖代谢规律及相关本酶基因差异表达分析［J］.植物生理学报，55（4）：483-492.

高洁，2013.大同县黄花菜地理标志产品保护调研报告［D］.太原：山西大学.

高俊凤，2006.植物生理学实验指导［M］.北京：高等教育出版社，68-70，208-213，217-218.

高志慧，2019.不同产地黄花菜营养价值的比较［J］.黑龙江农业科学（12）：82-84.

高柱平，池宝亮，郑普山，1995.大同盆地盐碱地甜菜高产配套技术研究［J］.土壤学报，32（1）：91-100.

葛瑶，栾明鉴，张雪楠，等，2021.中国盐生植物分布与盐碱地类型的关系［J］.齐鲁工业大学学报，35（2）：14-20.

耿晓东，周英，于明华，等，2021.NaCl胁迫对小黄花菜生长及相关生理指标的影响［J］.广西植物，41（6）：930-936.

公勤，康群，王玲，等，2018.重金属铜对植物毒害机理的研究现状及展望［J］.南方农业学报，49（3）：470-471.

苟文莉，2008.浅议山西省大同地区盐碱地造林技术［J］.山西林业科技（3）：50-51.

苟艳丽，张乐，郭欢，等，2020.植物 AP2/ERF 类转录因子研究进展［J］.草业科学，37（6）：1150-1159.

关义新，戴俊英，林艳，1995.水分胁迫下植物叶片光合的气孔和非气孔限制［J］.植物生理学通讯（4）：293-297.

郭淑宏，2017.大同县黄花菜种质资源与传统栽培技术［J］.山西农经（1）：50，58.

郭晓玉，陈明，张文龙，等，2016.GC//MS 分析黄花菜精油挥发成分［J］.延边大学农学学报，38（1）：35-39.

韩承伟，王禹彬，刘龙彬，1999.黄花菜引种及丰产栽培技术［J］.中国林副特产（1）：24-25.

韩霁昌，2009.陕西卤泊滩盐碱地综合治理模式及机理研究［D］.西安：西安理工大学.

韩立朴，马凤娇，于淑会，等，2012.基于暗管埋设的农田生态工程对运东滨海盐碱地的改良原理与实践［J］.中国生态农业学报，20（12）：1680-1686.

韩萍，魏云林，2006.α-淀粉酶低温适应性分子机制的研究进展［J］.微生物学杂志（4）：77-81.

韩蕊莲，李瑞霞，梁宗锁，等，2002.干旱胁迫下沙棘膜脂过氧化保护体系研究［J］.西北林学院学报，17（4）：1-5.

韩瑞宏，卢欣石，高桂娟，等，2007.紫花苜蓿（*Medicago sativa*）对干旱胁迫的光合生理响应［J］.生态学报，27（12）：5230-5236.

韩世栋，杨安平，弓林生，等，2006.蔬菜生产技术［M］.北京：中国农业出版社，397-340.

韩羽，张忠学，杨桦，等，2019.水分胁迫对寒地水稻光合速率、气孔限制值及 WUE 的影响［J］.灌溉排水学报，38（S1）：13-18.

韩志平，陈志远，黄蕊，等，2012.1-MCP 对黄花菜贮藏保鲜效果的研究［J］.

山西大同大学学报，28（6）：49-51.

韩志平，郭世荣，焦彦生，等，2008.NaCl 胁迫对西瓜幼苗生长和光合气体交换参数的影响［J］.西北植物学报，28（4）：0745-0751.

韩志平，郭世荣，尤秀娜，等，2010.盐胁迫对西瓜幼苗活性氧代谢和渗透调节物质含量的影响［J］.西北植物学报，30（11）：2210-2218.

韩志平，郭世荣，郑瑞娜，等，2013.盐胁迫对小型西瓜幼苗体内离子分布的影响［J］.植物营养与肥料学报，19（4）：908-917.

韩志平，郭晓东，张海霞，等，2013.硝酸钙胁迫对黄瓜种子萌发特性的影响［J］.山西农业科学，41（11）：1186-1189.

韩志平，李进，王丽君，等，2018.大同黄花菜组织培养试验初报［J］.种子，37（11）：69-72.

韩志平，王丽君，张海霞，等，2021.大同黄花菜茎段组织培养研究［J］.种子，40（10）：135-140.

韩志平，张春业，马樱芳，等，2013.黄花菜采后生理与贮藏保鲜技术研究进展［J］.山西农业科学，41（1）：103-106.

韩志平，张春业，张海霞，等，2013.黄花菜与3种食用菌营养价值的研究［J］.山西大同大学学报，29（5）：63-65.

韩志平，张海霞，李林霞，等，2015.硝酸钙胁迫对南瓜幼苗生长和膜脂过氧化的影响［J］.河南农业科学，44（5）：117-120.

韩志平，张海霞，刘冲，等，2018.NaCl 胁迫对黄花菜生长和生理特性的影响［J］.西北植物学报，38（9）：1700-1706.

韩志平，张海霞，刘渊，等，2014.NaCl 胁迫对不同品种黄瓜种子萌发特性的影响［J］.北方园艺（1）：1-5.

韩志平，张海霞，张红利，等，2020.Ca(NO₃)₂ 胁迫对黄花菜植株体内矿质离子含量的影响［J］.西北农林科技大学学报（自然科学版），48（4）：115-122.

韩志平，张海霞，张琨，等，2019.黄花菜组织培养研究进展［J］.山西农业科学，47（12）：167-172.

韩志平，张海霞，张琨，等，2020.大同黄花菜产业发展优势分析［J］.园艺与种苗，40（12）：28-30，38.

韩志平，张海霞，张巽，等，2019.水分胁迫对黍子幼苗生长和生理特性的影响［J］.中国农业气象，40（8）：502-511.

韩志平，张海霞，赵智灵，等，2015.铜胁迫对小白菜幼苗生长的影响［J］.长江蔬菜（12）：28-32.

韩志平，张海霞，周桂伶，等，2020.混合盐胁迫下黄花菜生长和生理特性的变化［J］.河南农业科学，49（2）：116-122.

韩志平，张海霞，2019.黄花菜繁殖育苗技术［J］.园艺与种苗（1）：25-28，34.

韩志平，2018.大同黄花菜产业现状及相关研究［M］.北京：地质出版社，22-40，75-101.

郝献民，2019-06-28.在第二届大同黄花文化旅游月新闻发布会上的致辞［N］.大同日报（007）.

何芳兰，2019.Na$^+$提高泌盐型旱生植物红砂干旱、高温及风沙流耐性的生理作用研究［D］.兰州：兰州大学.

何海锋，吴娜，刘吉利，等，2020.柳枝稷种植年限对盐碱土壤理化性质的影响［J］.生态环境学报，29（2）：285-292.

何欢乐，蔡润，潘俊松，等，2005.盐胁迫对黄瓜种子萌发特性的影响［J］.上海交通大学学报（农业科学版），23（2）：148-153.

何丽娜，赵艳霞，崔亚宁，等，2019.转录因子及其动态成像分析技术的研究进展［J］.电子显微学报，38（1）：87-94.

何平，李林光，王海波，等，2019.基于转录组分析不同着色桃果皮花青苷表达模式与转录因子［J］.植物生理学报，55（3）：310-318.

何文亮，黄承红，杨颖丽，等，2004.盐胁迫过程中抗坏血酸对植物的保护功能［J］.西北植物学报，24（12）：2196-2201.

贺洁颖，赵丽平，李效珍，等，2017.大同县黄花菜气候品质认证技术研究浅析［C］//第34届中国气象学会年会S12提升气象科技水平，保障农业减灾增效论文集.郑州：中国气象学会，131-135.

洪亚辉，张永和，屠波，等，2003.不同品种的黄花菜鲜干花营养成分比较［J］.湖南农业大学学报（自然科学版），29（6）：503-505.

胡明文，2008.野黄花菜的人工栽培技术［J］.现代农业科技（12）：59.

胡万银，2007.盐碱地绿化技术浅述［J］.山西林业科技（2）：48-49.

胡筑兵，陈亚华，王桂萍，等，2006.铜胁迫对玉米幼苗生长、叶绿素荧光参数和抗氧化酶活性的影响［J］.植物学通报，23（2）：129-137.

黄建国，2004.植物营养学［M］.北京：中国林业出版社，39-47，197-212，222-226.

黄永东，黄永川，于官平，等，2011.蔬菜对重金属元素的吸收和积累研究进展［J］.长江蔬菜（10）：1-6.

霍宇恒，2020.大同黄花菜病虫害监测及绿色防控技术［J］.农业技术与装备（2）：

46–47.

纪薇，焦晓博，罗尧幸，等，2019. 基于 RNA-Seq 技术的葡萄不同花型新转录本预测和基因结构优化 [J]. 植物生理学报，55（5）：617–628.

贾昌路，张瑶，朱玲，等，2015. 转录组测序技术在生物测序中的应用研究进展 [J]. 分子植物育种，13（10）：2388–2394.

贾洪纪，姚余君，李俊涛，等，2007. 寒地黄花菜引种效果分析 [J]. 东北林业大学学报，35（10）：13–16.

简敏菲，弓晓峰，游海，等，2004. 水生植物对铜、铅、锌等重金属元素富集作用的评价研究 [J]. 南昌大学学报（工科版），26（1）：84–88.

江行玉，赵可夫，2001. 植物重金属伤害及其抗性生理 [J]. 应用与环境生物学报，7（1）：92–97.

姜佰文，戴建军，2013. 土壤肥料学实验 [M]. 北京：北京大学出版社，72–79.

焦东，2013. 大同黄花菜的栽培与采摘加工技术 [J]. 农业技术与装备（16）：39–42.

焦东，2014. 大同县盐碱地综合改造技术 [J]. 农业技术与装备（2）：72–73，75.

矫威，2014. 不同改良剂对作物生长发育及酸性土壤理化性状的影响 [D]. 武汉：华中农业大学.

教忠意，王保松，施士争，等，2008. 林木抗盐性研究进展 [J]. 西北林学院学报，23（5）：60–64.

颉敏昌，2012. 庆阳市黄花菜品种资源及栽培技术 [J]. 甘肃农业科技（1）：53–55.

金立敏，2011. 大花萱草品种筛选与制种技术研究 [D]. 南京：南京农业大学.

靳冯芝，2013. 不同特性肥料对南丰蜜橘果实品质的影响 [D]. 武汉：华中农业大学.

柯裕州，2008. 桑树抗盐性研究及其在盐碱地中的应用 [D]. 杭州：中国林业科学研究院.

兰岚，2015. 晋北重度盐碱地对植物生理效应的影响 [D]. 晋中：山西农业大学.

郎志红，2008. 盐碱胁迫对植物种子萌发和幼苗生长的影响 [D]. 兰州：兰州交通大学.

雷明，2008. 农药残留检测用植物酯酶的筛选与固定化研究 [D]. 杨凌：西北农林科技大学.

黎海利，2008. 萱草属部分种和栽培品种资源调查及亲缘关系研究 [D]. 北京：北京林业大学.

李彬，王志春，孙志高，等，2005.中国盐碱地资源与可持续利用研究［J］.干旱地区农业研究，23（2）：154-158.

李长润，刘友良，1993.盐胁迫下小麦幼苗离子吸收运输的选择性与叶片耐盐量［J］.南京农业大学学报，16（1）：16-20.

李崇，李法云，张营，等，2008.沈阳市街道灰尘中重金属的空间分布特征研究［J］.生态环境，17（2）：560-564.

李罡，李文龙，许雪梅，等，2019.MYC2转录因子参与植物发育调控的研究进展［J］.植物生理学报，55（2）：125-132.

李海云，王秀峰，魏岷，2003.不同阴离子对黄瓜幼苗生长的效应［J］.中国农学通报（3）：57-60.

李和平，姚运法，练冬梅，等，2018.黄秋葵果实转录组测序及分析［J］.生物技术通报，34（3）：121-127.

李红，2009.铜对荠菜与小白菜萌发和生长的影响的研究［D］.杨凌：西北农林科技大学.

李红丽，丁国栋，董智，等，2010.中捷农场滨海盐碱地立地类型划分及其植被恢复技术［J］.中国水土保持科学，8（5）：86-91.

李佳赟，马进，王依纯，等，2019.南方型紫花苜蓿叶片响应盐胁迫的代谢组学分析［J］.河南农业科学，48（5）：30-36.

李金亭，赵萍萍，邱宗波，等，2012.外源H_2O_2对盐胁迫下小麦幼苗生理指标的影响［J］.西北植物学报，32（9）：1796-1801.

李进，韩志平，李艳清，等，2019.大同黄花菜生物学特征及其高产栽培技术［J］.园艺与种苗（5）：5-10.

李黎霞，2010.大同市玉米与黄花菜种植现状及发展前景分析［J］.山西农业科学，38（9）：9-10，16.

李钱峰，鲁军，余佳雯，等，2018.油菜素内酯与脱落酸互作调控植物生长与抗逆的分子机制研究进展［J］.植物生理学报，54（3）：370-378.

李倩，王明，王雯雯，等.华山新麦草光合特性对干旱胁迫的响应［J］.生态学报，32（13）：4278-4284.

李青云，葛会波，胡淑明，2008.外源腐胺和钙对NaCl胁迫下草莓幼苗离子吸收的影响［J］.植物营养与肥料学报，14（3）：540-545.

李小方，张志良，2016.植物生理学实验指导［M］.5版.北京：高等教育出版社，39-40.

李效珍，鲁巨，杜翠芳，等，2009.大同市干旱类型、成因分析及对策［J］.山西科技（3）：93-94.

李彦霞，周海涛，刘文婷，等，2021.干旱胁迫下不同燕麦品种光合荧光特性及其抗旱性评价［J］.种子，40（2）：26-34.

李艳清，刘冲，韩志平，等，2016.硝酸钙胁迫对黄花菜叶片生理指标的影响［J］.农业科学，6（5）：132-137.

李依民，张化为，陈莹，等，2018.白鲜根转录组高通量测序与数据分析［J］.中草药，49（21）：4975-4982.

李银，刘锐敏，曾凤，等，2019.6种园林草本植物的抗旱光合特性［J］.热带农业科学，39（7）：12-17.

李勇，吴浩一，时培宁，等，2019.黄花菜饮料的配方及加工工艺研究［J］.徐州工程学院学报，34（3）：48-53.

李云霞，2014.黄花菜中黄酮的提取及雌激素样调节作用的研究［J］.实用中西医结合临床，14（9）：83-84.

李志杰，孙文彦，2015.盐碱土农业生态工程［M］.北京：科学出版社.

梁安果，2007.大同盆地盐碱土综合治理效果及治理经验［J］.科技情报开发与研究，17（21）：268-269.

梁称福，刘明月，2002.蔬菜重金属污染研究进展闭［J］.湖南农业科学（4）：45-48.

梁石锁，张妙仙，梁安果，等，1997.大同盆地盐碱土资源综合开发的技术措施［J］.山西水利科技（3）：78-82.

梁玉青，李小双，高贝，等，2017.基于RNA-Seq数据筛选的银叶真藓耐干相关基因表达模式研究［J］.植物生理学报，53（3）：388-396.

廖岩，彭友贵，陈贵珠，2007.植物耐盐机制研究进展［J］.生态学报，27（5）：2077-2089.

林大仪，2004.土壤学实验指导［M］.北京：中国林业出版社，62-70,179-193.

林凤栖，2004.耐盐植物研究［M］.北京：科学出版社.

林琨，张鼎华，2014.胁迫环境对植物光合作用的影响［J］.安徽农业科学，42（31）：10839-10840,10887.

林义章，张淑媛，朱海生，等，2008.铜胁迫对小白菜叶肉细胞超微结构的影响［J］.中国生态农业学报，16（4）：948-951.

刘宝，刘振明，2017.大同盐碱地主要特性与综合治理措施［J］.农业工程技术（综合版）（6）：29-30.

刘海波，魏玉清，周维松，等，2017.土壤盐分胁迫对甜高粱茎秆糖分积累及蔗

糖代谢相关酶活性的影响［J］.西北农林科技大学学报（自然科学版）,45（5）:
41–47, 56.

刘华, 舒孝喜, 赵银, 等, 1997.盐胁迫对碱茅生长及碳水化合物含量的影响
［J］.草业科学, 14（1）: 18–19, 22.

刘会超, 孙振元, 彭镇华, 2003.盐碱土绿化植物的应用与评价［J］.中南林业学
院学报, 23（5）: 30–33.

刘建巍, 朱宏, 2014.盐胁迫下小麦种子萌发及生理指标的测定［J］.哈尔滨师范
大学学报, 30（3）: 133–136.

刘建新, 王鑫, 王金成, 等, 2012.黑麦草幼苗对 $NaHCO_3$ 胁迫的生理响应［J］.
干旱地区农业研究, 30（1）: 138–148.

刘杰, 张美丽, 张义, 等, 2008.人工模拟盐、碱环境对向日葵种子萌发及幼苗
生长的影响［J］.作物学报, 34（10）: 1818–1825.

刘景辉, 赵海超, 任永峰, 等, 2009.土壤水分胁迫对燕麦叶片渗透调节物质含
量的影响［J］.西北植物学报, 29（7）: 1432–1436.

刘旻霞, 马建组, 2010.逆境胁迫下加工番茄种子萌发及抗氧化酶系统的影响
［J］.石河子大学学报（自然科学版）, 28（4）: 422–426.

刘敏轩, 张宗文, 吴斌, 等, 2012.黍稷种质资源芽、苗期耐中性混合盐胁迫评
价与耐盐生理机制研究［J］.中国农业科学, 45（18）: 3733–3743.

刘锐敏, 2019.广州市 10 种草本植物对干旱胁迫 – 复水响应研究［D］.广州: 仲
恺农业工程学院.

刘尚杰, 2013.石墨烯对水稻种子萌发及幼苗生长的影响［D］.荆州: 长江大学.

刘小红, 2005.九华铜矿重金属污染调查及耐铜植物的筛选耐性机理研究［D］.
合肥: 安徽农业大学.

刘小京, 刘孟雨, 2002.盐生植物利用与区域农业可持续发展［M］.北京: 气象
出版社, 1–9.

刘亚丽, 2011.脂松苗木水分胁迫和越冬伤割机制［D］.哈尔滨: 东北林业大学.

刘阳春, 何文寿, 何进智, 等, 2007.盐碱地改良利用研究进展［J］.农业科学研
究, 28（2）: 68–71.

刘永庆, 沈美娟, 1990.黄花菜品种资源研究［J］.园艺学报, 17（1）: 45–46.

刘祖祺, 张石城, 1994.植物抗性生理学［M］.北京: 中国农业出版社, 222–
290.

卢映书, 2000.浅析大同市干旱成因及抗旱政策［J］.中国防汛防旱（4）: 28–30.

卢元芳, 冯立田, 1999.NaCl 胁迫对菠菜叶片中水分和光合气体的影响［J］.植

物生理学通讯, 35（4）: 290-292.

鲁如坤, 1996. 土壤农业化学分析方法 [M]. 北京: 中国标准出版社, 5.

陆海勤, 李毅花, 李冬梅, 等, 2017. 超声协同电场提取黄花菜多糖的动力学研究 [J]. 华南理工大学, 45（9）: 67-73, 87.

罗桑卓玛, 辛福梅, 杨小林, 等, 2015. 干旱胁迫对香柏幼苗生长和生理指标的影响 [J]. 西北农林科技大学学报（自然科学版）, 43（5）: 51-57.

罗志勇, 陈淑平, 黄晓芳, 等, 2017. 湖南黄花菜主栽品种的生长发育特性和生物质积累规律 [J]. 湖南农业科学（10）: 15-17.

吕蓓, 1997. 大豆过氧化物酶试剂盒 [J]. 生物技术通报（1）: 32-33.

吕贻忠, 李保国, 2008. 土壤学 [M]. 北京: 中国农业出版社.

马骥, 陆慧贤, 2015. 超氧化物歧化酶检测试剂盒抗干扰性能评价 [J]. 国际检验医学杂志（7）: 124-126.

马俊莹, 程炳嵩, 1997. 类胡萝卜素与活性氧代谢的关系 [J]. 山东农业大学学报, 28（4）: 518-522.

马稀, 王彩云, 2001. 几种引进冷季型草坪的生长及抗旱生理指标 [J]. 草业科学, 18（2）: 56-61.

毛建兰, 2008. 黄花菜的营养价值及加工技术综述 [J]. 安徽农业科学, 36（3）: 1197-1198.

米文精, 刘克东, 赵勇刚, 等, 2011. 大同盆地盐碱地生态修复利用植物的初步选择 [J]. 北京林业大学学报, 33（1）: 49-54.

牟永花, 张德威, 1998. NaCl 胁迫下番茄苗的生长和营养元素积累 [J]. 植物生理学通讯, 34（1）: 14-16.

穆彩琴, 张瑞娟, 屈聪玲, 等, 2016. 基于 RNA-Seq 技术的谷子新转录本发掘及基因结构优化 [J]. 植物生理学报, 52（7）: 1066-1072.

倪伟, 高付凤, 杨恒峰, 等, 2017. 基于 RNA-Seq 技术苹果基因结构优化与新转录本预测 [J]. 植物生理学报, 53（8）: 1532-1538.

聂江力, 毛金枫, 裴毅, 等, 2016. 盐碱胁迫对狼尾草种子萌发的影响 [J]. 种子, 35（2）: 21-25, 31.

牛红军, 李杨, 2014. 同工酶技术及其优化 [J]. 生物学通报, 49（5）: 15-17.

潘凌云, 马家冀, 李建民, 等, 2022. 植物盐胁迫应答转录因子的研究进展 [J]. 生物工程学报, 38（1）: 50-65.

潘瑞炽, 2012. 植物生理学 [M]. 7 版. 北京: 高等教育出版社, 32-65, 72-79, 338-340.

潘炘，2006.黄花菜保鲜与保健功能的研究［D］.杭州：浙江大学.

庞鑫，2017.山西省农业干旱时空变化特征及其与气象因子的响应研究［D］.太原：太原理工大学.

彭立新，周黎君，冯涛，等，2009.盐胁迫对沙枣幼苗抗氧化酶活性和膜脂过氧化的影响［J］.天津农学院学报，16（4）：1-4.

戚乐磊，陈阳，贾恢先，2002.盐胁迫下有机及无机硅对水稻种子萌发的影响［J］.甘肃农业大学学报，37（3）：272-278.

齐曼·尤努斯，李秀霞，李阳，等，2005.盐胁迫对大果沙枣膜脂过氧化和保护酶活性的影响［J］.干旱区研究，22（4）：503-507.

钱宝，刘凌，肖潇，2011.土壤有机质测定方法对比分析［J］.河南大学学报，39（1）：34-38.

邱收，2008.几个萱草属植物的耐盐性研究［D］.长沙：湖南农业大学.

任天应，张乃生，张全发，1990.盐碱地种植黄花菜脱盐改土效果的研究［J］.盐碱地利用（3）：33-36.

任天应，张乃生，张全发，1991.黄花菜耐盐能力的研究与生产应用［J］.山西农业科学（9）：13-15.

任崴，罗廷彬，王宝军，等，2004.新疆生物改良盐碱地效益研究［J］.干旱地区农业研究，22（4）：211-214.

任勇，2020.追随习近平总书记足迹 解密大同黄花产业［J］.文化产业（13）:8-11.

萨如拉，刘景辉，刘伟，等，2014.碱性盐胁迫对燕麦矿质离子吸收与分配的影响［J］.麦类作物学报，34（2）：261-266.

山西省土壤普查办公室，1992.山西土壤［M］.北京：科学出版社.

尚国佐，2009.大同：盐碱地反弹有苗头 防制工作须努力［J］.山西农业（1）：39.

邵桂花，万超文，李舒凡，等，1994.大豆萌发期耐盐生理初步研究［J］.作物杂志（6）：25-27.

沈伟其，1988.测定水稻叶片叶绿素含量的混合液提取法［J］.植物生理学通讯（3）：62-64.

施冰，2003.大花萱草的引种及栽培试验［D］.哈尔滨：东北林业大学.

石颜通，杨林，李琳，等，2019.5个黄花菜品种在北京地区的引种表现［J］.甘肃农业科技（9）：21-24.

束胜，郭世荣，孙锦，等，2012.盐胁迫下植物光合作用的研究进展［J］.中国蔬菜（18）：53-61.

束胜，孙锦，郭世荣，等，2010.外源腐胺对盐胁迫下黄瓜幼苗叶片PSⅡ光化学特性和体内离子分布的影响［J］.园艺学报，37（7）：1065-1072.

宋玉芳，许华夏，任丽萍，等，2003.土壤重金属污染对蔬菜生长的抑制作用及其生态毒性［J］.农业环境科学学报，22（1）：13-15.

孙洪烈，刘光崧，1996.土壤理化分析与剖面描述［M］.北京：中国标准出版社，47.

孙凯，李冬秀，杨靖，等，2019.水稻耐淹成苗率相关性状全基因组的关联分析［J］.中国农业科学，52（3）：385-398.

孙权，何振立，杨肖娥，等，2007.铜对小白菜的毒性效应及其生态健康指标［J］.植物营养与肥料学报，13（2）：324-330.

孙小芳，郑青松，刘友良，2000.NaCl胁迫对棉花种子萌发和幼苗生长的伤害［J］.植物资源与环境学报，9（3）：22-25.

孙小艳，陈铭，李彦强，等，2018.淹水胁迫下鹅掌楸无性系生理生化响应差异［J］.植物生理学报，54（3）：473-482.

孙杨，2016.滴灌条件下大同盆地盐碱地土壤水盐运移规律研究［D］.太原：太原理工大学.

谭舒心，2017.混合盐胁迫下藜麦生理特性的研究［D］.哈尔滨：东北师范大学.

汤海港，黄艳华，路海博，等，2016.转录组测序技术及其在能源草基因挖掘和品种选育中的应用前景分析［J］.草地学报，24（4）：731-737.

汤绍虎，罗充，2012.植物生理学实验教程［M］.重庆：西南师范大学出版社，64-65.

唐立群，肖层林，王伟平，2012.SNP分子标记的研究及其应用进展［J］.中国农学通报，28（12）：154-158.

唐露，金梦雅，黄琳凯，等，2018.基于SSR标记的四倍体鸭茅遗传图谱加密［J］.中国农业科学，51（5）：991-1001.

唐晓倩，白应飞，刘广亮，等，2018.NaCl胁迫对侧柏幼苗生长及矿质离子吸收和分配的影响［J］.西北农林科技大学学报（自然科学版），46（9）：60-66.

唐咏，王萍萍，张宁，2006.植物重金属毒害作用机制研究现状［J］.沈阳农业大学学报，37（4）：551-555.

田丽娟，2006.中国现代药学史研究［D］.沈阳：沈阳药科大学.

田荣，谷巍，韦陈彬，等，2021.植物三萜类成分生物合成中氧鲨烯环化酶与细胞色素P450的研究进展［J］.南京中医药大学学报，37（2）：303-310.

田泽全，2019.大同黄花：云州群众的脱贫致富花［J］.中国中小企业（8）：72-75.

童辉，孙锦，郭世荣，等，2012. 等渗 $Ca(NO_3)_2$ 和 NaCl 对黄瓜幼苗生长及渗透调节物质含量的影响［J］. 西北植物学报，32（2）：0306-0311.

涂俊芳，王兴明，刘登义，等，2006. 不同浓度铜对紫背萍和青萍色素含量及抗氧化酶系统的影响［J］. 应用生态学报，17（3）：502-506.

王宝山，赵可夫，1995. 小麦叶片中 Na、K 提取方法的比较［J］. 植物生理学通讯，31（1）：50-52.

王宝山，2010. 逆境植物生物学［M］. 北京：高等教育出版社.

王伯胜，高翔，2018. 黄花菜绿色栽培技术［M］. 北京：中国农业大学出版社，1-10.

王晨，陈吉宝，庞振凌，等，2016. 甜高粱对混合盐碱胁迫的响应及耐盐碱种质鉴定［J］. 作物杂志（1）：56-61.

王春林，张玉鑫，陈年来，2006. NaCl 胁迫对甜瓜种子萌发的影响［J］中国蔬菜（5）：7-10.

王凤涛，蔺瑞明，徐世昌，2010. 小麦 3 个 NAC 转录因子基因克隆与功能分析［J］. 基因组学与应用生物学，29（4）：639-645.

王广印，周秀梅，张建伟，等，2004a. 不同黄瓜品种种子萌发期的耐盐性研究［J］. 植物遗传资源学报，5（3）：299-303.

王广印，周秀梅，张建伟，等，2004. Ca^{2+} 对 NaCl 胁迫下黄瓜和南瓜种子发芽的影响［J］. 浙江农业科学（6）：307-309.

王海景，徐云文，王晋民，2014. 大同盆地盐碱地概况与综合改良技术措施［J］. 农业技术与装备（5）：76-78.

王宏燕，孙岩，于军，等，2017. 有机种植对盐碱土主要理化性质的影响［J］. 浙江农业学报，29（9）：1544-1548.

王晖，谢岩，高玉军，等，2020. 桑葚转录组 SNP/Indel 位点的挖掘及功能注释［J］. 石河子大学学报（自然科学版），38（3）：325-330.

王晖，2012. 基于转录组信息的百合 SSR 标记开发及种质分子鉴定研究［D］. 北京：中国农业科学院.

王辉，李定蓝，齐泽民，等，2016. 钙素对彩叶玉簪光合作用和保护酶活性的影响［J］. 广西植物，36（5）：564-569.

王佳丽，黄贤金，钟太洋，等，2011. 盐碱地可持续利用研究综述［J］. 地理学报，66（5）：673-684.

王嘉楠，李小艳，魏石美，等，2018. 5-ALA 对干旱胁迫下小麦幼苗光合作用及 D1 蛋白的调节作用［J］. 作物杂志（5）：121-126.

王静静,张文鹏,徐当会,2015. NaCl 胁迫下钙对沙拐枣(*Calligonum arborescens*)株高及光合特性的影响[J].中国沙漠,35(1):167-174.

王菊秋,2018. 3 种萱草属植物的耐阴性及耐旱性研究[D].苏州:苏州大学.

王仁雷,华春,罗庆云,等,2002.盐胁迫下水稻叶绿体中 Na^+、Cl^- 积累导致叶片净光合速率下降[J].植物生理与分子生物学学报,28(5):385-390.

王瑞刚,唐世荣,郭军康,等,2010.铜胁迫对高丹草和紫花苜蓿生长和光合特性的影响[J].生态环境学报,19(12):2922-2928.

王三根,宗学凤,2015.植物抗性生物学[M].重庆:西南师范大学出版社,1-31,123-140,160-171,185-199.

王三根,2017.植物生理学实验教程[M].北京:科学出版社,91-94,96-98,205-206,207-211.

王树元,1990.黄花菜的药膳兼用[J].中国烹饪(8):47-48.

王松华,杨志敏,徐朗莱,2003.植物铜素毒害及其抗性机制研究进展[J].生态环境,12(3):336-341.

王素平,郭世荣,胡晓辉,等,2006.盐胁迫对黄瓜幼苗叶片光合色素含量的影响[J].江西农业大学学报,28(2):32-38.

王素平,郭世荣,周国贤,等,2006. NaCl 胁迫下黄瓜幼苗体内 K^+、Na^+ 和 Cl^- 分布及吸收特性的研究[J].西北植物学报,26(11):2281-2288.

王素平,李娟,郭世荣,2006. NaCl 胁迫对黄瓜幼苗生长和光合特性的影响[J].西北植物学报,28(2):32-38.

王伟玲,王展,王晶英,2010.植物过氧化物酶活性测定方法优化[J].实验室研究与探索(4):26-28.

王文杰,许慧男,王莹,等,2010.盐碱地土壤改良对银中杨叶片、树枝和树皮绿色组织色素和 C_4 光合酶的影响[J].植物研究,30(3):299-304.

王霞,侯平,尹林克,等,2002.土壤水分胁迫对柽柳体内膜保护酶及膜脂过氧化的影响[J].干旱区研究,19(3):17-20.

王小菁,2019.植物生理学[M].8 版.北京:高等教育出版社,33-38,328-348.

王小敏,许婳婳,詹若挺,2021.基于转录组测序的越南安息香根、茎和叶基因表达分析[J].中草药,52(8):2392-2399.

王小瑜,王相友,孙霞,等,2007.乙酰胆碱酯酶试剂包配方的选择[J].保鲜与加工(6):38-41.

王学军,2016.大同县黄花产业化现状及发展对策[J].现代农业科技(20):

79-80.

王艳, 张海丽, 许腾, 等, 2017. 黄花菜不同品种及不同部位营养与功能成分差异性研究 [J]. 食品科技, 42 (6): 68-71.

王雁, 于红立, 刘秋芳, 等, 2004. 四种草坪草抗盐能力的研究 [J]. 中国城市林业, 2 (6): 36-38.

王莺璇, 2012. 7种百合科园林地被植物的抗旱性研究 [D]. 昆明: 云南农业大学.

王迎, 2013. 我国重点国有林区森林经营与森林资源管理体制改革研究 [D]. 北京: 北京林业大学.

王友保, 刘登义, 张莉, 等, 2001. 铜、砷及其复合污染对黄豆影响的初步研究 [J]. 应用生态学报, 12 (1): 117-120.

王占臣, 2001. 高产黄花菜引种栽培技术 [J]. 特种经济动植物, (9): 35-36.

王志春, 杨福, 齐春艳, 2010. 盐碱胁迫对水稻花粉扫描特征和生活力的影响 [J]. 应用与环境生物学报, 16 (1): 63-66.

王子英. 石墨烯-磺胺嘧啶单一及复合污染对小麦的毒性效应研究 [D]. 新乡: 河南师范大学.

王遵亲, 祝寿泉, 俞仁培, 1993. 中国盐渍土 [M]. 北京: 科学出版社.

魏博娴, 2012. 中国盐碱土的分布与成因分析 [J]. 云南农业大学学报, 6 (2): 1673-5366.

魏国平, 朱月林, 刘正鲁, 等, 2007. NaCl 胁迫对茄子嫁接苗生长和离子分布的影响 [J]. 西北植物学报, 27 (6): 1172-1178

魏军, 武宇, 李文兵, 2015. 大同黄花走出中国 畅销世界 [J]. 食品安全导刊 (32): 58-61.

魏开发, 李艺宣, 2019. 火龙果转录组测序、基因表达与功能分析 [J]. 植物科学学报, 37 (2): 198-210.

文瑛, 2012. 基于节水模式下水分胁迫对四种豆科植物的影响 [D]. 长沙: 中南林业科技大学.

吴比, 胡伟, 邢永忠, 2018. 中国水稻遗传育种历程与展望 [J]. 遗传, 40 (10): 841-857.

吴礼树, 2011. 土壤肥料学 [M]. 2版. 北京: 中国农业出版社, 46-70, 139-147.

武维华, 2018. 植物生理学 [M]. 3版. 北京: 科学出版社, 66-107, 110-119, 137-164, 385-395.

夏民旋, 王维, 袁瑞, 等, 2015. 超氧化物歧化酶与植物抗逆性 [J]. 分子植物育种，13（11）：238-251.

向达兵，2012.钾对套作大豆的抗倒伏效应与提高产量的机理研究［D］.雅安：
四川农业大学.

肖志华，张义贤，张喜文，等，2012.外源铅、铜胁迫对不同基因型谷子幼苗生
理生态特性的影响［J］.生态学报，32（3）：889-897.

谢德意，王惠萍，王付欣，2000.盐胁迫对棉花种子萌发及幼苗生长的影响［J］.
种子，29（3）：29-30.

谢善松，黄水珍，刘忠辉，等，2014.台湾黄花菜品种比较试验［J］.福建农业科
技（5）：16-17.

谢晓红，2015.植物抗氧化酶系统研究进展［J］.化工管理，391（32）：105-106.

邢宝龙，曹冬梅，王斌，2022.黄花菜种植与利用［M］.北京：气象出版社，
1-36，145-158.

徐磊，2003.铜胁迫对小白菜生理生化指标的毒害作用［D］.福州：福建农林
大学.

徐晓阳，李国龙，孙亚卿，等，2019.甜菜 NAC 转录因子鉴定及其在水分胁迫下
的表达分析［J］.植物生理学报，55（4）：444-446.

徐秀娟，秦金贵，李振，2011.石墨烯研究进展［J］.化学进展，21（12）：2559-
2567.

徐玉伟，郭世荣，程玉静，等，2010.Ca(NO$_3$)$_2$ 对盐胁迫下黄瓜幼苗生长及膜质
过氧化的影响［J］.中国蔬菜（4）：14-18.

徐子娴，朱云国，李珊，2021.冬虫夏草菌 NADPH- 细胞色素 P450 还原酶基因
的生物信息学分析［J］.菌物研究，19（1）：54-62.

许国宁，张卫明，孙晓明，等，2011.黄花菜的采后生理与保鲜技术研究进展
［J］.中国野生植物资源，30（3）：9-12.

许国宁，2011.黄花菜真空冷冻干燥工艺研究［D］.南京：南京农业大学.

许祥明，叶和春，李国凤，2000.植物抗盐机理的研究进展［J］.应用与环境生物
学报，6（4）：379-387.

薛秀清，2018.遥感技术在大同盆地盐碱地调查中的应用［J］.农业技术与装备
（6）：73-75.

薛艳，周东美，郝秀珍，等，2006.两种不同耐性青菜种子萌发和根伸长对铜响
应的研究［J］.农业环境科学学报，25（5）：1107-1110.

闫凯华，2013.大同市区域资源环境分析［R］.大同：大同区域规划.

闫晓玲，胡建忠，殷丽强，2017.黄土高原沟壑区黄花菜高效栽培模式［J］.中国

水土保持（11）：46-49.

闫永庆，王文杰，朱虹，等，2010.盐碱胁迫对青山杨光合特性的影响［J］.东北农业大学学报，41（2）：31-38.

阎秀峰，李晶，祖元刚，1999.干旱胁迫对红松幼苗保护酶活性及脂质过氧化作用的影响［J］.生态学报，19（6）：850-854.

晏斌，戴秋杰，刘晓忠，等，1995.钙提高水稻耐盐性的研究［J］.作物学报，21（6）：685-690.

杨光，梁坤南，黄桂华，等，2019.基于高通量测序的柚木边材转录组分析［J］.分子植物育种，46（6）：1-19.

杨海儒，宫伟光，2008.不同土壤改良剂对松嫩平原盐碱土理化性质的影响［J］.安徽农业科学，36（20）：8715-8716.

杨劲松，2008.中国盐渍土研究的发展历程与展望［J］.土壤学报，45（5）：837-845.

杨立飞，朱月林，胡春梅，等，2006.NaCl胁迫对营养液栽培嫁接黄瓜生物量及离子分布的影响［J］.西北植物学报，26（12）：2500-2505.

杨丽丽，2013.铜胁迫对甜菜幼苗生长和光合特性的影响［D］.济南：山东师范大学.

杨凌，葛广波，金强，等，2017-12-22.一种酶法检测羧酸酯酶2的试剂盒及其使用方法与应用：CN107502652［P］.

杨书华，张春宵，朴明鑫，等，2011.69份玉米自交系的苗期耐盐碱性分析［J］.种子，30（3）：1-6.

杨晓英，章文华，王庆亚，等，2003.江苏野生大豆的耐盐性和离子在体内的分布及选择性运输［J］.应用生态学报，14（12）：2237-2240.

杨新莲，2014.大同市盆地盐碱地改良试验初报［J］.中国农技推广，30（9）：45-46.

杨鑫光，2019.高寒矿区煤矸石山植被恢复潜力研究［D］.西宁：青海大学.

杨秀玲，郁继华，李雅佳，等，2004.NaCl胁迫对黄瓜种子萌发及幼苗生长的影响［J］.甘肃农业大学学报，39（1）：6-9.

杨旭峰，2020.乡村振兴战略背景下大同黄花的发展与分析［J］.品牌研究（3）：86-87.

杨彦军，2005.盐碱地植被恢复技术［J］.山西林业科技（2）：33-35.

杨玉凤，李小玲，刘建霞，等，2004.野黄花菜的特性与栽培技术［J］.吉林农业（9）：22.

杨真，王宝山，2015.中国盐渍土资源现状及改良利用对策［J］.山东农业科学，47（4）：125-130.

杨志军，张志国，曹金勇，2003.土壤与农作物重金属含量相关性的初步研究闭［J］.淮阴工学院学报，12（3）：85-88.

姚运法，张少平，练冬梅，等，2018.黄秋葵花和果荚转录组测序及类黄酮代谢差异表达分析［J］.西北植物学报，38（11）：2000-2009.

叶倩，姚荷，郭红英，等，2019.黄花菜固体饮料配方及喷雾干燥工艺的研究［J］.激光生物学报，28（2）：160-167.

於丙军，罗庆云，刘友良，2001.盐胁迫对盐生野大豆生长和离子分布的影响［J］.作物学报，27（6）：776-780.

余蕾，2019.大同黄花农产品区域公用品牌传播策划案［D］.杭州：浙江大学.

余叔文，汤章城，1998.植物生理与分子生物学［M］.北京：科学出版社，752-766.

俞凌云，朱娟，张新申，2009.氯离子测定方法及其应用研究［J］.西部皮革，31（15）：1602-1671.

袁敏，铁柏清，唐美珍，2005.重金属单一污染对龙须草叶绿素含量和抗氧化酶系统的影响［J］.土壤通报，36（6）：115-118.

袁瑞强，龙西亭，王鹏，等，2015.山西省降水量时空变化及预测［J］.自然资源学报，30（4）：651-663.

袁霞，李艳梅，张兴昌，2008.铜对小青菜生长和叶片保护酶活性的影响［J］.农业环境科学学报，27（2）：467-471.

岳健敏，任琼，张金池，2015.植物盐耐机理研究进展［J］.林业科技开发，29（5）：9-13.

岳青，申晋山，1991.黄花菜引种试验及品种特性的调查［J］.中国蔬菜（5）：31-33.

越芹珍，1998.梯田地梗黄花菜生物量测定与分析［J］.山西水土保持科技（1）：13-15.

翟福勤，2007.铜对作物幼苗的毒害机理及铁钙缓解铜毒害的研究［D］.扬州：扬州大学.

詹海仙，畅志坚，魏爱丽，等，2011.干旱胁迫对小麦生理指标的影响［J］.山西农业科学，39（10）：1049-1051.

张宝泽，赵可夫，1996.$CaCl_2$和$Ca(NO_3)_2$对降低玉米幼苗质膜透性的作用［J］.山东师范大学学报，11（1）：74-77.

张保青，杨丽涛，李杨瑞，2011. 自然条件下甘蔗品种抗寒生理生化特性的比较［J］. 作物学报，37（3）：496-505.

张春荣，李红，夏立江，等，2005. 镉、锌对紫花苜蓿种子萌发及幼苗的影响［J］. 华北农学报（1）：96-99.

张丹，马玉花，2019. NAC 转录因子在植物响应非生物胁迫中的作用［J］. 生物技术通报，35（12）：144-151.

张古文，朱月林，杨立飞，等，2006. NaCl 胁迫对番茄嫁接苗生物量及离子含量的影响［J］. 西北植物学报，26（10）：2069-2074.

张海亮，刘雪梅，何勇，2014. SPA-LS-SVM 检测土壤有机质和速效钾研究［J］. 光谱学与光谱分析，34（5）：1348-1351.

张惠媛，刘永伟，杨军峰，等，2018. 小麦转录因子基因 TaWRKY33 的耐盐性分析［J］. 中国农业科学，51（24）：4591-4602.

张慧齐，2013. 大同盆地盐碱地改良措施［J］. 农业技术与装备（2）：79-80.

张慧珍，白雪芹，曾幼玲，2019. 植物 NAC 转录因子的生物学功能［J］. 植物生理学报，55（7）：915-924.

张继波，薛晓萍，李楠，等，2019. 水分胁迫对扬花期冬小麦光合特性和干物质生产及产量的影响［J］. 干旱气象，37（3）：447-453.

张建锋，宋玉民，邢尚军，等，2002. 盐碱地改良利用与造林技术［J］. 东北林业大学学报，30（6）：124-129.

张建锋，张旭东，周金星，等，2005. 世界盐碱地资源及其改良利用的基本措施［J］. 水土保持研究，12（6）：28-30.

张克强，白成云，马宏斌，等，2005. 大同盆地金沙滩盐碱地综合治理技术开发研究［J］. 农业工程学报，21（增刊）：136-141.

张昆，李明娜，曹世豪，等，2017. 植物盐胁迫下应激调控分子机制研究进展［J］. 草地学报，25（2）：226-235.

张立军，刘新，2011. 植物生理学［M］. 2 版. 北京：科学出版社，19-54，97-103，307-333.

张丽丽，张富春，2018. 短期盐胁迫下盐穗木的转录组分析［J］. 植物研究，38（1）：91-99.

张丽珍，杨东业，泰新民，2011. 西瓜不定芽分化中同工酶变化研究［J］. 广东农业科学（9）：151-153.

张连祥，刘晨梅，蔡忠，等，2020. 七种试剂盒检测 α - 淀粉酶结果的比较及分析［J］. 天津医药（9）：43-44.

张璐，孙向阳，尚成海，等，2010.天津滨海地区盐碱地改良现状及展望［J］.中国农学通报，26（8）：181-184.

张曼义，杨再强，侯梦媛，2017.土壤水分胁迫对设施黄瓜叶片光合及抗氧化酶系统的影响［J］.中国农业气象，38（1）：21-30.

张妙娟，2019.浅析同工酶在植物系统学中的作用［J］.现代农学研究，40（4）：39-40.

张娜，刘秀霞，陈学森，等，2019.基于转录组分析鉴定苹果茉莉素响应基因［J］.植物学报，54（6）：733-743.

张鹏，张然然，都韶婷，2015.植物体对硝态氮的吸收转运机制研究进展［J］.植物营养与肥料学报，21（3）：752-762.

张鹏，2015.石墨烯对植物的毒性效应及机制研究［D］.杭州：浙江工商大学.

张士功，邱建军，张华，2000.我国盐渍土资源及其综合治理［J］.中国农业资源与区划，21（1）：52-56.

张蜀秋，2011.植物生理学实验技术教程［M］.北京：科学出版社，201-202.

张弢，2011.干旱胁迫对黄瓜幼苗生理指标的影响［J］.南方农业学报，42（12）：1466-1468.

张秀玲，2007.德州常见盐生植物资源的利用价值［J］.安徽农业科学（20）：20-23.

张雪，贺康宁，史常青，等，2017.盐胁迫对柽柳和白刺幼苗生长与生理特性的影响［J］.西北农林科技大学学报（自然科学版），45（1）：105-111.

张雪梅，汪徐春，许晨晨，等，2015.土壤中速效磷快速测定方法的研究［J］.安徽科技学院学报，29（5）：50-54.

张艳芳，孙瑞芬，郭树春，等，2016.油葵杂交种耐盐性鉴定及幼苗对盐胁迫的生理响应［J］.科技导报，34（7）：94-102.

张艳英，2009.铜胁迫下烟草（*Nicotiana labacum* L.）幼苗抗性及品质生理的研究［D］.金华：浙江师范大学.

张奕，陈晓峰，郭玉磊，等，2021.不同处理对黄花菜种子萌发的影响［J］.陕西农业科学，67（11）：40-44.

张永清，苗果园，2006.不同施肥水平下黍子根系对干旱胁迫的反应［J］.作物学报，32（4）：601-606.

张振贤，程智慧，2008.高级蔬菜生理学［M］.北京：中国农业大学出版社，334-342.

张振贤，2008.蔬菜栽培学［M］.北京：中国农业大学出版社，487-491.

赵福庚，何龙飞，罗庆云，2004.植物逆境生理生态学［M］.北京：化学工业出版社.

赵福庚，刘友良，1999.胁迫条件下高等植物体内脯氨酸代谢及调节的研究进展［J］.植物学通报，16（5）：540-546.

赵辉，2016.盐碱地滴灌土壤水盐运移和植物生长状况研究［D］.太原：太原理工大学.

赵会杰，1999.抗坏血酸含量及抗坏血酸过氧化物酶活性的测定［C］//中国科学院上海植物生理研究所、上海市植物生理学会.现代植物生理学实验指南.北京：科学出版社：315-316.

赵建明，王晋民，王海景，2016.山西省苏打型盐碱地特征及综合改良技术模式［J］.中国农技推广，32（8）：63-64.

赵可夫，范海，江行玉，等，2002.盐生植物在盐渍土壤改良中的作用［J］.应用与环境生物学报，8（1）：31-35.

赵可夫，范海，王宝增，等，2004.改良和利用盐渍化土壤的研究进展［J］.园林科技（1）：32-35.

赵可夫，范海，2000.盐胁迫下真盐生植物与泌盐植物的渗透调节物质及其贡献的比较研究［J］.应用与环境生物学报，6（2）：99-105.

赵可夫，冯立田，2001.中国盐生植物资源［M］.北京：科学出版社.

赵可夫，李法曾，张福锁，2013.中国盐生植物［M］.2版.北京：科学出版社.

赵可夫，李法曾，1999.中国盐生植物［M］.北京：科学出版社.

赵可夫，1999.中国的盐生植物［J］.植物学通报，16（3）：201-203.

赵坤，2011.干旱胁迫条件下春大豆生理生化特性研究［D］.哈尔滨：东北农业大学.

赵圣青，2015.基于拟南芥的氧化石墨烯毒性效应与转运研究［D］.南京：南京农业大学.

赵檀方，闫先喜，胡延吉，1994.盐胁迫对大麦种子吸胀萌发及根尖细胞结构的影响［J］.大麦科学（4）：17-20.

赵晓玲，2005.庆阳黄花菜优势产区区划及配套栽培技术研究［D］.杨凌：西北农林科技大学.

赵阳阳，郭雨潇，张凌云，2019.文冠果果实转录组测序及分析［J］.生物技术通报，35（6）：24-31.

郑海，陈小华，黎健龙，等，2014.水分胁迫对皇竹草形态及叶片光合特性的影响［J］.广东农业科学（13）：33-36.

郑家祯，李和平，赖正锋，等，2018. 国内菜用黄花菜种质资源遗传多样性分析 [J]. 福建农业学报，33（10）：1030-1038.

郑青松，王仁雷，刘友良，2001. 钙对盐胁迫下棉苗离子吸收分配的影响 [J]. 植物生理学报，27（4）：325-330.

郑少文，韩志平，张海霞，等，2014. 钙对 NaCl 胁迫下黄瓜幼苗生长的缓解效应研究 [J]. 内蒙古农业大学学报（自然科学版），35（6）：22-27.

郑知临，曹红利，王鹏杰，等，2019. 茶树种子发育过程的转录组分析 [J]. 西北植物学报，39（9）：1534-1542.

周长芳，吴国荣，施国新，等，2002. 水花生抗氧化系统在抵御 Cu^{2+} 胁迫中的作用 [J]. 植物学报，43（4）：389-394.

周鸿慧，黄红，徐彬磊，等，2017. NAC 转录因子在植物对生物和非生物胁迫响应中的功能 [J]. 植物生理学报，53（8）：1372-1382.

周锦连，朱静坚，2002. 浙江省种植业结构优化和效益农业研究 [M]. 北京：中国农业大学出版社.

周晋红，2010. 山西省干旱时空分布特征及形成机理研究 [D]. 南京：南京信息工程大学.

周俊国，扈惠灵，曾凯，等，2010. NaCl 胁迫对黄瓜幼苗生长的影响 [J]. 长江蔬菜（10）：37-41.

周玲玲，张黎杰，余翔，等，2020. 苏北地区黄花菜生态适应性及营养品质比较 [J]. 北方农业学报，48（5）：109-114.

周鹏，徐璇，黄婧，等，2019. 6 个玉簪品种的抗氧化酶特性及同工酶分析 [J]. 江苏林业科技，46（5）：28-31.

周研，2014. 盐胁迫对大豆种子萌发、离子平衡及可溶性糖含量影响的研究 [D]. 哈尔滨：东北师范大学.

朱楚馨，张建杰，王晋民，等，2015. 大同盆地盐碱荒地开发利用适宜性评价 [J]. 山西农业大学学报（自然科学版），35（3）：311-317，336.

朱楚馨，2015. 大同盆地盐碱荒地空间分异特征及利用规划 [D]. 晋中：山西农业大学.

朱灵英，郭娟，张爱丽，等，2019. 参与植物三萜生物合成的细胞色素 P450 酶研究进展 [J]. 中草药，50（22）：5597-5610.

朱士农，郭世荣，2009. 嫁接对盐胁迫下西瓜植株体内 Na^+ 和 K^+ 含量及其分布的影响 [J]. 园艺学报，36（6）：814-820.

朱新广，张其德，1999. NaCl 胁迫对光合作用影响的研究进展 [J]. 植物学通报，

16（4）：332–338.

朱秀志，彭正松，向成华，2005. SNPs 分析技术及其在小麦遗传育种中的应用［J］.天津农业科学（1）：12–15.

朱旭，孙静，张传瑜，2016.山西省大同县黄花菜产业现状存在问题及对策［J］.农业与技术，36（15）：146–148.

朱雨晴，杨再强，2018.不同品种葡萄叶片光合特性对干旱胁迫的响应及旱后恢复过程［J］.中国农业气象，39（11）：739–750.

朱志华，胡荣海，宋景芝，等，1996.盐胁迫对不同小麦品种种子萌发的影响［J］.作物品种资源（4）：25–29.

祝朋芳，陈长青，2004.同工酶技术在十字花科作物育种上的应用［J］.辽宁农业科学（6）：30–31.

宗学凤，王三根，2011.植物生理研究技术［M］.重庆：西南师范大学出版社，137–139.

邹良栋，2015.植物生长与环境［M］.北京：高等教育出版社，169–171,179–180.

邹旭恺，张强，2008.近半个世纪我国干旱变化的初步研究［J］.应用气象学报，19（6）：679–687.

Abdel–Haliem M E F, Hegazy E H S, Hassan N S, et al., 2017.Effect of silica ions and nano silica on rice plants under salinity stress［J］.Ecological Engineering, 99：282–289.

Allakhverdiev S I, Sakamoto A, Nishiyama Y, et al., 2000.Ionic and osmotic effects of NaCl–induced inactivation of photosystems I and II in *Synechococcus* sp［J］.Plant Physiology, 123：1047–1056.

Amedea B, Seabra A J, Paula R L, et al., 2014.Nanotoxicityof graphene and graphene oxide［J］.Chemical Research in Toxicology, 27（2）：159–168.

An J P, Yao J F, Xu R R, et al., 2018.An apple NAC transcription factor enhances salt stress tolerance by modulating the ethylene response［J］.Physiologia Plantarum, 164（3）：279–289.

Anjum N A, Ahmad I, Mohmood I, et al., 2012.Modulation of glutathione and its related enzymes in plants' responses to toxic metals and metal loids – A review［J］.Environmental and Experimental Botany, 75：307–324.

Ashraf M, Foolad M R, 2007.Roles of glycine betaine and proline in improving plant abiotic stress resistance［J］.Environmental and Experimental Botany, 59：206–

216.

Ashraf M, Harris P J C, 2004.Potential biochemical indicators of salinity tolerance in plants [J].Plant Science, 166: 3–16.

Atzori G, de Vos A C, van Rijsselberghe M, et al., 2017.Effects of increased seawater salinity irrigation on growth and quality of the edible halophyte *Mesembryanthemum crystallinum* L.under field conditions [J].Agricultural Water Management, 187: 37–46.

Azymi S, Sofalian O, Jahanbakhsh G S, et al., 2011.Effect of chilling stress on soluble protein,sugar and proline accumulation in cotton (*Gossypium hirsutum* L.) genotypes [J].International Journal of Agricultural Crop Science, 4: 825–830.

Banerjee A, Roychoudhury A, 2017.Abscisic–acid–dependent basic leucine zipper (bZIP)transcription factors in plant abiotic stress [J].Protoplasma, 254 (1):3–16.

Begum P, Fugetsu B.2013.Induction of cell death by graphene in *Arabidopsis thaliana* (Columbiaecotype)T87 cell suspensions [J].Journal of Hazardous Materials, 260: 1032–1041.

Begum P, Ikhtiari R, Fugetsu, 2011.Graphene phytotoxicity in the seedling stage of cabbage, tomato, red spinach, and lettuce [J].Carton, 49 (12): 3907–3919.

Bethke P C, Malcoln C D, 1992.Stomatal and nonstomatal components to inhibition of photosynthesis in leaves of *Capsicum annuum* during progressive exposure to NaCl salinity [J].Plant Physiology, 99: 219–226.

Bhatnagar–Mathur P, Vadez V, Sharma K K, 2008.Transgenic approaches for abiotic stress tolerance in plants: retrospect and prospects [J].Plant Cell Report, 27: 411–424.

Bibi M, Hussain M, 2005.Effect of copper and lead on photosynthesis and plant pigments in black gram [*Vigna mungo* (L.)Hepper][J].Bulletin of Environmental and Contamination Toxicology, 74: 1126–1133.

Blumwald E, 2000.Sodium transport and salt tolerance in plants [J].Current Opinion in Cell Biology, 4: 431–434.

Bui E N, 2013.Soil salinity: A neglected factor in plant ecology and biogeography [J]. Journal of Arid Environments, 92: 14–25.

Cavalcanti F R, Lima J P M S, Ferreira–Slva S L, et al., 2007.Roots and leaves display contrasting oxidative response during salt stress and recovery in cowpea [J]. Journal of Plant Physiology, 164: 591–600.

Checker V G, Chhibbar A K, Khurana P, 2012.Stress-inducible expressing of barley *Hval* gene in transgenic mulberry displays enhanced tolerance against drought, salinity and cold stress[J].Transgenic Research, 21 (5): 939-957.

Chen H, Xue L, Chintamanani S, et al., 2009.Ethylene insensitive3 and ethylene insensitive3-like1 repress salicylic acid induction deficient2 expression to negatively regulate plant innate immunity in Arabidopsis[J].Plant Cell, 21: 2527-2540.

Chen M, Wang Q Y, Cheng X G, et al., 2007.GmDREB2, a soybean DRE-binding transcription factor, conferred drought and high salt tolerance in transgenic plants[J].Biochemical and Biophysical Research Communications, 353: 299-305.

Chettri M K, Cook C M, Vardaka E, et al., 1998.The effect of Cu, Zn and Pb on the chlorophyll content of the lichens *Cladonia convoluta* and *Cladonia rangiformis* [J].Environmental and Experimental Botany, 39 (1): 1-10.

Chinnusamy V, Jagendorf A, Zhu J K, 2005.Understanding and improving salt tolerance in plants[J].Crop Science, 45: 437-448.

Chinnusamy V, Zhu J, Zhu J K, 2006.Salt stress signaling and mechanism of plant salt tolerance[J].Genetic Engineering(N Y), 27: 141-177.

Clouse J W, Adhikary D, Page J T, et al., 2016.The Amaranth genome: genome, transcriptome, and physical map assembly[J].Plant Genome, 9 (11): 1-14.

Colla G, Roupahel Y, Cardarelli M, 2006.Effect of salinity on yield, fruit quality, leaf gas exchange, and mineral composition of grafted watermelon plants [J]. HortScience, 41 (3): 622-627.

Conesa A, Madrigal P, Tarazona S, et al., 2016.A survey of best practices for RNA-seq data analysis[J].Genome Biology, 17 (1): 13.

Cyren M R, Jie H, Maria I M, et al., 2013.Effect of cerium oxide nanoparticles on rice: A study involving antioxidant defense system and in vivo fluorescence imaging[J].Environmental Science & Technology, 47 (11): 5635-5642.

Darakjian L, Deodhar M, Turgeon J, et al., 2021.Chronic inflammatory status observed in patients with type 2 diabetes induces modulation of cytochrome P450 expression and activity[J].International Journal of Molecular Sciences, 22 (9).

Darwish O, Shahan R, Liu Z, et al, 2015.Re-annotation of the woodland strawberry(*Fragaria vesca*)genome[J].BMC Genomics, 16: 29.

Drazkiewicz M, Skórzyń ska-Polit E, Krupa Z, 2004.Copper-induced oxidative stress and antioxidant defence in *Arabidopsis thaliana*［J］.BioMetals，17：379-387.

Duan J J, Li J, Guo S R, et al., 2008.Exogenous spermidine affects polyamine metabolism in salinity- stressed *Cucumis sativus* roots and enhances short-term salinity tolerance［J］.Journal of Plant Physiology, 165：1620-1635.

Duan J L, Cai W M, 2012.OsLEA 3-2, an abiotic stress induced gene of rice plays a key role in salt and drought tolerance［J］.Plos One, 7（9）：e45117.

Flowers T J, Galal H K, Bromham L, 2010.Evolution of halophytes：multiple origins of salt tolerance in land plants［J］.Functional Plant Biology, 37：604-612.

Gao H B, Chen G L, Han L H, et al., 2004.Calcium influence on chilling resistance of grafting eggplant seedlings［J］.Journal of Plant Nutrition, 27：1327-1339.

Garcia A, Almeida B, Enhler J, et al., 1997.Effects of osmoprotectants upon NaCl stress in rice［J］.Plant Physiology, 115：159-169.

Garcia-Sanchez F, Jifon J L, Carvajal M, 2002.Gas exchange, chlorophyll and nutrient contents in relation to Na^+ and Cl^- accumulation in 'Sunburst' mandarin grafted on different rootstocks［J］.Plant Science, 162：705-712.

Ghotbi-Ravandi A A, Shahbazi M, Shariati M, et al., 2014.Effects of mild and severe drought stress on photosynthetic efficiency in tolerant and susceptible barley（*Hordeum vulgare* L）genotypes［J］.Journal of Agronomy and Crop Science, 200（6）：403-415.

Gill S S, Tuteja N, 2010.Reactive oxygen species and antioxidant machinery in abiotic stress tolerance in crop plants［J］.Plant Physiology Biochemistry, 48（12）：909-930.

Giordano S, Colacino C, Espostito A, et al., 1993.Morphological adaptation to water uptake and transport in the poikilohydric moss *Tortula ruralis*［J］.Giornale Botanico Italiano, 127：1123-1132.

Golldack D, Lüking I, Yang O, 2011.Plant tolerance to drought and salinity：stress regulating transcription factors and their functional significance in the cellular transcriptional network［J］.Plant Cell Report, 30（8）：1383-1391.

Govind G, Vokkaliga ThammeGowda H, Jayaker Kalaiarasi P, et al., 2009.Identification and functional validation of a unique set of drought induced genes preferentially expressed in response to gradual water stress in peanut［J］.Molecular Genetics and Genomics, 281（6）：591-605.

Grabherr M G, Haas B J, Yassour M, et al., 2011.Full-length transcriptome assembly from RNA-Seq data without a reference genome [J].Nature Biotechnology, 29 (7): 644-652.

Greenway H, Munns R, 1980.Mechanisms of salt tolerance in nonhalophytes [J]. Annual Review of Plant Physiology, 31: 149-190.

Han X, Feng Z, Xing D, et al., 2015.Two NAC transcription factors from *Caragana intermedia* altered salt tolerance of the transgenic *Arabidopsis* [J].BMC Plant Biology, 15 (1): 208.

Hasegawa M, Bressan R, 2000.The dawn of plant salt tolerance genetics [J].Trends in Plant Science, 5 (8): 317-319.

Hattab S, Dridi B, Chouba L, et al., 2009.Photosynthesis and growth responses of pea *Pisum sativum* L.under heavy metals stress [J].Journal of Environmental Sciences, 21 (11): 1552-1556.

Haves M M, Flexas J, Pinhei O C, 2009.Photosynthesis under drought and salt stress: regulation mechanisms from whole plant to cell [J].Annals of Botany, 103: 551-560.

Heuer, 2003.Influence of exogenous application of proline and glycinebetaine on growth of salt-stressed tomato plants [J].Plant Science, 65: 693-699.

Hong Y R, Zhang H J, Huang L, et al., 2016.Overexpression of a stress-responsive NAC transcription factor gene *ONAC022* improves drought and salt tolerance in rice [J].Frontiers in Plant Science, 7: 4.

Hoque M A, Okuma E, Banu M N A, et al., 2007.Exogenous proline mitigates the detrimental effects of salt stress more than exogenous betaine by increasing antioxidant enzyme activities [J].Journal of Plant Physiology, 164: 553-561.

Horie T, Kaneko T, Sugimoto G, et al., 2011.Mechanisms of water transport mediated by PIP aquaporins and their regulation via phosphorylation events under salinity stress in barley roots [J].Plant and Cell Physiology, 52 (4): 663-675.

Hove R M, Bhave M, 2011.Plant aquaporins with non-aquafunctions: Deciphering the signature sequences [J].Plant Molecular Biology, 75 (4): 13-430.

Hu X H, Xu Z R, Xu W N, et al., 2015.Application of γ -aminobutyric acid demonstrates a protective role of polyamine and GABA metabolism in muskmelon seedlings under $Ca(NO_3)_2$ stress [J].Plant Physiology and Biochemistry, 92: 1-10.

Hundertmark M, Hincha D K, 2008.LEA (late embryogenesis abundant) proteins and their encoding genes in *Arabidopsis thaliana* [J].BMC Genomics, 9 (9): 1–22.

Ji L, Chen W, Xu Z, et al., 2013.Graphene nanosheets and graphite oxide as promising adsorbents for removal of organic contaminants from aqueous solution [J].Journal of Environmental Quality, 42 (1): 191–198.

Jin J, Tian T, Yang D C, et al., 2017.PlantTFDB 4.0: toward a central hub for transcription factors and regulatory interactiongs in plants [J].Nucleic Acids Research, 45. (Database issue): D1040–D1045.

Jin L G, Li H, Liu J Y, 2010.Molecular characterization of three ethylene responsive element binding factor genes from cotton [J].Journal of Integrative Plant Biology, 52: 485–495.

Kao W Y, Tsai T T, Tsai H C, et al., 2006.Response of three *Glycine* species to salt stress [J].Environmental and Experimental Botany, 56: 120–125.

Karamanos A I, Drossopoulos I B, Nabis K A, 1985.Free proline accumulation during development in the organ of two wheat cultivars subjected to different degree of water stress [J].Crop Physiology Abstract, 428 (11): 3575.

Katiyar A, Smita S, Lenka S K, et al., 2012.Genome–wide classification and expression analysis of MYB transcription factor families in rice and Arabidopsis [J]. BMC Genomics, 13 (1): 544.

Kaushal M, Wani S, 2016.Rhizobacterial–plant interactions strategies ensuring plant growth promotion under drought and salinity stress [J].Agriculture, Ecosystems and Environment, 231: 68–78.

Khan M A, Sheith K H, 1996.Effects of different levels of salinity on seed genmination and growth of *Capsicum annuum* [J].Biologia Journal, 22: 15–16.

Kiremit M S, Arslan H, 2016.Effects of irrigation water salinity on drainage water salinity, evapo–transpiration and other leek (*Allium porrum* L.) plant parameters [J].Scientia Hoticulturae, 201: 211–217.

Klaine S J, Alvarez P J, Batley G E, et al., 2008.Critical review—Nanomaterials in the environment: Behavior,fate, bioavailability, and effects [J].Environmental Toxicology and Chemistry, 27 (9): 1825–1851.

Kumar J, Singh S, Singh M, et al., 2017.Transcriptional regulation of salinity stress in plants: A short review [J].Plant Gene, 11: 160–169.

Lakra N, Nutan K K, Das P, et al., 2015.A nuclear–localized histone–gene binding protein from rice (OsHBP1b) functions in salinity and drought stress tolerance by maintaining chlorophyll content and improving the antioxidant machinery [J]. Journal of Plant Physiology, 176: 36–46.

Läuchli A, Lüttge U, 2002.Salinity: environment – plants – molecules [M].Kluwer Academic Publishers.

Lawlor D W, Cornic G, 2002.Photosynthetic carbon assimilation and associated metabolism in relation to water deficits in higher plants [J].Plant, Cell and Environment, 25: 275–294.

Lee C, Wells H K, 2018.Characterization of three tremella species by isozyme analysis [J].Taylor & Francis, 83 (4).

Li B, Dewey C N, 2011.RSEM: accurate transcript quantification from RNA–Seq data with or without a reference genome [J].BMC Bioinformatics, 12 (1): 323.

Li C, Wang Y, Huang X, et al, 2013.De novo assembly and characterization of fruit transcriptome in *Litchi chinensis* Sonn and analysis of differentially regulated genes in fruit in response to shading [J].BMC Genomics, 14: 552.

Li H, Gao Y, Xu H, et al., 2013.ZmWRKY33, a WRKY maize transcription factor conferring enhanced salt stress tolerances in *Arabidopsis* [J].Plant Growth Regulation, 70: 207–216.

Li Q, Zhao H X, Wang X L, et al., 2020.Tartary buckwheat transcription factor FtbZIP5, regulated by FtSnRK2.6, can improve salt/drought resistance in transgenic *Arabidopsis* [J].International Journal of Molecular Science, 21 (3): 1123.

Li W, Godzik A, 2006.Cd–Hit: a fast program for clustering and comparing large sets of protein or nucleotide sequences [J].Bioinformatics, 22 (13): 1658–1689.

Li X B, Kang Y H, Wang S Q, et al., 2016.Response of daylily (*Hemerocalli hybridus* cv.'Stella de oro') to saline water irrigation in two coastal saline soils [J]. Scientia Horticulturae, 205: 39–44.

Li X L, Yang X, Hu Y X, et al., 2014.A novel NAC transcription factor from *Suaeda liaotungensis* K.enhanced transgenic Arabidopsis drought, salt, and cold stress tolerance [J].Plant Cell Reports, 33: 767–778.

Lijavetzky D, Cabezas J A, Ibáñez A, et al., 2007.High throuput SNP discovery and genotyping in grapevine (*Vitis vinifera* L.) by combining a re–sequencing approach and SNPlex technology [J].BMC Genomics, 8: 424.

Liu C, Mao B, Ou S, et al., 2014a.OsbZIP71, a bZIP transcription factor, confers salinity and drought tolerance in rice[J].Plant Molecular Biology,84(1/2): 19-36.

Liu G, Li X, Jin S, et al, 2014b.Overexpression of rice NAC gene *SNAC1* improves drought and salt tolerance by enhancing root development and reducing transpiration rate in transgenic cotton[J].PLoS One, 9: e86895.

Liu J H, Zhong X H, Jiang Y Y, et al., 2020.Systematic identification metabolites of *Hemerocallis citrina* Borani by high-performance liquid chromatography quadrupole-time-of-flight mass spectrometry combined with a screening method [J].Journal of Pharmaceutical and Biomedical Analysis, 186: 113314.

Lombardi L, Sebastiani L, 2005.Copper toxicity in *Prunus cerasifera*: growth and antioxidant enzymes responses of in vitro grown plants[J].Plant Science,168 (3): 797-802.

Love M I, Huber W, Anders S, 2014.Moderated estimation of fold change and dispersion for RNA-seq data with DESeq2[J].Genome Biology, 15 (12): 550-571.

Lu M, Ying S, Zhang D F, et al., 2012.A maize stress-responsive NAC transcription factor, ZmSNAC1, confers enhanced tolerance to dehydration in transgenic *Arabidopsis*[J].Plant Cell Report, 31: 1701-1711.

Lu X, Wang C, Liu B, 2015.The role of Cu/Zn-SOD and Mn-SOD in the immune response to oxidative stress and pathogen challenge in the clam *Meretrix meretrix* [J].Fish & Shellfish Immunology, 42 (1): 58-65.

Ma Y M, Zhou J L, Hu Z, et al., 2021.First report of *Epicoccum sorghinum* causing leaf spot on *Hemerocallis citrina* in China[J].Plant disease, 2021.

Maggio A, Raimondi G, Martino A, et al., 2007.Salt stress responses in tomato beyond the salinity tolerance threshold [J].Environmental and Experimental Botany, 59: 276-282.

Mahajan S, Tuteja N, 2005.Cold, salinity and drought stresses: an overview[J]. Archives of Biochemistry and Biophysics, 444: 139-158.

Malcolm E, Summer R N, 1998.Sodic soils-distribution, properties, management, and environmental consequences[M].New York: Oxford University Press: 168.

Mantello C C, Cardoso-Silva C B, da Silva C C, et al., 2014.De novo assembly and transcriptome analysis of the rubber tree (*Hevea brasiliensis*) and SNP markers development for rubber biosynthesis pathways[J].PLoS One, 9 (7): e102665.

Mao X G, Zhang H Y, Qian X Y, et al., 2012.TaNAC2, a NAC-type wheat transcription factor conferring enhanced multiple abiotic stress tolerances in *Arabidopsis*[J].Journal of Experimental Botany, 63: 2933-2946.

Mao X, Chen S, Li A, et al., 2014.Novel NAC transcription factor TaNAC67 confers enhanced multi-abiotic stress tolerances in *Arabidopsis*[J].PLoS One, 9 (1): e84359.

Melissa A, Maurer Ian L, Gunsolus Catherine J, et al., 2013.Toxicity of engineered nanoparticles in the environment[J].Analytical Chemistry, 85: 3036-3049.

Moffitt J R, Bambah-Mukku D, Eichhorn S W, et al., 2018.Molecular, spatial, and functional, single-cell profiling of the hypothalamic preoptic region[J]. Science, 362: 792.

Mun B, Lee S, Park E, et al., 2017.Analysis of transcription factors among differentially expressed genes induced by drought stress in *Populus davidiana*[J].3 Biotech, 7 (3): 209.

Munns R, Tester M, 2008.Mechanisms of salinity tolerance[J].Annual Review of Plant Biology, 59: 651-681.

Munns R, 2005.Genes and salt tolerance: bringing them together[J].New Phytology, 167: 645-663.

Muuns R, 2002.Comparative physiology of salt and water stress[J].Plant Cell Environment, 25: 239-250.

Nakashima K, Takasaki H, Mizoi J, et al., 2012.NAC transcription factors in plant abiotic stress responses[J].BBA-Gene Regulation Mechanism, 1819: 97-103.

Netondo G W, Onyango J C, Beck E, 2004.Sorghum and salinity: I.Response of growth, water relations, and ion accumulation to NaCl salinity[J].Crop Science, 44 (3): 797-805.

Nijs I, Ferris R, Blum H, 1997.Stomatal regulation in a changing climate: field study using free air temperature increase (FATI) and free air CO_2 enrichment[J]. Plant, cell and Environment, 42: 1041-1050.

Nolan T, Chen J, Yin Y, 2017.Cross-talk of Brassinosteroid signaling in controlling growth and stress responses[J].Biochemistry Journal, 474 (16): 2641-2661.

Novaes E, Drost D R, Farmerie W G, et al., 2008.High-throughput gene and SNP discovery in *Eucalyptus grandis*, an uncharacterized genome[J].BMC Genomics, 9: 312.

Novoselov K S, Geim A K, Morozov S V, et al., 2004.Electric field effect in atomically thin carbon films[J].Science, 306: 666–669.

Nowack B, Buchel T D, 2007.Occurrence behavior and effects of nanoparticles in the environment[J].Environmental Pollution, 150 (1): 5–22.

Nxele X, Klein A, Ndimba B K, 2017.Drought and salinity stress alters ROS accumulation, water retention, and osmolyte content in sorghum plants[J].South African Journal of Botany, 108: 261–266.

Oh S K, Yoon J, Choi G J, et al., 2013.*Capsicum annuum* homeobox 1 (CaHB1) is a nuclear factor that has roles in plant development, salt tolerance, and pathogen defense[J].Biochemical and Biophysical Research Communications, 442 (1/2): 116–121.

Ould Ahmed B A, Inoue M, Moritani S, 2010.Effect of saline water irrigation and manure application on the available water content, soil salinity, and growth of wheat[J].Agricultural Water Management, 97 (1): 165–170.

Parida A K, Das A B, 2005.Salt tolerance and salinity effects on plants: a review[J].Ecotoxicology and Environmental Safety, 60: 324–349.

Parida A K, Mittra A B D B, 2004.Effects of salt on growth, ion accumulation, photosynthesis and leaf anatomy of the mangrove, *Bruguiera parviflora*[J].Trees, 18 (2): 167–174.

Parvaiz A, Satyawati S, 2008.Salt stress and phyto–biochemical response of plants – a review[J].Plant Soil Environment, 54 (3): 89–99.

Pätsikkä E, Kairavuo M, Đeršen F, et al., 2002.Excess copper predisposes photosystem II to photoinhibition *in vivo* by outcompeting iron and causing decrease in leaf chlorophyll[J].Plant Physiology, 129: 1359–1367.

Piwpuan N, Zhai X, Brix H, 2013.Nitrogen nutrition of *Cyperus laevigatus* and *Phormium tenax*: effects of ammonium versus nitrate on growth, nitrate reductase activity and N uptake kinetics[J].Aquatic Botany, 106: 42–51.

Poustini K, Siosemardeh A, 2004.Ion distribution in wheat cultivars in response to salinity stress[J].Field Crops Research, 85: 125–133.

Ramos M C, 2006.Metals in vineyard soils of the penedes area (NE Spain) after compost application[J].Journal of Environmental Management, 72: 1–7.

Reisinger T W, Simmons G L, Pope P E, 2008.The impact of timber harvesting on soil properties,and seeding growth in the south[J].Southern Journal of Applied

Foresting, 12: 58–67.

Robert H, Muraleedharan G, 2002.Isolation and characterization of stelladerol, a new antioxidant naphthalene glycoside, and other antioxidant glycidises from edible daylily (*Hemerocallis fulva* L.) flowers [J].Journal of Agricultural and Food Chemistry, 50 (1): 87–91.

Saad A S I, Li X, Li H P, et al., 2013.A rice stress–responsive NAC gene enhances tolerance of transgenic wheat to drought and salt stresses [J].Plant Science, 203–204: 33–40.

Sangwan RS, Tripathi S, Singh J, et al., 2013.De novo se–quencing and assembly of *Centella asiatica* leaf transcriptome for mapping of structural, functional and regulatory genes with special reference to secondary metabolism [J].Gene, 525: 58–76

Satheesh V, Jagannadham P T K, Chidambaranathan P, et al., 2014.NAC transcription factor genes: genome–wide identification, phylogenetic, motif and cis–regulatory element analysis in pigeonpea (*Cajanus cajan* (L.) Millsp.)[J]. Molecular Biology Report, 41 (12): 7763–7773.

Sharma M, Gupta S K, Majumder B, et al., 2017.Salicylic acid mediated growth, physiological and proteomic responses in two wheat varieties under drought stress [J].Journal of Proteomics, 163: 28–51.

Sharma S S, Dietz K J, 2006.The significance of amino acids and amino acid–derived molecules in plant responses and adaptation to heavy metal stress [J]. Journal of Experimental Botany, 57 (4): 711–726.

Shilpim M, Narendra T, 2005.Cold, salinity and drought stresses: an overview [J]. Archives of Biochemistry and Biophysics, 444: 139–158.

Simão F A, Waterhouse R M, Ioannidis P, et al., 2015.BUSCO: assessing genome assembly and annotation completeness with single–copy orthologs [J]. Bioinformatics, 31 (19): 3210–3212.

Smith–Unna R, Boursnell C, Patro R, et al., 2016.TransRate: reference–free quality assessment of de novo transcriptome assemblies [J].Genome Research, 26 (8): 1134–1144.

Song S, Chen Y, Chen J, et al., 2011.Physiological mechanisms underlying OsNAC5–dependent tolerance of rice plants to abiotic stress [J].Planta, 234 (2): 331–345.

Storey E, 1995.Salt tolerance, ion relations and the effects of root medium on the response of Citrus to salinity [J].Austral Journal of Plant Physiology, 22: 101–114.

Sui J M, Jiang P P, Qin G L, et al., 2018.Transcriptome profiling and digital gene expression analysis of genes associated with salinity resistance in peanut [J]. Electronic Journal of Biotechnology, 32: 19–25.

Tai C Y, Chen B H, 2000.Analysis and stability of caro tenoids in the flow ers of daylily (*Hemerocallis disticha*) as affected by various treatments [J].Journal Agriculture and Food Chemistry, 48 (12): 5962– 5968.

Tak H, Negi S, Ganapathi T R, 2017.Banana NAC transcription factor MusaNAC042 is positively associated with drought and salinity tolerance [J]. Protoplasma, 254 (2): 803–816.

Tang H, Klopfenstein D, Pedersen B, et al., 2015.GOATOOLS: tools for gene ontology [J].Zenodo.https: //doi.org/10.5281/zenodo.31628.

Tang W, Page M, Fei Y J, et al., 2012.Overexpression of *AtbZIP60deltaC* gene alleviates salt–induced oxidative damage in transgenic cell cultures [J].Plant Molecular Biology Reporter, 30 (5): 1183–1195.

Tariq M A, Kim H J, Jejelowo O, et al., 2011.Whole–transcriptome RNAseq analysis from minute amount of total RNA [J].Nucleic Acids Research, 39 (18): e120.

Tester M, Davenport R, 2003.Na$^+$ tolerance and Na$^+$ transport in higher plants [J]. Annual Botany, 91: 503–527.

Tewari R K, Kumar P, Sharma P N, 2006.Antioxidant responses to enhanced generation of superoxide anion radical and hydrogen peroxide in the copper–stressed mulberry plants [J].Planta, 223: 1145–1153.

Tian H, Fang F F, Liu C Y, et al., 2017.Effects of phenolic constituents of daylily flowers on corticosterone and glutamate–treated PC12 cells [J].BMC Complementary and Alternative Medicine, 17: 69.

Tian R, Zhang C C, Gu W, et al., 2021.Proteomic insights into protostane triterpene biosynthesis regulatory mechanism after MeJA treatment in *Alisma orientale* (Sam.) Juz. [J].Biochimica et Biophysica Acta (BBA) – Proteins and Proteomics, 1869 (8): 140671.

Tombuloglu G, Tombuloglu H, Sakcali M S, et al., 2015.High–throughput transcriptome analysis of barley (*Hordeum vulgare*) exposed to excessive boron [J]. Gene, 557 (1): 71-81.

Trapnell C, Williams B A, Pertea G, et al., 2010.Transcript assembly and quantification by RNA-Seq reveals unannotated transcripts and isoform switching during cell differentiation [J].Nature Biotechnology, 28 (5): 511-515.

Türktaş M, Yucebilgili Kurtoğlu K, Dorado G, et al., 2015.Sequencing of plant genomes – a review [J].Turkey Journal of Agriculture and Forestry, 39: 361-376.

Uezu E, 1997.A philological and experimental investigation of effects of hemerocallis as food in man and ddy mice [J].Bull Coll Educ Univ Ryukyus, 54: 231-238.

Ungar I A, 1995.Seed germination and sed-bank ecology in halophytes [M].New York: DAekker.

Vert G, Chory J, 2011.Crosstalk in cellular signaling: background noise or the real thing? [J].Developmental Cell, 21 (6): 985-991.

Vinocour B, Altman A, 2005.Recent advances in engineering plant tolerance to abiotic stress: Achievements and limitations [J].Current Opinion in Biotechnology, 16(2): 123-132.

Vishwakarma K, Upadhyay N, Kumar N, et al., 2017.Abscisic acid signaling and abiotic stress tolerance in plants: a review on current knowledge and future prospects [J].Frontier in Plant Science, 8: 161.

Waldren R P, Teare I D, Fhaler S W, 1974.Changes in free proline accumulation in sorghum and soybean plant under field condition [J].Crop Science, 14: 447-450.

Wang B, Regulski M, Tseng E, et al., 2018.A comparative transcriptional landscape of maize and sorghum obtained by single-molecule sequencing [J]. Genome Research, 28 (6): 921-923.

Wang G, Zhang S, Ma X, et al., 2016.A stress-associated NAC transcription factor (SlNAC35) from tomato plays a positive role in biotic and abiotic stresses [J]. Physiologia Plantarum, 158 (1): 45-64.

Wang L, Li Z, Lu M, et al., 2017.ThNAC13, a NAC transcription factor from *Tamarix hispida*, confers salt and osmotic stress tolerance to transgenic *Tamarix* and *Arabidopsis* [J].Frontiers in Plant Science, 8: 635.

Wang X, Chen X, Liu Y, et al., 2011.CkDREB gene in *Caragana korshinskii* is involved in the regulation of stress response to multiple abiotic stresses as an AP2/ EREBP transcription factor [J].Molecular Biology Report, 38: 2801-2811.

Wang Y, Gao C, Liang Y, et al., 2010.A novel bZIP gene from Tamarix hispida mediates physiological responses to salt stress in tobacco plants [J].Journal of Plant Physiology, 167: 222–230.

Wang Y, Nil N, 2000.Changes in chlorophyll, ribulose biphosphate carboxylase-oxygenase, glycine betaine content, photosynthesis and transpiration in *Amaranthus tricolor* leaves during salt stress [J].Journal of Horticultural Science Biotechnology, 75: 623–627.

Wang Z, Cheng K, Wan L, et al., 2015.Genome-wide analysis of the basic leucine zipper (bZIP) transcription factor gene family in six legume genomes [J].BMC Genomics, 16: 1053.

Wannaz E D, Carreras H A, Abril G A, et al., 2011.Maximum values of Ni^{2+}, Cu^{2+}, Pb^{2+} and Zn^{2+} in the biomonitor *Tillandsia capillaris* (Bromeliaceae): relationship with cell membrane damage [J].Environmental and Experimental Botany, 74: 296–301.

Xiao Z H, Pan G, Li X H, et al., 2020.Effects of exogenous manganese on its plant growth, subcellular distribution, chemical forms, physiological and biochemical traits in *Cleome viscosa* L. [J].Ecotoxicology and Environmental Safety, 198: 110696.1–110696.9.

Xiao Z Z, Li Y, Feng H, 2016.Hyperspectral models and forcasting of physico-chemical properties for salinized soils in Northwest China [J].Spectroscopy & Spectral Analysis, 36(5): 1615–1622.

Xiong Z T, Liu C, Geng B, 2006.Phytotoxic effects of copper on nitrogen metabolism and plant growth in *Brassica pekinensis* Rupr [J].Ecotoxicology and Environmental Safety, 64: 273–280.

Xu C, Wang Y F, Li B, et al., 2014.The NAC family transcription factor OsNAP confers abiotic stress response through the ABA pathway [J].Plant & Cell Physiology, 55 (3): 604.

Xu Z, Gongbuzhaxi, Wang C, et al., 2015.Wheat NAC transcription factor TaNAC29 is involved in response to salt stress [J].Plant Physiology and Biochemistry, 96: 356–363.

Yamaguchi T, Blumwald E, 2005.Developing salt-tolerant crop plants: challenges and opportunities [J].Trends in Plant Science, 10 (12): 615–620.

Yang H H, Zhang Y F, Zhen X, et al., 2020.Transcriptome sequencing and expression profiling of genes involved in daylily (*Hemerocallis citrina* Borani) flower development[J].Biotechnology & Biotechnological Equipment, 34 (1).

Yang X Y, Wang X F, Wei M, et al., 2020.Response of ammonia assimilation in cucumber seedlings to nitrate stress[J].Journal of Plant Biology, 53: 173-179.

Yildirim E, Karlidag H, Turan M, 2009.Mitigation of salt stress in strawberry by foliar K, Ca and Mg nutrient supply[J].Plant Soil Environment, 55 (5): 213-221.

Yokotani N, Ichikawa T, Kondou Y, et al., 2009.Tolerance to various environmental stresses conferred by the salt-responsive rice gene *ONAC063* in transgenic *Arabidopsis*[J].Planta, 229 (5): 1065-1075.

Yoshiba Y, Kiyosue T, 1997.Regulation of levels of preoline asosmolyte in plants under water stress[J].Plant Physiology, 83: 1095-1102.

Yu Y, Wei J K, Zhang X J, et al., 2014.SNP discovery in the transcriptome of white Pacific shrimp *Litopenaeus vannamei* by next generation sequencing[J].PloS one, 9 (1): e87218.

Yuan L Y, Zhu S D, Li S H, et al., 2014.24-Epibrassinolide regulates carbohydrate metabolism and increases polyamine content in cucumber exposed to $Ca(NO_3)_2$ stress[J].Acta Physiologiae Plantarum, 36: 2845-2852.

Zhang G W, Liu Z L, Zhou J G, et al., 2008.Effects of $Ca(NO_3)_2$ stress on oxidative damage, antioxidant enzymes activities and polyamine contents in roots of grafted and non-grafted tomato plants[J].Plant Growth Regulation, 56: 7-19.

Zhang H T, Li J J, Yoo J H, et al., 2006.Rice Chlorina-1 and Chlorina-9 encode ChlD and ChlI subunits of Mg-chelatase, a key enzyme for chlorophyll synthesis and chloroplast development[J].Plant Molecular Biology, 62 (3): 325-337.

Zhang J H, Zeng L, Chen S Y, et al., 2018.Transcription profile analysis of *Lycopersicum esculentum* leaves, unravels volatile emissions and gene expression under salinity stress [J].Plant Physiology and Biochemistry, 126: 11-21.

Zhang J L, Shi H, 2013.Physiological and molecular mechanisms of plant salt tolerance[J].Photosynthesis Research, 115 (1): 1-22.

Zhang S, Haider I, Kohlen W, et al., 2012.Function of the HD-Zip I gene Oshox22 in ABA-mediated drought and salt tolerances in rice [J].Plant Molecular Biology, 80 (6): 571-585.

Zhang W X, Elliott D W, 2006.Applications of iron nanoparticles for ground water remediation［J］.Remediation, 16: 7-21.

Zhang X, Cheng Z, Zhao K, et al., 2019.Functional characterization of poplar *NAC13* gene in salt tolerance［J］.Plant Science, 281: 1-8.

Zhang Y J, Cichewicz R H, 2004.Nair Muraleedharan G.Lipid peroxidation inhibitory compounds from daylily (*Hemerocallis fulva*) leaves ［J］.Life Science, 75 (6): 753-763.

Zhao Y, Ma Q, Jin X, et al., 2014.A novel maize homeodomain-leucine zipper (*HD-Zip*) I gene, Zmhdz10, positively regulates drought and salt tolerance in both rice and *Arabidopsis* ［J］.Plant Cell Physiology, 55 (6): 1142-1156.

Zhen A, Zhang Z, Jin X Q, et al., 2018.Exogenous GABA application improves the NO_3^--N absorption and assimilation in Ca (NO_3) $_2$-treated muskmelon seedlings ［J］.Scientia Horticulturae, 227: 117-123.

Zhu J K, 2000.Genetic analysis of plant salt tolerance using *Arabidopsis*［J］.Plant Physiology, 124: 941-948.

Zhu J K, 2003.Regulation of ion homeostasis under salt stress［J］.Current Opinion in Plant Biology, 6: 441-445.

Zhu J K, 2001.Plant salt tolerance［J］.Trends in Plant Science, 6: 66-71.

Zisa R P, Halverson H G, Stout B B, 2009.Establishment and Early Growth of Conifers on Compact soils in urban Areas［M］.Department of Agriculture Forest service, Northeaster Experiment Station Research Paper NE-451.USA: Brorall, Pennsyvania.